本书得到“十二五”国家科技支撑计划课题“工矿区受损农田修复和精细化整理技术集成与示范”(2011BAD04B03)资助

采煤塌陷区受损农田整理与修复

吴克宁　赵华甫　王金满 等　著

科学出版社
北　京

内 容 简 介

本书基于系统科学、景观生态学、恢复生态学、可持续发展等理论，结合工矿区农田损毁类型及整治分区，在工矿区，尤其是采煤塌陷区受损农田的调查评价、规划设计技术、水利设施整治与修复技术、质量等级提升评价、精细化整理施工技术和精细化整理信息化平台研发等方面进行系统研究，有关理论、方法和技术内容对开展工矿区尤其是采煤塌陷区的国土整治和生态保护修复工作具有重要借鉴价值。

本书可供土地科学、生态学、资源与环境、环境科学和农业工程等学科的科研及教学人员研究和学习。

图书在版编目(CIP)数据

采煤塌陷区受损农田整理与修复／吴克宁等著．—北京：科学出版社，2020. 3

ISBN 978-7-03-064715-3

Ⅰ. ①采…　Ⅱ. ①吴…　Ⅲ. ①煤矿开采-地表塌陷-农田-整理 ②煤矿开采-地表塌陷-农田-修复　Ⅳ. ①S156. 99

中国版本图书馆 CIP 数据核字（2020）第 045750 号

责任编辑：周　杰　王勤勤／责任校对：樊雅琼
责任印制：吴兆东／封面设计：无极书装

科学出版社 出版
北京东黄城根北街 16 号
邮政编码：100717
http://www.sciencep.com

北京虎彩文化传播有限公司 印刷
科学出版社发行　各地新华书店经销

*

2020 年 3 月第　一　版　开本：787×1092　1/16
2020 年 3 月第一次印刷　印张：17 3/4
字数：420 000

定价：218.00 元

（如有印装质量问题，我社负责调换）

《采煤塌陷区受损农田整理与修复》

编　委　会

前　　言

中国是世界重要的矿产资源大国。截至2017年底，国内已发现矿产种类达到173种，在矿产资源储量中，煤炭为16 666.73亿t，石油为35.42亿t，天然气为55 220.96亿m^3，铁矿为848.88亿t，铜矿为10 607.75亿t，铅矿为8967.00亿t，锌矿为18 493.85亿t。其中，煤炭储量仅次于美国和俄罗斯，但年开采量排在世界首位。目前，全国煤炭产量的96%为井工开采，煤炭资源开采会引起上覆岩层的移动变形，导致地面不同程度的破坏和塌陷。据测算，在我国，每开采1万t煤炭平均造成0.25 hm^2的土地塌陷。以中华人民共和国成立以来煤炭产量376亿t来计算，目前采煤塌陷破坏土地面积约为75.2万hm^2。不仅如此，我国矿产和粮食主产区复合面积达40.13万km^2，占我国耕地面积的30.9%。其中，黄淮海平原90%以上的采煤塌陷区为高产农业区，华北和华东的采煤塌陷地也多位于基本农田保护区内。采煤塌陷导致大面积优质耕地积水，产生附加坡度及裂缝，继而直接或间接地引起土壤物理、化学、生物特性的变化，最终导致耕地生产力的急剧下降甚至丧失，大大加剧了矿区人多地少的紧张局面，成为影响区域社会经济稳定发展的突出因素。但采煤塌陷对农田质量损毁的程度如何？怎样有针对性地进行采煤塌陷区受损农田整治的规划设计？受损农田整治后的耕地质量是否提升？工程施工如何优化组合？如何实现修复和整理的信息化监测？这些都是当前采煤塌陷区受损农田修复和整理中亟待解决的关键问题。

在“十二五”国家科技支撑计划项目“农田修复和土地整理关键技术研究与示范”（2011BAD04）课题“工矿区受损农田修复和精细化整理技术集成与示范”（2011BAD04B03）资助下，在中国地质大学（北京）、北京农业信息技术研究中心、江苏省土地开发整理中心、重庆大学的通力合作下，编写组围绕工矿区农田损毁类型和机理、农田状况调查与评价技术、受损农田损毁特征的技术需求、受损农田规划设计技术、受损农田修复和土地整理技术、受损农田精细化整理施工技术、信息化管理关键技术以及技术集成和示范等方面，开展了系统研究。研究技术体系完整，在工矿区受损农田的水体循环系统的修复技术、耕地质量等级提升集成技术、精细化整理施工协同组合和优化配置技术等方面特色鲜明，实用性强，能够为我国类似工矿区的农田修复和整理及相关领域提供借鉴。同时，也可以为各地贯彻落实习近平总书记徐州讲话精神，推广可复制的经验提供理论、技术、方法支撑。

在课题实施过程中，得到了科学技术部、自然资源部（原国土资源部）科技发展司、中国农业大学、江苏省土地开发整理中心、徐州市自然资源和规划局贾汪区分局等单位技术指导及基地支持，特别表示感谢。自然资源部科技发展司单卫东处长，项目主持单位中国农业大学郝晋珉，专家组的贾中骥，陈百明、张凤荣等，从立项、实施到结题验收，为课题开展提供了持续跟踪指导，感谢你们。中国地质大学（北京）科技处、财经处等处室同志、土地科学技术学院领导老师在研究空间和服务保障方面提供了诸多帮助，在此一并致谢！

本书共分 12 章，第 1 章和第 2 章由赵华甫、李俊颖执笔；第 3 章由吴克宁、王自威执笔；第 4 章由吴克宁、廖谌婳、王自威执笔；第 5 章由赵华甫、王金满、王海执笔；第 6 章由吴克宁、王自威、冯新伟执笔；第 7 章由王金满、胡斯佳、李新凤执笔；第 8 章由吴克宁、赵执执笔；第 9 章由吴克宁、曹绍甲执笔；第 10 章由赵华甫、王海执笔；第 11 章由潘瑜春、郝星耀执笔；第 12 章由赵华甫、吴克宁执笔。全书由吴克宁、赵华甫统稿。

受作者水平和精力所限，书中难免存在不足之处，敬请各位读者批评指正！

著　者

2019 年 6 月于北京

目　录

第1章　绪　论

1.1　采煤塌陷区研究的背景

在快速的城市化、工业化过程中，大量耕地被占用、污染和破碎化，严重影响了我国的粮食生产与安全保障。据统计，1998～2006年我国耕地每年约以1300万亩①的速度减少。据《2017中国土地矿产海洋资源统计公报》，2017年末，全国耕地面积为13 486.32万hm^2（约20.23亿亩），全国因建设占用、灾毁、生态退耕、农业结构调整等减少耕地面积32.04万hm^2，通过土地整治、农业结构调整等增加耕地面积25.95万hm^2，年内净减少耕地面积6.09万hm^2。虽然我国因建设占用导致耕地过快减少的趋势已经得到一定程度的缓解，但因矿产开采导致的耕地塌陷、挖损和压占形势依然非常严峻，直接威胁到18亿亩耕地红线和中国的粮食安全保障。

我国是世界重要的矿产资源大国。截至2017年底，已发现矿产种类达到173种，各类矿产资源丰富。在矿产资源储量中，煤炭为16 666.73亿t，石油为35.42亿t，天然气为55 220.96亿m^3，铁矿为848.88亿t，铜矿为10 607.75亿t，铅矿为8967.00亿t，锌矿为18 493.85亿t。矿业生产活动排放的各类固体废物长期占用和损毁耕地，据统计，截至2014年，全国各类损毁废弃土地约有1330万hm^2，其中开采矿产资源造成的塌陷、挖损、压占损毁废弃土地有400万hm^2（6000万亩）左右，约占损毁废弃土地总量的30%。受工矿区矿产赋存情况、开采方式、生产工艺、开采技术等影响，工矿区土地利用强度各异，因矿产开采带来的土地损毁类型、程度与特点也各有不同。不仅如此，矿产资源开发不仅挖损和压占矿区范围内的农田，还会造成周边地表水系破坏、水体污染及地下水位下降，除使工矿区内的农田受损外，还会使工矿区周边地区的大量农田受损。

我国工矿区受损土地的修复工作开展缓慢，土地复垦率只有25%，远低于国际上50%～70%的平均水平，更远低于欧美国家80%以上的水平。而不断进行的矿山开采、工业生产等活动对土地的损毁并未停止，形成了“旧账未还，新账又欠”的恶性累积。如果能对全国被损毁的1.3亿亩土地进行复垦，不仅可以大大缓解经济发展与耕地保护之间的矛盾，还可以为中国经济高速增长提供用地保障。

当前我国不同类型工矿区受损农田修复和精细化整理技术基础相当薄弱，尤其是对工矿区周边地区受损农田的研究更少，造成对受损农田修复和精细化整理技术支撑力度不够

① 1亩≈666.7m^2。

甚至缺乏，严重制约不同类型工矿区受损农田修复和整理工作的开展。结合《国家中长期科学和技术发展规划纲要（2006—2020年）》，全面落实《国家粮食安全中长期规划纲要（2008—2020年）》及《全国新增1000亿斤粮食生产能力规划（2009—2020年）》，通过对工矿区受损农田修复和精细化整理技术集成与示范，可有效为我国工矿区农田修复和整理工作提供技术支撑，加强受损农田有效修复和精细化整理，提高耕地综合生产能力，确保新增1000亿斤①粮食的战略目标实现。

1.2 采煤塌陷区农田整治和修复的意义

1）发展受损农田精细化整理规划和景观设计技术，是协调工农用地关系，促进耕地保护和发展现代农业的重要途径。

目前土地整治项目规划设计侧重在农田水利工程的规划设计及规划要素的大小、形态、规模、材料和结构等微观结构设计方面，难以适应工矿区受损农田所面临的微地貌、土体错乱、结构混杂、景观破碎等实际问题。在工业化快速发展，矿产开发与耕地保护矛盾异常突出的大背景下，针对工矿区农田土体变形、塌陷、裂缝、地块破碎、土壤结构恶化、肥力流失、植被退化等问题，发展工矿区受损农田修复和精细化整理技术，由改善农业生产条件、增加耕地面积等为目的的单目标规划技术向兼顾规模生产、多元经营、生产能力提升和生态环境改善为目的的多目标精细化土地整理转变，可为优化工矿区用地格局，改善农田生产条件，提高耕地利用效率，促进工矿区工业经济与现代农业协同发展提供科学的规划引导。

2）创新受损农田水利设施修复与再利用技术，是改善工矿区农田水文条件，恢复增进水利设施利用效率的迫切需求。

受工矿区农田塌陷、压占等影响，受损农田最直接的表现包括两方面：一是田面凸凹不平；二是农田水网遭到破坏、农田水利设施大量损毁、地面积水严重、排水不畅、农田水生态环境恶化。目前，我国在矿山开采对农田生态环境的影响机制与生态环境恢复的研究、农田受损的预防与控制技术、农田修复与矿区水资源及其他环境因子的综合考虑等方面取得了一定的成果，但已有技术分散，缺乏集成示范。同时针对塌陷区农田水利设施的整治与修复研究工作较少，对工矿区农田水利设施损毁带来的生产能力降低问题仍然不够重视，也缺乏专用技术修复与再利用原有的农田水利设施，亟须开展相关研究，整治、优化配置和再利用工矿区农田水利设施，发挥工程潜在效益。

3）创新农用地级别目标导向的耕地质量等级提升集成技术，是丰富受损农田整理内涵，落实农田数量、质量并重整治的必然诉求。

“十一五”期间，国家累计投入近3000亿元土地综合整治资金，重点对各类荒地、废弃土地进行整理，增加了耕地的数量，建设了一批高质量的基本农田，稳定了我国粮

① 1斤=500g。

食综合生产能力。但如何恢复新整农田的生产功能？如何应用土壤质量地球化学评估和农用地分等定级成果，开展土地整理，提高耕地质量是新时期土地整理面临的新挑战。“十二五”期间，国家投入土地综合整治和农田修复工作的资金超过了6000亿元，“十三五”期我国将再投入1.7亿元整治资金，确保再建成4亿亩高标准农田。因此，亟须以成熟的农用地定级技术为指导，创新受损耕地质量等级提升集成技术，为强化农田质量管护提供技术支持。

4）研制“工矿区受损农田精细化整理施工技术指南”，是保障受损农田整理实效，实现整理工程科学规范节能减排的技术支撑。

工矿区受损农田在修复和整理过程中，施工工序复杂，各分项工程在施工时点上的无序安排，不仅可能造成重复施工和浪费能源、材料，更可能造成对原有优质耕地的挖损和压占，以及农田水利设施的破坏，从而不利于农田生产能力和景观环境的提升。因此，在工矿区受损农田精细化整理过程中，亟须创新不同时点施工类型间的组合配置优化和时空耦合技术，以及编制农田精细化整理施工技术规程，用于指导精细化整治工程实施。

5）研制工矿区受损农田精细化整理信息管理系统，是联通农田整理与现代农业信息管理的桥梁，也是推进受损农田整理决策信息化的重要手段。

信息技术已成为土地整治管理工作中不可缺少的重要手段。我国在土地整治规划选址、辅助可视化规划设计和项目监管等方面发展了一些应用技术，但基本上是面向单一业务独立运行应用系统，尚缺乏能够互联受损农田整理与现代农业信息管理的数据库标准和信息管理平台。要实现工矿区受损农田修复和精细化整理信息的实时、动态更新与科学决策，必须研究服务于土地整治规划、辅助设计、整治监管、效果评估、整后土地精细管理与利用及监测等多目标服务的管理信息技术和对应的系统，提高土地整理规划、设计、实施等全过程的监管和决策能力。

综上所述，工矿区农田修复和精细化整理既是有效落实《国家中长期科学和技术发展规划纲要（2006—2020年）》的战略需求，也是促进耕地保护和发展现代农业的重要途径，是恢复增进水利设施利用效率的迫切需求，是落实农田数量、质量并重整治的必然诉求，是实现整理工程科学规范节能减排的技术支撑，是推进受损农田整理决策信息化的重要手段。开展工矿区农田修复和精细化整理关键技术研究与示范，不仅意义重大，也是当前社会经济和自然和谐共生的紧迫需求。

1.3　国内外工矿区土地修复和整理的研究状况

1.3.1　国外工矿区土地修复和整理研究进展

国外在20世纪初期开始探索工矿区土地整治工作，但是有目的、有计划、大规模的受损土地修复理论研究和实践也只有20多年的发展历史（邓晓梅，2012）。美国、德国、澳大利亚、英国、俄罗斯等国家在此方面的研究较为突出。

美国作为世界上土地复垦较为发达的国家之一，开展土地修复的研究历史也较为悠久。1918 年，美国印第安纳州煤炭生产协会就自发地在煤矸石山上开展种植试验研究（张彩霞，2015）。1920 年，美国颁布了《矿山租赁法》，提出在工矿开采时应当保护土地资源和生态环境（周玉民，2007）。1935 年，Leopold 带领其团队开展了采煤塌陷区废弃农场的草地恢复研究，开创了美国矿山恢复生态学研究的科学实验先河。1939 年，伴随美国露天煤矿开采规模的逐渐扩大，印第安纳州、伊利诺伊州、西弗吉尼亚州等地逐渐制定了相应的露天采矿及土地复垦的法律法规，土地复垦迈上了法制化的轨道。1970 年，美国颁布了《露天开采控制和复田法令》，标志着美国工矿区土地修复进入一个新的发展阶段。1977 年，美国颁布实施了首部全国性的土地复垦法规——《露天采矿管理与土地复垦法》，明确要求把受破坏的生态系统恢复到开发前的健康状态。目前美国把工矿区生态环境破坏分为土地表层破坏、大气污染和水系污染三种类型，并先后制定了相关的法律法规，明确了不同类型的处理方式。在工矿区环境保护和管理，尤其是在修复耕地种植作物、煤矸石山整形植树造林、粉煤灰充填改良土壤等方面有一定研究。

德国是世界上最早开展土地修复的国家，可以追溯到 1776 年，当时的矿山租赁合约明确规定了矿山开发者对采矿区域有治理和植树造林的义务（梁留科等，2002）。20 世纪 20 年代开始，倡导多树种造林，以恢复森林的生态多功能性（Lange，1998）。第二次世界大战之后，煤炭的大规模开采造成土地损毁愈加严重。1950 年北莱茵-威斯特法伦州专门制定了褐煤采区的规划方案，同时把重建生态环境写入了基本矿业法。分裂为东德和西德后，两者对土地修复关注的重点也有所不同，西德更加注重植树造林与生态环境恢复，东德从 20 世纪 60 年代的林业复垦发展为 70 年代的农业复垦，土地复垦的生产力和林业的经济收益成为衡量土地复垦的重要标准。90 年代东西德合并后，德国土地复垦进入混合型土地复垦阶段，研究重点从农林用地转为休闲用地、物种保护和重构生物循环体方面上来，从而为人与自然创造一个和谐的生存空间（Dumbeck，1998）。

澳大利亚煤矿、铁矿等矿产资源储量和产量丰富，矿山复垦技术和管理水平世人瞩目，土地复垦已经融为矿山开采工艺的一个重要环节，是当今世界处理扰动土地非常成功的国家（康璇，2012）。澳大利亚将土地复垦视为一个系统工程，涉及诸多部门的参与，不仅重视恢复土地基本功能，而且注意矿山废弃物对地表环境和地下水的污染，实现了土地整治、环境治理和生态恢复的综合效益。澳大利亚政府制定了工矿区开发与管理的法律框架、土地复垦的目标和指导标准，规定工矿土地复垦是开采过程的重要内容，需要考虑损毁前的土地利用状况，要求复垦土地利用各项风险必须最小，并应尽量恢复土地破坏前的状况，消除工矿开采的痕迹。

英国是工业化比较早的国家，矿山开采强度大，造成大量的矿山废弃地。1944 年实施的《城乡规划法》规定，地方政府有权要求恢复废弃的土地（包括正在开采的地区和已开采完毕的地区）。第二次世界大战后，英国政府逐渐认识到废弃地的环境问题，授权地方政府加强对矿山废弃土地的治理和管理。1966 年，在威尔士的阿伯方地区发生了煤矸石山滑坡，造成100余人死亡。该事件发生后，英国更加重视污染土地的修复和矿山废弃地的整治，于1969年颁布了《矿山采矿场法》，提出矿山开采者在开矿的同时必须进行生态恢复及重建（崔晓艳，2010）。英国工矿区环境保护与管理，可以分为矿山开采前的准入管理、矿产开发过程中的监督，以及矿山闭坑后的土地复垦等内容。英国的巴特威尔露天矿采用边采边回填、最后覆土造田的模式。其中，覆土厚度为1.3m，表层为30cm厚的耕作层。阿克顿海尔煤矿将井下的煤矸石直接排至附近露天矿坑中进行土地整治，一举两得。

国外工矿区土地修复和整理一般分为两个阶段：第一个阶段为工程修复和整理阶段，包括排土场、采矿坑、废弃的土方工程；覆盖表土的土壤选择、覆土参数及设备选择；控制水土流失的技术措施；塌陷治理技术等。第二个阶段为生物修复和整理阶段，包括植物品种选择、播种、插条、种植技术、土壤改良技术及其他植被恢复工艺措施。目前工矿区土地修复和整理正在全世界广泛开展，作为土地资源再利用和生态环境保护的重要组成部分，其技术工艺也得到了进一步的重视和发展。

1.3.2 国内工矿区土地修复和整理研究进展

20世纪50～70年代我国一些矿区就开始对受损土地实施自发性的治理，治理的对象主要是采矿活动破坏的小面积零星土地，一般采用客土的方法。这种治理活动的弊端是缺乏组织性和目的性，并且由于客土资源的稀缺性，往往不能满足大面积采煤塌陷地的整治。

改革开放40多年以来，我国土地复垦经历了从自发性零星复垦到自觉性有计划复垦、从单一型复垦到多形式复垦、从无组织复垦到有组织复垦、从无法可依复垦到有法可依复垦的巨大变化。尤其是1988年国务院颁布的《土地复垦规定》实施以后，采矿塌陷地、矸石山、露天采矿场、排土场、尾矿场和砖瓦窑取土坑等各类损毁土地的复垦工作受到了全社会的高度重视，也取得了较大的进展，复垦方法从“一挖二平三改造”的简单工程处理发展到基塘复垦、疏排非充填复垦、矸石和粉煤灰等充填复垦、生态工程和生物复垦等多种形式、多种途径、多种方法相结合的复垦技术体系。

采矿引发工矿区土地损毁的原因是复杂的，大体上可分为岩土圈发生变形引起的损毁、对于地下水层破坏引起的水体破坏以及采矿造成的环境影响等（李三三，2012）。工矿区受损土地整治与土地复垦不同，主要内容包括复垦矿区受损土地、调整土地关系，提高矿区土地资源利用率，增加土地产出率，改善矿区生态环境等内容（魏欣，2005）。将土地复垦技术与土地整治规划设计相结合，是统筹工矿区土地利用与区域发展的综合措施。依据土地破坏的原因、特征、破坏程度以及复垦利用方向和措施等因素（师学义等，1999），我国将工矿区土地损毁分为塌陷、压占、污染、挖损、建设占用等类型。

塌陷地按照塌陷程度一般分为浅层塌陷地、中层塌陷地、深层塌陷地。浅层塌陷地主要采取削高填凹、划方整平和修缮农田基础设施的治理方法；中层塌陷地主要采取挖深填浅，建鱼塘、筑台田的治理方法，形成上粮下渔的格局；深层塌陷地主要采取挖池筑堤，建设鱼塘或利用网箱养鱼、建立水禽基地、培植水生植物等治理方法（张锦瑞等，2007）。

土地压占的主要压占物是剥离物、废石、矿渣、粉煤灰、表土、施工材料等，这些压占物不仅覆盖、污染了优质的耕作层土壤，而且改变了原地貌条件、水资源和环境，造成植物扎根困难，生长所需的养分和水分条件恶化，甚至遭受重金属元素、粉尘等物质的侵害，修复农田耕种条件，提高提高利用率，改善生态环境就显得非常重要。国内一些学者探讨了矸石山复垦利用的几种可行的模式。例如，赵景逵和吕能慧（1990）对矸石山的复垦种植问题进行了探讨。孙绍先等（1987）根据对淮北矿区多年造地复田实践的研究，提出将煤矸石堆积成山的方式改为直接向塌陷坑充填后造地复田，该方法可以大大节约矸石山占地面积。张国良和卞正富（1997）对煤矸石山整形的设计方法进行了较为完整而详细的介绍，包括上山的道路、整形形式的确定、矸石山边坡稳定性、排水系统等。

土地污染主要分有机污染物和重金属污染物两种，其中较为突出的是煤矿、金属矿的重金属污染和石油天然气矿区的有机污染。胡振琪等（2004，2009）分析了粉煤灰充填复垦土壤的污染，结果表明，粉煤灰充填复垦土壤的污染指标在国家标准控制范围内，可以种植适当的作物；并采用黄土分离出的硫酸盐还原菌来修复煤矸石的酸性污染，结果表明，还原菌可以提高煤矸石淋溶液的 pH，降低其电导率和氧化还原电位，从而有效缓解含硫煤矸石的酸性淋溶环境污染。石平等（2010）通过分析比较矿区优势植物对重金属的富集、转移能力，筛选出了一批对重金属累积能力强或耐受能力强的植物，从而有效提高了植被重建效果。刘五星等（2010）分析了我国石油污染土地的状况及石油污染场地的修复技术，对各种技术的原理、进展和优缺点进行了阐述。

国内工矿区土地修复和整理技术主要包含“剥离—采矿—复垦”一体化工程技术、矿区废弃物综合利用技术、地表整形工程技术、土壤重金属污染治理技术、土壤培肥改良技术、植被恢复技术和水土流失综合治理技术七部分内容。目前我国在工矿区土地修复和整理技术等方面均取得了一定成效，但还存在一些问题，主要是我国土地修复和整理技术研发、应用相对较为零散，亟待集成、推广。

1.3.3 国内采煤塌陷区受损农田整治研究进展

本节主要梳理受损农田损毁机理、损毁水系恢复、农田土壤重构和改良、采煤塌陷区治理模式等方面的研究进展。

1.3.3.1 受损农田损毁机理方面

在采煤塌陷区受损农田损毁机理方面，学者围绕采煤塌陷区地表变形规律、采煤塌陷预测方法、采煤塌陷对农田的损毁程度等开展了研究。

周锦华（1987）对采煤塌陷环境预评价的内容、程序和方法进行探讨，采用概率积分法构建岩层移动模型，预测上覆岩层下沉及绘制等值线图，以及岩层移动对建筑物的损毁、对地下水和地表水的影响，并进一步开展采煤塌陷区环境综合评价，编制采煤塌陷区综合整治方案，分析采煤塌陷整治后的环境影响评价等。

胡振琪和胡锋（1997）基于土壤学和矿山开采沉陷学的基础理论与方法，对华东平原地区采煤塌陷的耕地景观和土壤物理、化学、生物特性的破坏的规律和特征进行研究，发现采煤塌陷地表变形和移动在时间与空间上是渐变和连续的，在采空区上方地表会形成一个面积远大于采空区的碗形下沉盆地；下沉盆地的剖面可以用数学模型进行预测，且下沉盆地具有外边缘拉伸变形区、内边缘压缩变形区和中间下沉均匀区等多个明显分区；采煤塌陷对耕地景观的破坏集中体现在积水、裂缝和坡地，对农业生产的影响最大。积水首先出现在中间下沉均匀区，裂缝主要产生在外边缘拉伸变形区。土壤的物理、化学、生物特性在下沉盆地的不同区域也呈现不同的变化规律。

顾和和和刘德辉（1998）选取皖北矿务局刘桥一矿的两个沉陷地（一个是刚刚稳沉，一个是已稳沉 10 年以上）和徐州矿务局夹河煤矿的一个动态沉陷盆地，对比研究高潜水位开采沉陷对耕地的破坏机理。耕地的土壤物理特性（如土壤密度、土壤孔隙度、地下水埋深等）受开采沉陷的影响较大；而耕地的土壤化学特性，除电导率外，其他变化并不明显；土壤微生物量的突变主要集中在塌陷地稳沉前后的一段时间，随着时间的推移，土壤微生物量会逐渐恢复。同时顾和和等（1998）在对采煤塌陷耕地的作物产量和土壤理化生物特性进行连续 3 年观察测试化验的基础上，选择评价指标，运用模糊综合评判法，对采煤塌陷耕地的生产力进行了定量评价，指出采煤塌陷导致耕地生产力下降的主要原因是入渗率、土壤速效磷含量、土壤孔隙数量及其配比、水分含量、沉陷盆地微地形变化。

郑南山等（1998）结合开采沉陷学、农业耕作学、环境土壤学等学科的相关理论知识，分析了采煤塌陷对耕地永续利用的作用机理，阐述了开采沉陷过程对耕地存在形式的永续性、农田生态环境的永续性、生产能力的永续性和经济效益的永续性四个方面的危害与破坏。

陈龙乾等（1999）以山东省兖州煤矿区为例，对塌陷耕地的上中下坡不同土层的土壤样本的化学特性进行了分析，结果显示，塌陷耕地中坡 1.5m 结合处的有机质和养分降幅最大，并向坡底集聚，同时坡底盐渍化趋势明显。土壤化学特性受采煤塌陷影响大小依次为盐分>全氮和有机质>速效磷和速效钾>酸碱性。

刘万增等（2000）以地处黄淮平原的河南省永城市永夏矿区陈四楼煤矿为研究对象，通过观测移动角、最大下沉系数、拐点偏移距等参数，分析巨厚冲积层高潜水位平原矿区采煤塌陷的规律，并重点对采煤塌陷破坏耕地的程度进行分析，主要表现在对耕地数量、质量和存在形态的破坏。

卞正富（2004）采用土壤养分因子、土壤物理特性、土地环境条件来反映矿区农地质量空间变化，根据熵流指数模型分析，发现地下水位不佳、防护林作用范围小、灌排条件差是采煤塌陷区土地生产力降低的主要原因。

笪建原等（2005）以徐州市大黄山煤矿区耕地质量变化为例，通过现场调查和监测点历史数据分析，研究高潜水位煤矿区耕地质量在农业和采矿交替扰动下的演变规律。发现在利用—损坏—复垦—再利用进程中，矿区耕地质量总体呈现下降—恢复—提高的趋势，其中土壤肥力指标变动较快，环境指标变动较慢，水资源保证率提高但质量稍有下降。

白中科等（2006）采用“3S”技术，结合专家咨询法和类比法，研究了大同市塔山煤矿采煤塌陷引起的土地利用变化和土壤侵蚀状况，发现88.88%的土地不同程度地受到采煤塌陷的影响；年土壤侵蚀量增加42.32万~79.05万t；塌陷后土地破碎化严重，其中最小旱地斑块面积仅为7.72m^2；除居民点用地、工矿用地和交通用地外，土地利用率不同程度下降。

李树志等（2007）在分析开采沉陷对耕地破坏特点的基础上，选取裂缝宽度/台阶高度、附加坡度、潜水位埋深、水利设施作为评价指标，采用定量和定性相结合的方法，把开采沉陷对耕地的损坏分为轻度、中度、严重和完全损毁4个等级。

鲁叶江等（2010）在分析东部高潜水位采煤塌陷区耕地破坏特点的基础上，选择裂缝、坡度、潜水位、农田水利设施作为评价因子，分别建立各因子的隶属度函数，采用加权求和法计算采煤塌陷损毁耕地生产力综合指标值，并划分出4个损害等级。同时对兖州矿区鲍店煤矿进行实证分析，发现评价结果和实测结果较为一致，有一定的区域推广应用价值。

袁越（2010）在总结耕地生产力评价和矿区土地GIS评价研究动态的基础上，分析了采煤塌陷引起的耕地生产力损害特征、分类和机理，基于组件式GIS，构建了采煤塌陷区耕地生产力损害评价模型，并结合工程建设实践，提出了采煤塌陷区耕地生产力损毁分级标准和赔偿标准，完成了煤矿塌陷区耕地生产力损害组件式GIS可视化评价系统的设计。通过对兖州矿区鲍店煤矿的实证分析，评价结果与研究区的工程治理实践和耕地补偿工作情况吻合较好，可以为实际工作提供参考。

1.3.3.2 损毁水系修复方面

在采煤塌陷区损毁水系修复方面，学者围绕采煤塌陷区水系修复规划、地表水和土壤水修复方法、受损农田水利设施修复与再利用技术等开展了研究。

笪建原和凌赓娣（1992）基于理论和调查研究，提出高潜水位采煤塌陷区综合治理的第一任务是确定最优积水面积，并基于层次分析法和模糊综合评判法进行了计算，以徐州市某矿区的实证研究也取得了比较满意的结果。

卞正富和张国良（1995）基于农田水利学的理论和方法，结合自身实践，对疏排法非充填复垦采煤塌陷地的设计内容和方法进行了全面而详细的论述，认为疏排法的关键是选择适当的承泄区和合理的设计标准，才能达到费用低、效果好的目标，并介绍了疏排法复垦采煤塌陷地的技术原理，提出了疏排法确定农田最低标高的方法，阐述了疏排法的关键工程（防洪、除涝、降渍）和配套工程措施（挖深垫浅、平整土地、生物措施、灌溉措施）。

张华民等（2002）从经济效益、社会效益、技术可行性等方面比较了潞安矿区王庄井田积水区排水方案，最终确定水渠改线方案优于预制水泥管排水方案和动力排水方案。

王辉等（2007）以徐州市铜山县（现为铜山区）柳新国家复垦示范区为例，研究了煤矸石充填采煤塌陷地、粉煤灰充填采煤塌陷地和未塌陷对照田块的土壤表层（15cm）

含水量的空间结构变异特征，发现充填复垦后的土壤体积含水量空间变异性较小，土地复垦活动使土壤的综合性质趋于均一。

王振龙等（2007）针对淮北市城市缺水的特点，首次将采煤塌陷区以蓄水供水为主要利用方式，构建了塌陷区集蓄水供水、湿地建设、景观开发的综合利用模式，并提出了采煤塌陷积水区之间以及塌陷积水区与河道之间的沟通方式，对塌陷区的可供水量、可引水量和蓄水可行性展开了研究。

渠俊峰等（2008）以徐州市九里矿区为例，研究了平原高潜水位采煤塌陷区土地复垦的水系修复规划，通过修建封闭堤防，配套沟深网密的排水系统以及工程、生物等水土保持措施，可有效降低地下水位，排除区内积水。

赵红梅等（2010）采用地统计学和传统统计学方法，研究了内蒙古自治区神东煤田大柳塔双沟采煤塌陷区包气带土壤水的空间变异特征，发现塌陷引起土壤容重、孔隙度、粒度等土壤物理性质变化，使得塌陷区土壤含水量降低，空间变异性增强，地表植被生长环境和地表景观遭到严重破坏。

吕恒林等（2011）分析了徐州市九里煤矿塌陷区积水状况和地表水系流通情况，通过对水样11项指标的检测，发现多数水体存在不同程度的污染，提出了“河湖相连、联网成片、灌排有序、功能完备”的塌陷积水区生态水系治理模式。

荣冰凌和吴迪（2011）以淮南煤矿西部塌陷区治理的水系规划为例，针对水系封闭、水景破坏、水质污染等问题，提出了“联通、清洁、活力”的水系治理目标及实施措施。

1.3.3.3　农田土壤重构和改良方面

我国目前采煤塌陷区土地整治的目标以农田整治为主，土壤重构则是实现这一目标的关键技术，即采取适当工程措施及物理、化学、生物措施，重构一个适宜的土体构型、土壤肥力条件以及稳定的地貌景观，以达到在较短时期内恢复和提高重构土壤生产力、改善重构土壤环境质量的目的，其实质是人为构造和培育土壤。

近年来，国内学者针对采煤塌陷区土地整治过程中土壤重构、重构土壤污染防治以及后期土壤培肥展开了诸多研究。

（1）土壤重构

李树志（1996）从分析旱地农业土壤的剖面构成特点入手，结合煤矸石的理化性质，认为若要用煤矸石进行农业充填复垦，须在矸石层压实处理后，上覆50cm表土（20cm耕作层、10cm犁底层、20cm心土层），充填的煤矸石主要起到承托抬高的作用，类似农业土壤剖面中的底土层。胡振琪和胡锋（1997）提出了一种“分层剥离、交错回填”的土壤重构新原理，并成功地利用这一原理研究出泥浆泵充填采煤塌陷区挖深垫浅复田的土壤重构方法。陈龙乾和郭达志（2003）以徐州义安煤矿采煤塌陷区泥浆泵复垦为例，在研究土壤剖面构造的基础上，综合考虑作物根系长度、土壤耕层厚度、水土流失状况和地下水位高度等因素，设计了泥浆泵充填复垦土壤剖面构造的方法和复垦地最佳标高的确定方法，并构建了对应的数学模型。徐良骥等（2007）指出可将煤矸石和土壤混合充填，或用泥浆泵在煤矸石平整面上浇灌泥浆来防止渗漏。郭友红等（2008）开展了煤矸石充填复垦不同覆土厚度对农作物生长的影响，在煤矸石进行压实处理后，上面分别覆土 30cm、50cm、70cm，一年种植大豆和玉米的实验表明，作物长势均随上覆表土厚度的增加而趋于更好，与对照组相比，上覆表土 30cm 严重影响作物正常生长，上覆表土 50cm 能使作物生长不受太大影响，上覆表土 70cm 作物生长状况良好。因此，建议煤矸石充填复垦时覆土厚度为 50～70cm。同时通过田间模拟试验研究出，70cm 是采煤塌陷地复垦较为经济合理的覆土厚度。刘会平等（2010）通过 MPI 模型分别对不同覆土厚度的煤矸石充填复垦土壤生产力进行评价，得出覆土 75cm 和 90cm 的地块接近对照地块。陈要平（2009）对复垦田块土壤理化性质在水平和垂直方向的变化规律及对作物生长的影响进行了分析，结合覆土成本和农业生产投资，认为粉煤灰充填上覆 20cm 表土是一个较佳的选择。

（2）重构土壤污染防治

Moffat（1995）认为复垦重构的土壤中往往含有 Cd、Cr、Pb、Cu 和 Zn 等重金属元素。胡振琪等（2004）分析了粉煤灰充填复垦土壤的污染潜势，通过测试、淋溶和种植试验，结果表明，粉煤灰充填复垦土壤的污染指标在国家标准控制范围内，可以种植适当的作物。同时，胡振琪等（2008）引进国外土地复垦成熟应用的土工布技术，选择涤纶针刺、高密度聚乙烯（HDPE）土工膜、涤纶复合土工布和聚乙烯丙纶 4 类材料进行室内柱状淋溶实验。结果表明，4 类材料均降低了淋溶液重金属的含量，且不同的材料对不同重金属的阻隔作用也有不同。冯国宝（2009）将压实黏土应用到采煤塌陷农田的土壤重构中，发现其可以有效地将作物根系营养层与固体废弃物中的重金属隔离开来，防止有毒物质从下层向根系扩散。将压实黏土作为隔离层，其厚度一般不小于 40cm。在平整后的煤矸石层表面，全面铺撒一层石灰石粉末，与煤矸石混合后形成 10～15cm 的中和层，能够有效地缓解土壤的酸性。胡振琪等（2009）认为粉煤灰具有较强的碱性，会提高淋溶液的 pH，有助于重金属（如铁）离子的沉淀。生成的铁沉淀通过吸附和共沉淀作用降低了淋溶液中重金属离子的浓度；同时，微碱性环境可有效抑制煤矸石中硫化物和黄铁矿的氧化，有助于进一步改良煤矸石的酸性。因此，粉煤灰覆盖是防治煤矸石酸性及重金属复合污染的有效措施。

（3）后期土壤培肥

采煤塌陷区重构的土壤普遍缺乏氮、磷等营养元素，需要采取相应的培肥措施加以改善。国内大量研究表明，单施化肥或家禽家畜粪便、厩肥、堆肥等有机肥对提高重构土壤的养分含量效果十分有限。而种植绿肥作物具有改善土壤理化性质、增加土壤养分含量的作用，并且大豆、花生等豆科作物还可以通过根瘤菌将空气中的氮固定到土壤中，供作物吸收利用。

胡振琪和胡锋（1997）研究了深耕对美国伊利诺伊州霍斯克里克（Horse Creek）煤矿复垦土壤物理特性的影响，结果显示，深耕对复垦土壤物理特性，特别是土壤水文特性的改良作用明显，并确定 80cm 或者更深的耕作效果较好。刘军等（2009）指出蚯蚓、蜘蛛、老鼠等多种土壤动物在改善土壤物理结构、提高土壤肥力、维护土壤生态平衡方面发挥重要作用。首先，土壤动物在土壤生态系统的物质、能量循环中发挥直接或间接的作用；其次，土壤动物是养分的制造者，有助于增加土壤营养物质和提高土壤肥力条件；最后，土壤动物的上下翻动，可以改善土壤的物理结构及通透性，降低土壤容重。Boyer 和 Wratten（2010）认为向整治后的农田新种植的作物接种菌根，不仅可以增加植株的营养、促进其生长发育，还可以提高土壤的微生物活性并加速培肥土壤，具有取代覆土的潜力。毕银丽和全文智（2002）指出将菌根接种于玉米、大豆等植株上，可以大幅度提高作物产量并加速土壤熟化的过程。同时，微生物与植物、动物等协同作用，可以提高对重金属等污染物的吸附和降解能力，有助于净化土壤和保护农产品及水资源安全。高丽霞等（2012）认为采煤塌陷区农田整治后肥力条件较差的土壤，可以先种植大豆、花生、紫花苜蓿等绿肥作物，将其植株通过压青和秸秆还田等方式复田，同时因地制宜地将有机肥、化肥、菌肥以及土壤动物等配合施用，不仅可以有效改善土壤理化性质、提高土壤肥力条件，还能消除或缓解土体重构过程中带来的潜在重金属污染。鲁叶江等（2012）认为整治后的土地采取深耕措施，可以有效降低土壤容重并恢复土地的生产力，具体的作业深度要根据重构土壤的初始容重来确定。

1.3.3.4 采煤塌陷区治理模式方面

卞正富和张国良（1991）分析了采煤塌陷引起耕地破坏的原因，提出了高潜水位采煤塌陷区综合治理的四类工程措施：一是降低潜水位，二是抬田，三是农业耕作和灌溉，四是采矿。在此基础上研究了基于层次分析法的高潜水位采煤塌陷区土地复垦工程措施的优化选择方法。并在此后的研究中（卞正富等，1996a，1996b）界定了采煤塌陷地基塘复垦模式的定义，比较了其与珠三角基塘系统和挖深垫浅方法的异同，对系统时间和空间结构的建立、优化整体效益的路径也进行了详细论述。

李树志（1993）针对当时我国采煤塌陷地土地复垦尚无统一分类的现状，提出了建议分类方法：按照复垦时间先后分为工程复垦和生物复垦；按照工程措施分为充填复垦（煤矸石充填、粉煤灰充填、湖泥充填）和非充填复垦（挖深垫浅法、疏干法、梯田法）；按照复垦后的土地用途分为农业复垦、建设用地复垦、草地复垦、渔业复垦、林业复垦、娱乐复垦。并重点论述了工程复垦和生物复垦的技术方法，提出土地复垦的发展方向是生态农业复垦和生物与微生物复垦。

毛汉英和方创琳（1998）通过实地调查，将兖滕两淮地区采煤塌陷地划分为常年深积水、常年浅积水、季节性积水、塌陷沼泽地、非积水塌陷干旱地五种类型，在此基础上提出了水产养殖综合开发、渔林农综合开发、农林渔综合开发、建材与建设用地、农林综合开发五种不可替代的生态模式。

刘亚坪（1999）结合河南省永城市采煤塌陷地治理实践，探索出“一疏二平三改造”“耕地+养殖用地”“建设用地+养殖用地”“养殖用地+林地”等平原采煤塌陷地复垦模式。

阎允庭等（2000）在研究采煤塌陷区土地复垦与生态重建原理与方针的基础上，结合唐山市采煤塌陷地现状，提出了生态农业复垦、矸石充填复垦、粉煤灰充填复垦、深积水区渔业养殖与综合利用、动态塌陷区可移动蔬菜大棚栽培五种土地复垦模式。

宝力特等（2006）提出应在实地调查塌陷区破坏特征的基础上，结合矿区自然条件和经济社会条件，对将要复垦的土地进行适宜性评价，据此选择合理的治理模式，如稳沉区煤矸石充填建筑复垦模式、煤矸石粉煤灰充填农林复垦模式、渔业复垦模式和旅游复垦模式。

马洪康（2007）总结了淮北市采煤塌陷区复垦的6种模式，即多层采煤的深层塌陷区水产养殖复垦模式，浅层塌陷区挖塘造地模式，煤矸石充填塌陷区营造基建用地模式，粉煤灰充填覆土造林模式，深浅交错尚未稳定的塌陷区鱼鸭混养模式，利用大水面、深水体、优水质的塌陷区发展旅游业模式。

李月林和查良松（2008）在理论研究的基础上，提出了采煤塌陷地复垦模式的概念和分类体系，并给出了选取合理模式的方法。

杨海燕和崔龙鹏（2008）在分析采煤塌陷对生态环境影响的前提下，结合淮南市潘集矿区实际情况，提出了非充填采煤塌陷地生态修复、充填采煤塌陷地生态修复、动态沉陷区的可利用三大类模式。

赵淑云（2008）根据淮北市自然和经济社会条件，总结了生态农业发展、生态工业园区和生态旅游三大类采煤塌陷地生态修复模式。

陈新生等（2009）总结了国内采煤塌陷地复垦的10种主要模式，包括以水产养殖为主的综合养殖模式、煤矸石回填造林模式、矸石灌浆覆土发展农业模式、粉煤灰充填覆土造林模式、简单平整为农地模式、疏排法复垦为农林地模式、大水面-深水体-优水质塌陷区发展旅游业模式、煤矸石充填营造建设用地模式、基塘式生态农业复垦模式、生态农庄复垦模式。

王巧妮等（2009）构建了采煤塌陷地复垦模式综合效益评价指标体系，采用模糊综合评判法对深积水、浅积水、无积水3种情况下的4种典型复垦模式（农业、渔业、林业、旅游业）进行了综合效益评价，并以徐州市九里煤矿塌陷区为例进行了实证分析。

1.3.4 主要结论和存在问题

纵观国内外土地复垦和采煤塌陷区土地整治的研究进展，我国工矿区受损农田修复和整理工作起步较晚，始于20世纪70年代末80年代初。多年来，我国工矿区受损农田修复和整理经历了从单一型复垦到多形式复垦、从无组织复垦到有组织复垦、从无法可依复垦到有法可依复垦的巨大变化。修复和整理方法从“一挖二平三改造”的简单工程处理发展到挖深垫浅、疏排降非充填、煤矸石和粉煤灰等充填、生态工程和生物修复等多种形式、多种途径、多种方法相结合的复垦技术体系。

近几年，我国对于工矿区受损农田修复和土地整理技术不仅逐渐向生态恢复、精细整治和信息化方向转变，还对修复和整理后的土壤质量以及各项指标进行了研究，使我国的工矿区废弃农田修复和整理工作逐渐迈上了系统化、整体化和高效化相结合的生态发展阶段。但是与发达国家相比，我国的工矿区受损农田修复和整理在技术、规模、水平等方面都有相当大的差距。

由于起步较晚，目前尚有大量的实际问题需要持续研究。例如，我国东部的高中潜水位煤粮复合区，地下煤炭资源采出后地表沉陷，地面很容易积水，农田地块破碎、土壤结构恶化、生态环境恶化，复垦方向也面临多样化。本研究基于生态约束的以农田为主的土地整理多目标规划方法，构建工矿区受损农田修复和精细化整理规划设计技术体系与农田景观生态建设技术，对于引领工矿区受损农田修复和整理具有重要的现实意义；完备的农田水利工程是提高耕地质量等级和农田生产能力的基础，受地表沉陷等的影响，工矿区受损农田存在土体结构差、农田水利设施遭到破坏、地面积水严重、排水不畅等问题，使原有的水体循环系统和灌溉排水网络被严重打破。因此，研究塌陷区农田水利设施整治与修复技术，构建水系整治技术体系就显得十分必要和迫切；同时，工矿区受损农田存在损毁程度大、地块破碎、肥力退化等问题，造成受损农田修复和整理难度大，通过单一措施无法达到理想的效果，可利用农用地分等定级的理论与方法提出受损农田耕地质量等级和生产能力提升的工程规划设计方法，形成工矿区受损农田提升耕地质量等级和生产能力的工程修复集成技术；工矿区农田损毁形式多样、损毁程度不等，造成受损农田整理和修复的施工工艺多样、施工工序复杂，研究工矿区受损农田精细化整理施工的协同组合和优化配置体系，可以有效提升工矿区受损农田修复和整理施工工艺与效率；目前，工矿区农田整理和修复信息化管理滞后，已有的土地整理信息管理系统主要侧重于项目管理，缺乏对于技术决策的支持系统，研究工矿区受损农田精细化整治信息管理系统，可以提高土地整治规划、实施和应用等全过程的监管与决策能力。

1.4　本书的主要内容

1.4.1　工矿区受损农田修复和精细化整理的任务

针对工矿区受损农田修复和精细化整理技术要求，以江苏典型采煤塌陷区受损农田为研究对象，研究受损农田整理规划设计技术和景观生态建设技术，农田水利设施整治与修复技术，农田质量等级提升技术，农田精细化整理施工技术，以及精细化整理信息化技术，并形成相应的专利技术和标准规范，研发工矿区农田精细化整理信息管理系统，建立典型工矿区受损农田修复和精细化整理关键技术示范区，为加大工矿区农田修复和精细化整理力度，提升耕地等级，改善工矿区农田生态环境，保障粮食安全和建设资源节约型、环境友好型社会提供技术支撑。

1.4.2　工矿区受损农田修复和精细化整理的内容

(1) 基本概念和理论

界定工矿区受损土地等相关概念，阐述本研究的基础理论，包括系统科学理论、景观生态学理论、恢复生态学理论等内涵，以及其与本研究的逻辑关系。

（2）我国工矿区农田损毁类型和整治分区

梳理我国工矿区土地受损类型及相应特点，分析采煤塌陷地区域分异影响因素及耕地损毁机理，进而划分出我国工矿区农田损毁类型，并进行整治分区。

（3）工矿区土地利用状况调查和评价

对工矿区自然条件和社会经济条件进行调查，分析土地利用现状及存在问题；结合采煤塌陷地现状及特点，对工矿区受损土地进行适宜性评价，为优化各类用地布局提供科学基础。

（4）工矿区受损农田特征和整理修复技术需求

梳理工矿区受损土地损毁类型及修复整理技术方法体系，识别受损农田损毁特征；介绍具体的受损农田修复整理技术，包括生态型工程、损毁水系修复工程、表土剥离回填工程、土地重构工程等，总结各工程施工内容及设备需求。

（5）工矿区受损农田规划设计技术和景观生态建设技术

针对工矿区地表下沉、农田毁坏严重、生态环境恶化等突出问题，研究以农田为主的土地整理多目标规划方法，构建工矿区受损农田整理规划设计技术体系；针对农田景观生态受损状况，研究工矿区不同功能类型的农田景观生态建设技术。

（6）工矿区受损农田水利设施整治与修复技术

针对工矿区农田水利设施遭到破坏、地面积水严重、排水不畅等突出问题，研究受损农田水利设施整治与修复技术，研究工矿区土地整理防洪圩堤构筑技术，提出灌排渠系等线性工程和构筑物的优化布局与设计技术，形成工矿区受损农田水系整治技术体系。

（7）工矿区受损农田质量等级提升技术

针对工矿区受损农田土层错乱、物理性质恶化、肥力退化等突出问题，研究提升耕地质量等级和生产能力的工程修复集成技术；研究针对不同工矿区域的种植制度、施肥和灌溉方式等农地保育和利用技术模式。

（8）工矿区受损农田精细化整理施工技术

针对工矿区受损农田整理施工过程中各施工点间的时空规划安排，研究工矿区受损农田多目标整理施工类型区划分技术；研究项目工程施工时序组合优化配置技术；研制“工矿区受损农田精细化整理施工技术指南”。

（9）工矿区受损农田精细化整理信息化技术

针对工矿区受损农田整理信息管理与现代农业精准生产管理等信息系统缺乏有效衔接等突出问题，研究满足辅助土地整理规划、设计、实施等服务的土地整理数据库规范；研究开发土地精细化整理与应用信息服务系统。

1.5 各章节的内容逻辑关系

以粮食安全、生态文明建设国家需求为导向，遵循系统科学、景观生态学、恢复生态学、可持续发展等理论，融合农学、地理、景观生态、信息等学科知识，分析全国工矿区受损农田损毁类型，进行受损农田整治分区。以此为基础，以江苏省徐州市贾汪区采煤塌陷地为案例区，开展土地利用状况调查和评价，识别受损农田特征及整理修复技术需求，并针对性开展受损农田规划设计技术、水利设施整治与修复技术、农田质量等级提升关键技术和效果评价技术、农田精细化整理施工技术和农田精细化整理信息化技术等关键技术研发，继而形成相应的专利、软件著作权、技术规范征求意见稿等集成成果。通过基础研究、技术研究和技术集成等系统研究，形成了面向工矿区受损农田的精细化整理和修复的技术体系。具体研究技术路线如图 1-1 所示。

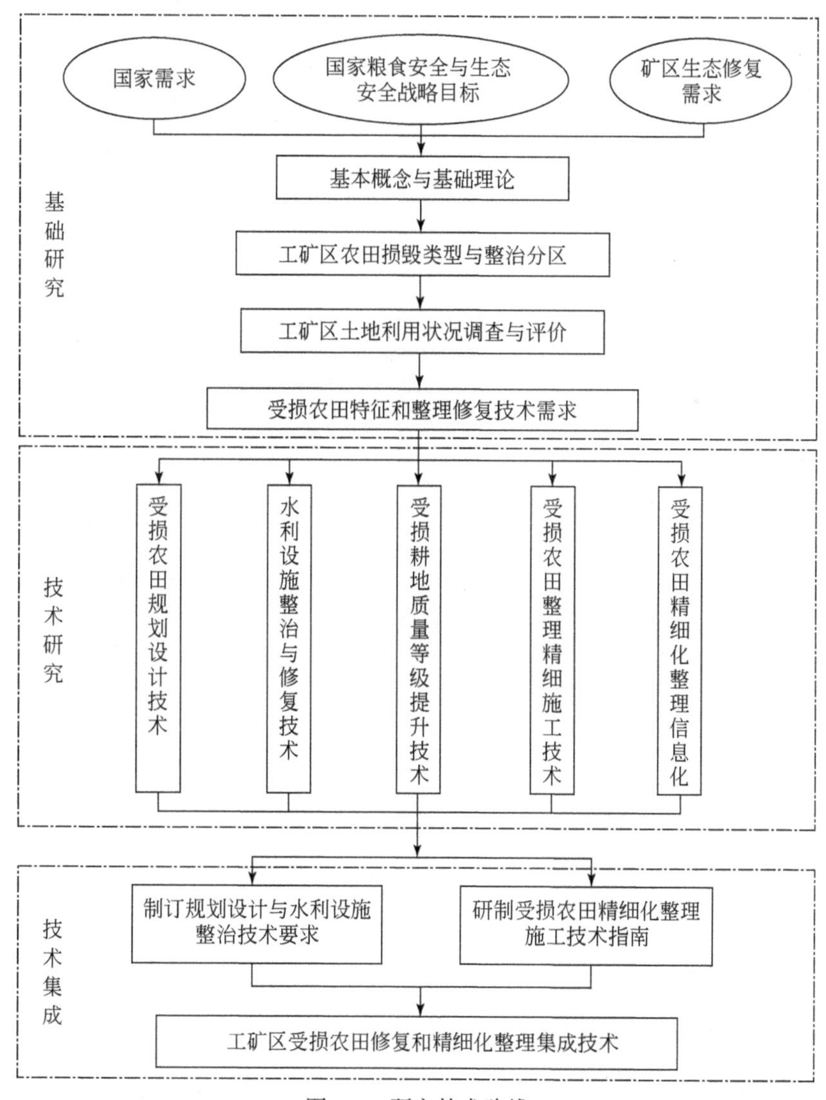

图 1-1　研究技术路线

1.6 本章小结

本章总结阐述了工矿区土地修复和整理的研究背景及国内外研究进展，评述了当前研究存在的问题，并介绍了在本书中工矿区受损农田修复和精细化整理的任务及内容等。

第2章　基本概念与基础理论

2.1　概念界定

2.1.1　工矿区受损土地

广义的工矿区受损土地包括因工程建设、工厂生产及采矿等人类活动占有、使用及影响造成生产力降低或丧失的土地。工程建设活动如修筑公路、铁路、水利工程等对土地的占用；工厂生产如造纸厂、火电厂等在生产过程中排放废水、废气和废渣等对土地的压占、污染等；采矿活动如开发金属矿、非金属矿及采石等人为活动对土地的挖损和压占、污染等。这些活动或多或少都直接或者间接造成土地功能的降低或丧失。

狭义的工矿区受损土地指由于各类矿产资源开采受到影响的土地。

2.1.2　工矿区土地复垦

工矿区土地复垦是指对于因工业生产、矿产开发等活动造成土地生产能力降低或丧失的土地，采取各种工程、生物手段，使其恢复可供利用状态的活动。

我国的土地复垦活动的主要工作内容包括地貌重塑工程、土体重构工程、植被恢复工程、景观再造工程以及生物多样性保护工程等。其目的是消除工矿区受损土地在利用上的限制因素，恢复因挖损、塌陷、压占、污染等损毁对土地质量、生态环境、地形地貌、地表景观等自然要素造成的影响，使土地重新能够被人类利用。

2.1.3　工矿区土地整治

工矿区土地整治是指因工业生产、矿产开发活动损毁的土地，依据土地损毁的程度，因地制宜地采取整治措施，恢复土地的生产能力和土地功能，改善工矿区土地利用结构，提高工矿区土地利用效率的过程。

工矿区土地整治有以下特点。

1）综合性：工矿区土地在修复和利用时除了设计损毁土地的修复外，还要考虑土地利用方式、灌排体系、水土防护措施、道路、电力配套措施等相关问题。同时还会涉及权属调整、效益分析等方面，包含社会、经济、工程、生态、法律等多种问题。

2）针对性：工矿区土地整治具有很强的针对性，其目的是消除工矿区受损土地在利用上的限制性因素，改善因工矿生产造成的土地利用效率降低等问题。

3）复杂性：工矿区土地损毁类型多样，不同的损毁类型需要的技术、工艺也不同，在整治过程中会对土地产生各种各样的影响。所以在工矿区土地整治过程中要注重土地损毁、修复技术、土地利用、社会生态等要素之间的联系和影响。

2.1.4 工矿区土地整治与复垦关系

工矿区土地整治与复垦都是以保护土地资源、改善损毁土地生产能力为目标，通过各项措施实现损毁土地可持续利用的过程，但是二者有着明显的区别。

(1) 二者实施的对象不同

土地复垦实施的对象是由各项工矿生产开采活动造成的损毁土地。而土地整治实施的对象还包括存在利用效率低下、配置不合理等其他问题的损毁土地。

(2) 二者的手段不同

土地复垦的手段主要包括地貌重塑、土体重构、植被恢复、景观再造和生物多样性保护等。而土地整治的手段除了根据损毁土地的特点和限制选择修复的技术外，还包括田、水、路、林等其他工程的规划设计与权属调整。

(3) 二者的目标不同

土地复垦的目标是使土地恢复可供利用的状态，包括土地质量恢复、生态健康、景观丰富等。而土地整治的目标是在恢复损毁土地可供利用前提下，追求生态效益、社会效益与经济效益，改善区域生产生活条件，合理配置土地资源，提高土地利用效率。

2.2 遵循的基础理论

2.2.1 系统科学理论

2.2.1.1 热熵理论

自然界不同类型的能量系统拥有不同的热力学性质，德国物理学家克劳修斯根据热力学第二定律，于1850年最早提出熵这一概念，指出熵是热力学系统中能量不可获得性的量度，又称宏观熵，并提出系统能量交换过程中某一微小时间段内熵的改变量 $\mathrm{d}S$ 的函数：

$$\mathrm{d}S \geqslant \frac{\mathrm{d}Q}{T} \tag{2-1}$$

式中，$\mathrm{d}Q$ 为系统从热源所吸收的能量（J）；T 为热源的绝对温度（K）；$\mathrm{d}S$ 为宏观熵（J/K）。该函数表示两种不同的过程，其中，“=”代表可逆过程，“>”代表不可逆过程。

对于孤立系统而言，系统不存在与外界的能量交换，即 $\mathrm{d}Q=0$，根据上述函数，在孤立系统中，对于可逆过程，熵不变（$dS=0$）；对于不可逆过程，熵总是增加（$dS>0$）。也就是说，孤立系统的熵永远不会减少，将处于不变状态或者呈增加的趋势。在孤立系统中，任何不可逆过程都朝着熵增加的方向演变，直到熵值最大，这就是增熵原理。

对于开放系统而言，熵的变化由两部分构成：

$$dS=dS_i+dS_e \tag{2-2}$$

式中，dS_i 为系统内部不可逆过程产生的熵，$dS_i>0$；dS_e 为系统与外界环境之间交换的熵，该熵可正可负。当系统从外界环境引入足够多的负熵，足以抵消系统内部产生的熵时，系统的总熵开始降低，能量可获得性提高，系统开始由无序系统转变为有序系统。

1877 年，玻尔兹曼研究了气体分子的运动过程，将熵与热力学概率联系起来，提出了一个微观熵的定义：

$$S_M=k\ln\Omega \tag{2-3}$$

式中，S_M 为微观熵；k 为玻尔兹曼常数；Ω 为热力学概率。这里的微观熵表示系统内部混乱度。微观熵的增熵理论表示，孤立系统将自发地朝着最大熵的方向演变，当达到最大熵时，系统达到热力学平衡态，微观粒子分布均匀，此时系统内部混乱与无序度达到最大。当系统开放时，系统通过向外界环境引入负熵流，使系统远离自然状态的平衡态，朝着整齐有序的非自然平衡态发展。

自然界大多数系统为开放系统，其自然演变方向都是朝着自然平衡态发展。例如，高温物体会和周围物体发生能量交换，最终趋于温度相同的状态，等等。煤矿开采后，矿区生态系统朝着土壤养分水分流失、地下水位降低、重金属污染严重、生物多样性和景观异质性降低的方向发展，通过人为的景观生态建设技术，向系统输入负熵流，可使系统达到远离自然平衡态的健康有序的状态。

2.2.1.2 反馈机制理论

反馈是指一个系统的输出反过来作用于系统的输入，从而对系统的再输入和系统过程产生影响的机制，即一个系统的过程造成的结果又反过来作用于该过程产生新的结果的一种机制。一般把反馈分为两种，正反馈和负反馈。正反馈是指回返信息进一步促进原系统过程的发展，最终趋向于更加偏离原始状态。负反馈是指回返信息抑制原系统过程朝之前的方向发展，最终趋向于回到原始状态。

一般而言，系统的正负反馈相辅相成、共同作用，并在一定条件下相互转化。正反馈使得系统熵提高，有序性降低，系统呈现混乱状态。负反馈使得系统熵降低，系统结构和功能随时间保持稳定状态。地球表层自然系统中，系统的状态往往是在多种正反馈和负反馈支配下变化与发展的，形成复杂的反馈-响应机制（陈效逑，2006）。

反馈理论在工矿区土地修复和整理中的运用主要表现在两个方面。

1）增加构建单方向的反馈体系，使反馈进一步促进或扩大过程。例如，在采煤塌陷复垦土地农业生态模式构建中，以水产养殖区和耕地的关联为例，构建如下正反馈体系：粮食产量—饲料—渔业产量—渔农收入—农业投入—粮食产量，能够使粮食产量和渔业产量相互促进，形成良好的循环，同步促进现代农业和渔业的发展。

2）当系统和环境之间自发地形成几种正负反馈相互作用时，人为地在这一过程中增加一个或多个正负反馈键，改变系统总体的反馈结果，从而使系统朝着另一种方向发展。有学者研究矿区人地关系恶化的因果反馈关系，发现原本的反馈关系如下：采矿活动造成耕地损毁，耕地面积减少，从而使更多以耕种为生的农民失业，矿产部门安排失业农民的就业问题，使采矿工人数量增多，采矿活动更加频繁，进一步导致耕地数量的减少，形成一个恶性循环。但是如果在这一恶性循环中，增加一个新的反馈键，即采取生物工程措施治理废弃耕地，使失业农民回到耕地上来，不仅能阻止农民朝着矿工发展的大局发展，而且能使原本废弃的耕地得到治理和保护，从而使整个反馈由原本的正反馈环变为负反馈环，使系统朝着更加稳定有序的方向发展。

2.2.1.3 系统工程理论

系统工程是组织管理的技术。把极其复杂的研究对象称为系统，即由相互作用和相互依赖的若干组成部分结合成具有特定功能的有机整体，且这个有机整体本身又是它所从属的一个更大系统的组成部分。系统工程就是组织管理这个有机整体的规划、研究、设计、制造、试验和使用的科学方法，是一种对所有系统都具有普遍意义的科学方法（钱学森等，2011）。

系统工程研究问题一般采用先决定整体框架，然后进入详细设计的程序，即一般先进行系统的逻辑思维过程总体设计，然后进行各子系统或具体问题的研究。系统工程方法以系统整体功能最佳为目标，通过对系统进行综合分析来改善系统的结构，使之达到整体最优。系统工程研究强调系统与环境的融合，近期利益与长远利益的融合，以及社会效益、生态效益与经济效益的融合。系统工程研究以系统思想为指导，采取的理论和方法是综合集成各学科、各领域的理论和方法。系统工程研究强调多学科协作、多方案设计与评价。

采煤塌陷区受损农田整治是一个复杂的系统，包括前期收集资料、调查评价、规划设计、施工组织、后期管护等诸多子系统，其系统整体目标是增加耕地面积，提升耕地质量等级。其中，处于核心地位的规划设计系统又包括土地平整工程、灌溉排水工程、田间道路工程和农田防护工程等子系统。受损农田整治等级提升也涉及区域自然条件、经济社会条件、资金保证、制度保障、技术条件等诸多方面。要促使受损农田整治系统具有良好的结构和性能，就要统筹协调各个子系统之间的关系，相互衔接，有序配合，从而实现受损农田质与量同步提升的目标。

2.2.2 景观生态学理论

景观生态学是生态学中近年来发展最快的分支之一。它以在较大的时空尺度上研究生态学问题为特征，强调空间格局、生态学过程与尺度之间的相互作用，同时将人类活动与生态系统结构和功能整合在一起。景观生态学的研究对象和内容大体上包括三个方面：景观结构、景观功能和景观动态。

Forman 和 Godron（1981，1986）在观察与比较各种不同景观的基础上，认为组成景观的结构单元可以归纳为三种：斑块、廊道和基质。斑块是指与周围环境在外貌或性质上不同，并具有一定内部均质性的空间单元。它是景观结构单元中最小的异质性单元，如居民点、植物群落或湖泊等。不同类型的斑块之间，以及同一类型的斑块之间，在斑块大小、性状、边界等方面都会表现出较大的差异。廊道是指景观中不同于两侧基质的狭长地带，如道路、防护林带、河流、沟渠等。基质是指景观中范围最为广阔、相对同质、连通性最强的地域本底，如森林、农田、草原、城市用地等，基质类型往往在很大程度上决定景观的性质。

斑块的大小直接影响农田生产效率，在实际规划过程中根据研究区的规模大小，合理安排田块的长度和宽度十分必要。斑块数量则影响着生物多样性，斑块数量过少，导致物种的生境减少，造成生物多样性降低；斑块数量过多，导致景观破碎度增大，不利于农田的集约化利用。因此应根据农田景观适宜性和田块规模，适当安排斑块数量。斑块形状影响农田生态系统的物质能量流动，有研究表明，农田斑块形状以方形为最佳，其次是直角梯形、平行四边形，最差的是不规则三角形和任意多边形。农田斑块的朝向则对作物通风和作物进行光合作用有着密切联系。农田斑块的基质条件主要包括土壤、土地平整度、耕作方式等。

廊道的数量、结构、宽度、朝向等直接影响着斑块之间物质与能量的交换效率，间接影响着生境数量和生物多样性。对影响廊道的因素研究发现，廊道数量由景观尺度、农田规模和土地利用方向等决定；廊道结构由土地利用方向和景观尺度等决定；廊道宽度由廊道性状、功能和影响范围等决定；廊道朝向主要受自然因素（如地形地貌）影响，也受人为因素（如规划设计）影响。另外，廊道网络的规划设计越来越受到国内外专家学者的关注，并由此带来了景观生态学的新观点，提出了生态网络和绿色基础设施等理念。根据系统整体论，整体功能大于局部功能的加和，优化廊道的布设，使之网络化，可以放大其整体功能。

有学者对景观基质和水土流失的关系进行研究，针对不同的自然条件（如降水、蒸发、能量平衡等)，研究不同区域景观基质的组成和比例调控问题，对水土保持定量设计和景观生态恢复起到了重要作用。也有学者对森林景观多样性、优势度等景观格局指数进行分析，与区域平均值对比，探讨景观基质是否被干扰。另外，也有学者对同一区域不同类型但又相似的景观基质进行比较，从不同角度认识其内在联系和各自特征，如研究干旱地区沙漠与沙地的相互联系和各自特征，为防治干旱地区沙漠化，合理利用土地奠定了重要基础。

综上可以发现，迄今为止有很多关于景观斑块、廊道、基质的研究。这与长期以来景观生态学对隔离的重视是分不开的。从生态学意义上说，隔离是一个重要问题，隔离促使物种在岛屿上形成，且这一现象引起达尔文对加拉帕戈斯群岛物种进化的思考，从而发展了最初的进化论。如今，隔离是农业景观的重要特征，对种群动态变化有着很大的影响，种群往往规模较小且多处于隔离状态，与之相比，景观更多地受到人工的支配，更趋于动态化。

一个景观往往是由多个生态网络构成的，景观网络进一步由不同的斑块网络和廊道网络以及斑块和廊道共同组成的网络构成。各景观要素通过物质交换与能量流动的作用决定网络的主要功能。影响网络功能的空间结构要素主要包括节点、廊道、网络连接度、环度和通达性等。景观功能网络可以分为两种类型，一种是以城市为主题，以经济发展为目的，依靠交通干线为主要廊道的城市功能网络；另一种是以某个自然保护区或生态脆弱区为主题，以保护生态环境和维护生物多样性为目标，以河流或绿带为主要廊道的生态功能网络。生态网络通常有四个基本特征：生境质量、网络区域、网络密度和基质的渗透性。生态网络的本质是通过网络的连接以加强景观要素的物质交换与能量流动。

景观生态规划的主要任务是通过不同景观要素的重新组合或者引进新的景观要素来调整优化景观结构或者形成新的景观结构，以增加景观多样性和异质性，实现景观生态网络的多功能性和稳定性。景观多样性是指景观单元在结构和功能方面的多样性，它反映了景观的复杂程度。景观多样性主要由以下因素组成：识别斑块（生境）类型的比例和分布丰度、复合斑块的景观类型、种群分布的群体结构（如种群丰富度和特有种）。景观多样性的结构可通过景观异质性、连接度、空间关联性、孔隙度、对比度、景观粒级、构造、邻近度、斑块大小、概率分布、周长-面积比等指标来评定。干扰过程、养分循环速率、能流速率、斑块稳定性和变化周期、地貌和水文过程以及土地利用方向等都影响着景观多样性的功能。目前对景观多样性的分析方法主要有时间序列分析法、空间统计法和数学参数模拟法，包括对景观格局、异质性、连接度、边缘效应、自相关、分维度的分析。景观异质性指区域中景观要素类型、组合及属性在空间或时间上的变异程度。景观异质性源于环境变异、植被内源演替和干扰。

景观格局是指景观要素和类型的数量与空间结构。景观功能是指景观生态系统对各种生态过程，包括物质、能量、信息、物种等的综合调控过程。景观生态规划的主要目的是通过时间和空间尺度范围内对景观格局的调整与优化，实现景观功能的最优，最大限度地发挥景观的各种效益。景观结构和景观功能或景观过程的关系见表 2-1。

表 2-1　景观结构和景观功能或景观过程的关系

景观结构要素	景观功能或景观过程		
	水资源	人类	野生动物
基质/森林	过滤、渗透、水循环调节	木材、娱乐、美学	森林野生动物，是内部物种的主要栖息地
斑块/湿地	过滤、渗透、水循环调节	水质净化、点源和面源污染控制、洪水控制、科学研究、娱乐、美学	湿地生物的栖息地、候鸟的驿站
廊道/公路	汽车尾气污染源、侵蚀、增加的径流、污染物浓度、桥梁成为潜在瓶颈	活动、运输、娱乐	通道、障碍、生境破碎化的主要原因，干扰源、容易被人和污染穿过

续表

景观结构要素	景观功能或景观过程		
	水资源	人类	野生动物
主要河流	水的流动、控制洪水	消耗、流动、运输产品、科学研究、娱乐、美学	大型物种、鸟类和其他中小型水滨物种运动的主要廊道与障碍

资料来源：Leitao 和 André（2002）。

景观动态是景观遭受干扰时所作出的响应，是一个复杂的多尺度过程（祝勇，2009）。造成景观干扰的影响因素既有自然因素，也有人为因素，往往是自然因素和人为因素综合作用。人类活动是影响景观动态的主要因素，如工业化和城镇化迅速发展，农地非农占用，建设用地无序扩张等。人类活动造成景观变化的结果就是景观破碎化，主要表现为斑块数量增多而面积减小，斑块形状不规则，内部生境面积缩小，斑块彼此隔离等。景观破碎化是导致生物多样性大大降低的主要原因之一。

景观生态适宜性分析是景观生态规划的基础，它以景观生态类型为评价单元，根据区域景观资源与环境特征、发展需求与资源利用要求，选择有代表性的生态特性，从景观的独特性、多样性、功效性和适宜性等入手，分析某一景观生态类型质量以及与相邻景观生态类型的关系，确定景观生态类型对某一用途的适宜性和限制性，划分景观生态类型的适宜性等级。

景观生态规划设计是从科学与艺术的观点和方法出发，探究人类活动和自然景观的关系，以协调人与自然的关系，实现人与自然的和谐及可持续发展为目标而进行的空间规划和设计。景观生态规划设计包括景观分析、景观规划、景观设计和景观管理四个过程。景观生态规划设计首先通过景观分析对景观对象和人类活动等影响进行分析与评估，其次通过景观规划对规划区进行功能分区，并制定各个功能区具体的景观建设方针和措施，再次进行景观设计，对各个地区规划的空间形态和面貌制定具体的实施办法，最后通过景观管理，对景观进行长期的管理保护，确保景观的持久性。

采煤塌陷区的景观生态规划设计以系统科学、景观生态学、土地复垦和生态重建等理论为依据，以“3S”技术为支撑，结合采煤塌陷区的现状特点和建设目标，在土地复垦适宜性评价的基础上，明确区域土地利用方向，从而将区域划分为不同功能区，对不同功能区进行具体规划，并运用生态工程设计的方法，从微观尺度对景观要素进行生态设计。对采煤塌陷区进行景观生态规划设计，是通过景观、生态、土地、环境综合的手段，达到科学利用土地，合理组织空间布局，加强与提高农田基础设施的建设和利用率，美化景观环境和保护生态环境的目的。

2.2.3 恢复生态学理论

恢复生态学是一门研究生态整合性的恢复和管理过程的科学，生态整合性包括区域和历史情况、生态过程和结构、可持续的社会实践和生物多样性等广泛的范围（任海等，2004）。恢复生态学目前尚无统一的定义，有三种代表性的学术观点，第一种观点是强调受损的生态系统要恢复到理想的状态，如美国自然资源保护委员会认为一个生态系统恢复到较接近其受干扰前的状态即为生态恢复；第二种观点是强调其应用生态学过程，如彭少麟（2003）认为恢复生态学是研究生态系统退化的原因、退化生态系统恢复与重建的技术和方法、过程及机理的科学；第三种观点是强调生态整合性恢复，如国际恢复生态学会认为生态恢复是帮助研究生态整合性的恢复和管理过程的科学，生态整合性包括生物多样性、生态过程和结构、区域及历史情况、可持续的社会实践等。

恢复生态学的研究对象是在自然和人为干扰下形成的偏离自然状态的退化生态系统。退化生态系统包括裸地、湿地、森林等，以及由人为活动产生的弃耕地、沙漠、垃圾堆放场、采矿废弃地、喀斯特石漠化山地等（何跃军和叶小齐，2004）。生态恢复的基本目标包括恢复退化生态系统的功能、动态、结构和公益，其长远目标是通过保护和恢复相结合，实现受损生态系统的可持续发展。

恢复生态学的研究内容主要包括生态系统结构、功能以及内在的生态学过程与相互作用机制；生态系统的稳定性、多样性、抗逆性、生产力、恢复力与可持续性研究；先锋与顶级生态系统发生、发展机理与演替规律研究；不同干扰条件下生态系统的受损过程及其响应机制研究；生态系统退化的景观诊断及其评价指标体系研究；生态系统退化过程的动态检测、模拟、预警及预测研究；生态系统健康研究等（何跃军和叶小齐，2004）。

恢复生态学的理论主要是演替理论，其核心原理是整体性原理、协调与平衡原理、自生原理和循环再生原理等。目前，自我设计理论与人为设计理论是从恢复生态学中产生的理论。自我设计理论认为，只要有足够的时间，随着时间的推移，退化生态系统将根据环境条件合理地组织自己并最终改变其组分。人为设计理论认为，通过工程方法和植物重建可直接恢复退化生态系统，但恢复的类型可能是多样的（任海等，2004；程冬兵等，2006）。

恢复生态学应用的理论还包括生态学理论，其中主要包括限制性因子原理（寻找生态系统恢复的关键因子）、热力学定律（确定生态系统能量流动特征）、种群密度制约及分布格局原理（确定物种的空间配置）、生态适应性理论（尽量采用乡土种进行生态恢复）、生态位原理（合理安排生态系统中物种及其位置）、演替理论（缩短恢复时间、不适合极端退化的生态系统恢复）、植物入侵理论、生物多样性理论、斑块–廊道–基质理论等（任海等，2004）（表2-2）。

表2-2　恢复生态学的基础理论

基础理论	释义
生态因子间的不可替代性和交互作用理论	作用于生物体的生态因子，都具有各自的特殊功能和作用。每个因子对生物的作用是同等重要缺一不可的。植物在生长发育过程中，每个生态因子都不能孤立存在。每个因子的交互作用使得生物获得相似或相等的生态效益
最小因子定律	每种植物都需要一定种类和一定量的营养物质，如果环境中缺乏其中的一种，植物就发育不良，甚至死亡，如果这种营养物质处于少量状态，植物的生长量就变小
耐受性定律	任何一个生态因子在数量上或质量上的不足或过多，就会使该生物衰退或不能生存

续表

基础理论	释义
能量定律	生态系统中能量转换的可能性、方向和范围等遵循热力学三大定律
种群空间分布格局原理	种群的空间分布格局在总体上有随机、均匀和集群分布格局的方式，由种群的生物学特性、种内与种间关系和环境因素的综合影响决定
种群密度制约原理	种群不是简单的个体集合体，而是一个具有一定的自我调节机制的系统。种群能按自身的性质及环境的状况调节它们的数量，在一定的空间和时间里，常有一定的相对稳定性
生物群落演替原理	植物群落随时间依次替代最后达到相对稳定。依次替代的顺序是先锋物种侵入、定居和繁殖，改善退化生态系统的生态环境，使适宜物种生存并不断取代低级的物种，直至群落恢复到原来的外貌和物种成分
生态适宜性原理	生物与环境的协同进化，使得生物对生态环境产生了生态上的依赖，因此种植植物应让最适宜的植物生长在最适宜的环境中
生态系统的结构理论	生态系统的结构包括物质结构、时空结构和营养结构。物质结构是指系统中的生物种群组成及其量比关系。生物种群在时间和空间上的分布构成了系统的时空结构。生产者、消费者和分解者通过食物营养关系组成系统的营养结构
生物多样性原理	生物多样性增加使网状食物链结构趋于复杂，使平衡的群落容量增加，从而导致生态系统更加稳定
自我设计和人为设计理论	自我设计理论认为，只要有足够的时间，随着时间的推移，退化生态系统将根据环境条件合理地组织自己并最终改变其组分。人为设计理论认为，通过工程方法和植物重建可直接恢复退化生态系统，但恢复的类型可能是多样的

与自然状态下发生的次生演替不同的是，生态恢复更加强调人类的主观能动性。人类活动总是不可避免地对生态系统造成各种各样的影响，进行生态恢复的基本成分包括生态学方法的应用、人类的需求观、恢复的目标和恢复效果的评价标准以及生态恢复的各种限制条件等。进行生态恢复工程的目标主要有四个方面：一是提高退化土地的生产力；二是对现有生态系统进行合理的利用和保护，以维持其服务功能；三是恢复类似矿业废弃地的极度破坏的生境；四是去除在被保护景观中出现的干扰以加强保护（章家恩和徐琪，1999）。

从生态系统组成成分的角度来看，恢复生态学的技术方法主要包括无机环境和生物系统的恢复技术（任海等，2001）。无机环境的恢复技术包括土壤恢复技术（如耕作方式和制度的改变、土壤改良、表土稳定、土壤改良、控制侵蚀等）、水体恢复技术（如控制污染、灌溉和排涝技术、去除富营养化、换水、积水等）、空气恢复技术（如生物和化学吸附、烟尘吸附等）。生物系统的恢复技术包括植被、消费者和分解者的重建技术与生态规划技术的应用。

采煤塌陷区土地生态系统是人为干扰下形成的偏离自然状态的退化生态系统，采煤塌陷破坏了区域内的大量良田，部分地区积水严重，原有的陆地生态系统变成了水陆生态系统。基于我国对粮食安全的现实需求，采煤塌陷区土地整治要以恢复提高农业生产为主，重点通过人为设计，对采煤塌陷区受损农田进行工程建设和植被重建，修复无机环境和生物系统来提高退化土地的生产力，对现有水域的生态系统服务功能也要合理地利用和保护。

2.2.4 地域分异理论

地域分异是指自然地理综合体及其各组成成分按地理坐标确定的方向发生有规律变化和更替的现象（范中桥，2004）。它揭示了自然地理系统的整体性和差异性，为科学地进行自然区划奠定了理论基础。景贵和（1986）将地域分异因素划分为三大类：基本的地域分异因素、派生的地域分异因素和局部的地域分异因素。基本的地域分异因素包括太阳辐射引起的纬度地带性和由地球内能引发的非纬度地带性两种因素。派生的地域分异因素是指自然环境在两种基本的地域分异因素作用下，所产生的新的地域分异因素。局部的地域分异因素是指在基本的地域分异因素作用下，自然地域发生的局部中小尺度地域分异因素。

我国幅员辽阔，地域分异复杂，地下煤炭埋藏条件决定了我国矿区的基本地域分异，各地的矿山开采和管理方式不同又造就了布局的地域分异规律。卞正富（1999）根据我国煤矿区的综合自然条件、热量条件、干湿类型、种植制度、煤层埋藏条件和开发强度、地形特征等地域分异因素，将我国煤矿区土地复垦条件划分为 6 个大区、12 个亚区，本研究选择的研究区——潘安塌陷区所在的徐州矿区处于黄淮海大区的高潜水位亚区。

地域分异理论决定了采煤塌陷区受损农田整治工作一定要因地制宜，具体根据矿区破坏土地的特征进行土地整治规划设计，确定合理的农田质量等级提升目标，研究的任何环节都不能违背自然规律。

2.2.5 人地关系协调理论

人地关系是人类与地理环境之间关系的简称。狭义的人地关系是指人类及其社会活动与自然环境之间的关系，在本书，地理环境特指自然环境；广义的人地关系是指人类社会生存发展的社会活动与地理环境之间的关系，在本书，地理环境是指由自然和人文因素依照一定的客观规律紧密结合，相互交织而成的一种地理环境整体。

英国地理学家罗士培首先提出了“协调”的思想，即人类需要不断地适应地理环境对人类的限制（卓玛措，2005）。而这种适应其实是一种主动调整，是人类有意识地去协调人地关系的行为。协调论作为一种新型的人地关系观点，越来越受到人类重视。

人地关系协调的内涵可以从三个层次理解：一是人类利用和改造自然时要注意保持自然界的协调与平衡；二是要保持人类与自然界之间的协调与平衡；三是要保持人类自身的协调与平衡。人地关系协调发展的本质就是正确处理顺应自然与改造自然的关系，使人类的社会活动与自然环境条件运行相协调，确保人类活动在自然环境的承载能力范围内进行。土地资源的有限性与人类需求的无限性之间的矛盾，要求人类要节约集约利用土地；人地关系协调理论主张建立人类与自然和谐相处的土地生态系统。

虽然地理环境是人类赖以生存和发展的基础，但是在人地关系中，具有主观能动性的人居主动地位，地理环境是可以被人所认识、改变、利用和保护的对象。因此，人地关系能不能协调，关键在人。如果人类社会能够顺应自然发展和演变的规律，科学合理地调控阻碍人地和谐的因素，在开发利用自然资源时兼顾当前和长远利益，人地关系自然会“和谐共处、协调发展”；反之，如果人类社会对自然界掠夺式地开发利用，违背人与自然和谐相处的规律，忽视经济社会生态和人类自身的协调发展，就会造成人地关系紧张的局面。

从哲学的角度来讲，人与地其实是一种对立统一的矛盾共同体，人地关系的对立性促进了人类社会的运动和发展，而统一性引导人地关系的发展方向。矿山开采和矿业经济的发展，大大推动了人类工业文明的发展，但也对自然环境造成了严重的破坏。例如，煤炭开采活动造成的土地损毁是人类在改造自然过程中违背自然规律而造成的人地矛盾，具体表现为土地塌陷、水资源布局混乱、土地生产能力降低及生态环境恶化等。这种矛盾促使人类重视对矿山生态环境的修复和重新利用，推动新的采矿科技的发展，以尽量避免或者减轻这种破坏，从而达到人地关系在更高层次上的统一和协调。

通过土地利用调整人地关系主要有两条途径：一是扩大土地面积；二是提高单位面积上的产出（李秀彬等，2008）。对工矿区进行科学整治是人类改造自然的活动，只有遵循顺应自然的原则，与自然环境相协调，才能保证矿区生态环境与社会经济活动的和谐发展。采煤塌陷区受损农田质量等级提升是解决矿区人地矛盾、特别是人与耕地之间矛盾的重要途径。通过整治，可以提高耕地面积，提升耕地质量，大大缓解矿区紧张的人地矛盾，优化区域土地利用结构，引导产业转型，从而使人地关系出现协调发展的良好局面。

2.2.6 可持续发展理论

可持续发展是既能满足当代人的需要，又不对后代人满足其需要的能力构成危害的发展（世界环境与发展委员会，1987）。人口、资源、环境之间的突出矛盾使可持续发展理论成为当今时代发展的主流思想。可持续发展的前提是人地关系的协调，可持续发展理论的主要内容包括三个方面：经济可持续发展、社会可持续发展和生态资源可持续发展，其目标就是追求经济、社会、资源、环境的持续协调发展（杨朝现，2010）。

可持续发展思想在中国古已有之，《周易》提出的“生生不息变易观”、道家的“道法自然”思想、儒家的“天人合一”思想，都蕴含着朴素的可持续发展观。及至当代，“科学发展观”可谓是可持续发展思想的集大成者，坚持以人为本，树立全面、协调、可持续的发展观，促进经济社会和人的全面发展，是指导我国各领域发展的核心思想。

“万物土中生”“百谷草木丽乎土”，土地资源作为一种非常重要的基础性自然资源，是人类生存和发展的基础和前提，因此土地资源的合理利用是可持续发展的核心内容。土地整理通过改善土地利用条件和生态景观建设，改善土地利用对经济社会发展的制约和限制因素，促使土地利用的集约化和有序化，从而提高土地利用率和土地质量，以满足经济社会可持续发展对土地资源的需求（高向军和张文新，2003）。

采煤塌陷造成我国大面积农田塌陷，区域耕地质量下降甚至功能全部丧失，采煤塌陷区可持续发展的首要诉求就是通过土地整治增加耕地面积和提高耕地质量，并以此为龙头，带动现代高效农业发展，改善矿区生态环境，推动地方经济发展转型，促进社会全面稳定发展，从而实现经济、社会、资源、环境的持续协调发展。

工矿区的土地利用会直接或间接地影响土地质量，导致土地利用方面的障碍。工矿区受损土地的修复与利用就是消除因工矿利用开采而造成的土地利用困难，恢复土地的正常生产能力和功能，是土地可持续利用的体现。以恢复土地生产能力和土地资源合理配置为目标的工矿区受损土地修复与利用研究，其最终目的就是实现工矿区土地资源、生态环境和社会经济的协调发展。

2.2.7 农用地分等相关理论

农用地分等是一种衡量农用地质量（尤其是耕地质量）的科学评价方法，从自然质量等别、利用质量等别、经济质量等别三个层次体现农用地的质量状况。农用地分等是在计算农用地自然生产潜力的基础上，通过土地利用系数和土地经济系数的逐级修正得到不同层次的农用地等别，作物生产力原理、生产要素理论、地租理论等是《农用地分等规程》（TD/T 1004—2003）依据的基本理论（张凤荣，2005）。

2.2.7.1 作物生产力原理

作物生产力是能量转换的结果，是气候条件、作物生物学规律以及作物的气候生态适应性综合作用所形成的（邓振镛，1987）。作物生产力一般用干物重、生长率、叶面积系数、光合时间、叶日积、净同化率、光能利用率、光合速率等生态特征值来表示。

联合国粮食及农业组织（Food and Agriculture Organization of the United Nations，FAO）创建了农业生态区位法（agro-ecological zoning methodology，AEZ），实际上就是根据作物生产力原理，将影响农作物产量的光照、温度、水分、土壤等自然因素逐级修正获取作物产量的方法。《农用地质量分等规程》（GB/T 28407—2012）计算农用地自然质量等指数时应用的就是 AEZ 的原理和方法。具体来讲，是在作物的光合速率一定和管理与投入水平最优的前提下，该作物的产量取决于光照、温度、水分、土壤等自然因素综合影响下的土地质量。

目前，计算作物生产力的模型的普适性均不是很强，为了统一各地作物光温和气候生产潜力的计算方法，《农用地质量分等规程》给出了全国各地（具体到县级行政单元）主要粮食作物的“作物光温生产潜力指数”速查表和“作物气候生产潜力指数”速查表，供不同耕作制度的作物直接查取。

2.2.7.2 生产要素理论

生产要素理论是经济学的重要理论，也是技术经济学的基本理论（徐斌，2006）。古典政治经济学创始人威廉·配第的名言“土地为财富之母，而劳动则为财富之父和能动的要素”，实际上已经提出了“生产要素二元论”，即生产要素包括土地和劳动。18 世纪初，法国经济学家萨伊提出了“生产要素三元论”，把土地、劳动和资本归结为生产的三个要素，其中土地和劳动创造了地租，资本创造了利息。19 世纪中叶，英国经济学家约翰·穆勒继承了萨伊的观点，认为土地具有较高生产力的原因有三个：一是有利的自然条件，如适宜的气候、肥沃的土壤等；二是劳动者有较大的生产热情；三是劳动者有较高的知识和技能（于刃刚，2002）。20 世纪初，英国剑桥学派创始人阿尔弗里德·马歇尔把“组织”作为一个独立的生产要素从资本要素中分离出来，作为第四生产要素，提出了“生产要素四元论”。我国学者徐寿波在 20 世纪 60 年代提出了“生产要素六元论”，即指人力、财力、物力、自然力、运力和时力。

根据生产要素理论，农用地自然质量等指数只是代表了生产要素之一——土地的潜在生产能力，并不意味着土地的实际产出量。土地的实际产出量还要受到生产资料投入水平、机械化水平、农业田间管理水平等其他生产要素的限制。因此，《农用地质量分等规程》提出了土地利用系数的概念，用来修正土地的自然质量，使其达到接近土地的实际产出水平，其计算方法是土地的实际产量与潜在产量之比。在土地潜在产量一定的前提下，土地利用系数的差异取决于生产资料投入和管理水平不同而造成的实际产量（张凤荣，2005），而这种投入和管理水平又包括能力与意愿两层含义。

通过对受损前-受损现状-整治后的耕地质量等级变化进行科学的评价，分析农田受损因素的破坏程度，有利于区域间采煤塌陷区土地整治技术和效果的横向比较与借鉴，找到整治的方向和重点，明确整治等级提升目标，从而有针对性地因地制宜开展塌陷区受损农田整治规划设计。

2.3 本章小结

本章阐述了本研究所依据的基础理论，包括系统科学理论、景观生态学理论、恢复生态学理论、地域分异理论、人地关系协调理论、可持续发展理论和农用地分等理论等。重点分析不同理论内涵及与本研究之间的逻辑关系。

第3章 我国工矿区农田损毁类型与整治分区

3.1 工矿区土地受损类型分析

在工矿区土地利用过程中，占用、表层开挖、深层开采、剥离物或废弃物的堆排等都造成土壤和植被大量迁移或被废弃物压埋，土壤、植被和水资源遭受破坏，使土地的生产和生态功能降低甚至丧失。工矿区土地损毁可分为直接损毁和间接损毁，直接损毁主要包括挖损、塌陷和压占等类型；间接损毁主要包括污染、开采引起的水位变化造成的土地损毁及诱发的地质灾害等类型。无论是直接损毁还是间接损毁，均造成土壤退化和植被退化。工矿区主要土地损毁类型有挖损、塌陷、压占、污染和占用等，损毁类型及特点见表3-1。

表3-1 我国工矿区主要土地损毁类型及特点

土地损毁类型	对应工矿类型	主要损毁特点
塌陷	煤矿（井工）	大面积塌陷
	金属矿（井工）	分散的塌陷坑
	丘陵矿区	裂缝
压占	煤矿	煤矸石、剥离的表土、粉煤灰等
	金属矿	剥离的表土、采矿产生的岩石、贫矿
	其他矿种	采矿废弃物
污染	煤矿	温室气体、酸性气体、重金属、粉尘等
	金属矿	重金属、有毒物质
	石油及天然气	有机物、有害气体
	稀土矿	有机物、提取液、放射性污染
挖损	各类露天矿	出现采坑，恢复难度较大
占用	工业用地及矿业配套用地	改变了土地的利用方式，修复方向建设用地为主

3.1.1 土地挖损

3.1.1.1 损毁特点

土地挖损是各类工业和矿业活动对地表形态直接破坏，如剥离、运移表层土壤，改变地质层组，直接损毁地表的生态环境，对土地资源的破坏具有毁灭性、直接性和难以修复等特点。煤、金属、黏土、稀土等矿产资源露天开采是土地挖损的主要成因。土地挖损对土地损毁表现为：①大规模的土方移动使挖损区地形地貌发生负向地貌改变，形成凹形挖损地貌；②地表土壤全部剥离，土壤被转移，土壤结构遭到彻底破坏，对土地资源的破坏是毁灭性的；③土地挖损后遗留下大面积台阶状的地形地貌或台阶状的深坑，台阶坡度较陡，基岩裸露。

3.1.1.2 典型损毁单元

露天采矿场的土地挖损主要体现在采煤活动对于土地的损毁。

露天采矿场表现为阶梯状地形，裸露岩层，部分矿种，如铁矿、钻石矿挖深可达数百米。

土地修复的主要制约因素为：①采掘工作有可能破坏应力平衡，在一定的条件下可能产生滑坡、泥石流和边坡不稳等地质灾害；②平台和边坡为裸露岩层，无土层覆盖，其上植被重建非常困难；③挖采坑边坡较为陡峭，水土流失现象严重。

3.1.2 土地压占

3.1.2.1 损毁特点

土地压占是生产建设过程中因堆放剥离物、废石、矿渣、粉煤灰、表土、施工材料等，造成土地原有生产和生态功能丧失的过程。生产建设活动产生的剥离物堆积于原土地上，工矿开采形成的排土场、矸石山、表土存放场等不可避免地覆盖原地表，造成土地损毁。土地压占对土地资源的破坏是毁灭性的。土地压占对土地损毁表现为：①露天矿区所排弃的剥离物除第四系的松散地层和表土外，主要是由砂岩和页岩碎块等构成；露天煤矿还存在外部排土场压占土地的情况，一般为露天矿占地面积的50%左右。②井工矿区排放的废弃物，如煤矸石、次生矿种等，不断堆积增加形成矸石山、尾矿库等。不仅直接压占土地，使被压占土地失去生产能力和使用价值，而且通过自燃、淋洗等作用对周边环境造成影响。目前对矸石山的处理一般是用作发电原料或者各种建筑、化工材料，但由于技术水平的限制，综合利用程度并不高。

3.1.2.2 典型损毁单元

土地压占的典型单元是排土场。

露天矿排土场是岩土混排的堆积体，包括外排土场和内排土场，其地形可划分为平盘与边坡两大类，外观呈一面或多面形成台阶状的堆积山；井工矿排土场主要为建设期的土石方堆放场和修复时因所需修建的表土堆场。表土堆场为收集表土而用，更好地服务土地修复时的表土所需。它的特点是堆砌松散，使用过程中需要进行拦挡、护坡面，防止坍塌、流失、扬尘等，使用完毕后需要进行恢复。

排土场是一个非常特殊的损毁单元，土地修复的主要制约因素为：①重塑地貌的不均匀沉降。排土场是由平台和边坡相间组成台阶式或宝塔状的松散体，地表非均匀沉降与形变剧烈。②重构土壤的不确定性。排土场由剥离的碎石块、低品位煤矿石、少量的细质土壤堆积而成，层序紊乱；土源不足的排土场表土用无毒无害的易风化的碎砾石或第四纪残积物铺设，有机质含量低。③表层土壤压实严重。大型排土场因使用重型机械操作，造成覆土平台严重压实，密度过大 $1.7g/cm^3$，是排土场土地生产力恢复和提高的最大障碍。④水土流失严重。排土场表层压实情况严重，初期由于重力作用，非均匀沉降使地表土壤的渗透率降低，降水在排土场表面迅速汇集，并沿表面裂缝流动，极易造成水土资源流失；边坡岩土自然滚落，结构松散，抗蚀性小。

3.1.3 土地塌陷

3.1.3.1 损毁特点

塌陷是指因地下开采产生采空区，导致地表沉降、变形，造成土地质量降低、土地功能丧失的过程。地下矿产资源开采以后，采空区周围岩体的应力平衡状态受到影响而改变，引起周围岩层向采空区移动，造成采空区顶板和上覆岩层冒落，从而引起离层裂缝和移动，最终造成地表的塌陷和裂缝。随着矿产资源的开采，采空区的面积逐渐扩大，上部及周边岩层的变形和移动也更加明显，当地下采空区面积扩大到一定规模时，这些变形和移动在地表显现出来，使地表岩层产生位移、变形，从而使地表土地资源发生破坏。由于各生产项目区地形地貌、地质条件、采矿条件以及地下水位的不同，塌陷对土地的损毁情况也各不相同，根据我国的地质和地下水条件，可以分为三类。

1）山地丘陵地区。丘陵区塌陷后，地形地貌没有大的变化，基本没有地表积水，对土地利用及配套设置的影响不大，部分地区可能出现地表裂缝或者漏斗状的塌陷坑，塌陷可能引发滑坡、泥石流等地质灾害。我国西部、华中、华北和东北地区山地、丘陵的大部分塌陷属于此类。

2）低潜水位平原地区。因地下水位不高，开采塌陷后地表常年积水区域较少，部分坡度较缓的地区一般发生季节性积水，还会伴随水土流失和盐渍化现象，对土地资源损毁较为严重，分布于我国黄河以北的平原地区。

3）高潜水位平原地区。由于地下水位高，开采塌陷后地表普遍出现常年积水，造成土地利用方式的变化，积水区周围塌陷斜坡地经常会有季节性积水，并使原地表水利、道路等配套设施遭受严重破坏，塌陷对土地影响严重，常见于我国黄淮海平原的中东部矿区。

3.1.3.2 典型损毁单元

采煤塌陷区是塌陷的典型单元。

采煤塌陷区损毁农田具备三大特征：采煤塌陷区地表下沉，并伴随积水；农田设施损毁严重，农田质量低下；生态环境恶化。

采煤塌陷区农地修复具有以下问题。

1）耕地整体受损严重，土地整治的难度非常大。地表下沉，耕地存在的连续性遭到破坏，严重时出现裂缝，耕地田面起伏大；农田水利设施损毁严重、地面积水严重、排水不畅；道路出现断裂、积水现象；农业景观遭受严重破坏。诸多问题都是普通地区土地整治中没有出现的，采煤塌陷区受损农田整治不但面临的问题多，而且每个问题解决的难度都很大。

2）耕地质量等级受损大，等级提升潜力高。采煤塌陷破坏了农用地分等中的评价因素，有一些能直接反映出来，如排水条件、灌溉保证率、盐渍化程度，也有一些不能直接反映出来，但总体上都对区内耕地质量等级造成损害。尤其受损严重的常年积水区，原有耕地完全丧失了种植功能而转换为水域地类，即便在季节性积水区，勉强能抢种抢收一季作物，产量也受到很大影响。采煤塌陷区的耕地质量等级较破坏前下降幅度大，同时提升的潜力也大。

3）整治后的利用方向多，采用的技术领域广。因为我国耕地人均资源稀缺，粮食安全重要性大，所以耕地保护的压力特别大。在我国采煤塌陷区土地整治的实践中，首要目标是尽量整治为农田，恢复耕种，或提高耕地生产能力。但同时也探索出了许多适宜的利用方向，如景观湖面、湿地公园、浅水种植、深水养殖等利用方式。采煤塌陷区土地整治的难度大，同时恢复利用的方向多，所以这项工作涉及的部门也多，采用的技术也是来自各个领域。

4）采煤塌陷区受损农田整治的难度大，利用方向多，在现实条件下，整治后的耕地面积可能无法恢复到受损前，与受损现状相比，耕地面积可能也会有减少。因此，确保整治后的受损农田的耕地质量等级提升，显得十分迫切。

5）采煤塌陷区土地整治的政策性较强。在很大情况下，采煤塌陷区的土地权属争议较多，在治理塌陷地时面临的资金问题和整治后的土地使用权问题也较多。因此，采煤塌陷区土地整治往往需要各级政府的牵头，各个部门的配合，只有这样才能很好地实现整治的目标。

3.1.4 土地污染

3.1.4.1 损毁特点

生产建设过程中排放的污染物造成土壤原有理化性质恶化、土地原有功能部分或全部丧失。土地污染的主要来源包括塌陷地充填时的填充物、各种尾矿或次生矿种的堆积物所含有的有机污染物和重金属污染物，在降解或淋洗作用下，直接或间接地污染大气环境、水系及土壤，导致土地资源污染；工矿开采产生大量的粉尘、污水（矿井废水、酸性废水、洗煤水和生活污水等）、固体废弃物淋溶、下渗等对土地造成直接或间接的污染。

3.1.4.2 典型损毁单元

重金属污染场地是污染的典型单元。

工矿区土地重金属污染一般是在矿区的形成过程中，采矿、废弃物排放、复垦等活动中，重金属迁移至区域土壤环境或水环境中，引起工矿区土地质量降低的情况。

当重金属或其衍生物在土壤中逐渐积累，含量逐渐增大，超出土壤的自净能力时，对自然环境和土地利用产生严重的危害。

1）污染物会通过“土壤-植物-人体”的过程或者“土壤-水-人体”的过程间接被人类或其他生物吸收，影响生态系统健康和人体健康。

2）当污染物含量超出植物最佳适宜范围时，对植物的生长发育和产品质量均有较大影响。

3）其他环境问题。重金属含量较高的表土，在风、降水等自然侵蚀情况下，进入大气循环和水体循环，导致空气污染、水体污染和生态退化等其他环境问题。

重金属污染区域具有以下特点。

1）潜伏性或隐蔽性。矿区土壤重金属污染的危害症状需要经历很长时间才能体现出来，一般只有当农作物、蔬菜、水果等食品质量、植物、动物或人体健康受到损害时才被发现。在污染的初期很难监测到重金属对于环境的危害，当重金属的含量超出土壤自净能力或者土壤环境条件发生变化时，受污染土壤就会超出重金属毒害的阈值，激活重金属的毒性，引起严重的生态灾难，因此重金属污染有“化学定时炸弹”之称。

2）不可逆性或持久性。矿区土壤重金属污染很难恢复，一般重金属进入土壤之后，不易被微生物降解，又容易在土壤中不断积累，达到一定程度时就会引起土壤结构和功能的变化，导致土壤质量严重恶化，很难复原。

3）间接危害性。矿区土壤重金属污染的危害主要是通过食物链或者渗滤进入地下水体进而危害动物和人体健康的，致使人畜丧失赖以生存的自然环境条件。

4）综合性。矿区土壤重金属污染往往是多种有毒重金属混合的复合型污染，污染土壤的毒性和影响都要比一种元素严重。例如，金属矿山的土壤以 Zn、Pb 两种重金属污染为主，但同时也会有 Cu、Cd 等其他重金属污染情况的发生，因此重金属污染土壤的治理一般难度较大，恢复困难。

3.1.5 土地占用

3.1.5.1 损毁特点

土地占用主要是指工矿区的道路、厂房、管道设施等建设对土地的压覆和占用。工业利用、工程建设、矿区厂房等工业场地，这部分土地仍在发挥使用价值，只是从原来的土地使用或存在形式，如耕地、林地、草地或未开发的荒地、滩涂、闲置地等，改变为矿山企业的工业用途，如工业厂房、建设场地、铁路、道路、胶带输送机线路、供电通信设施、给水排水管道沟渠等。例如，农地被占用后，其功能由种植农作物、生产农产品转化为矿产资源开采、加工以及其他辅助的服务用地。

3.1.5.2 典型损毁单元

工业用地及矿业配套设施用地是土地占用的典型损毁单元。

工业建设损毁土地通常会对地面进行硬化、夯实，清理废弃物和地面硬化后的土地比原有地面低，不利耕作，故需要购买客土，对清理形成的坑洼进行填充，对沟槽进行填平。同时由于施工过程中不可避免对施工区域进行碾压，需要对施工区域进行翻耕，以便耕作。在平整完毕后的土地上需要进行农田水利规划设计。

工业用地及矿业配套用地改变了土地的利用方式，其修复方向以建设用地为主。

例如，工程建设占用土地，一般指交通、水利、能源等线性工程因新建或改线等原因需要建设的路基、取土场、水渠和建筑搬迁等毁坏而遗弃土地进行表土剥离。将拟建线性工程沿线高岗、荒地等确定为取土场，项目占用土地范围内的土地进行表土剥离，在取土工程完毕后，对取土场进行土地修复。

3.2 采煤塌陷地区域分异影响因素

在众多的工矿区中，受煤矿分布与农田分布空间高度叠加的影响，采煤塌陷导致大面积农田丧失生产能力。同时，我国煤炭开采以井工开采为主，井工煤矿和其他工矿类型相比，造成的采煤塌陷区面积较大，因而采煤塌陷地修复和整理备受关注。煤矿井工开采是采煤塌陷区农田受损的直接原因，故本研究从我国煤炭资源分布及开采特点、地形特征、热量条件、煤层赋存与开发条件等方面进行综合分析，得出我国采煤塌陷区受损农田整治的空间分布特点，以明确我国采煤塌陷区的区域整治方向，因地制宜地采取恰当的整治措施。

3.2.1 煤炭资源分布及开采特点

我国煤炭资源分布相当广泛，除上海市、香港特别行政区、澳门特别行政区外，其他各省（自治区、直辖市）均有分布，其中以新疆、内蒙古、山西、陕西、吉林、辽宁、黑龙江等地煤炭资源最为丰富，贵州、云南、宁夏、安徽、山东、河南、河北、江苏次之，台湾地区也有煤炭资源分布。

据第三次全国煤田预测资料，埋深在 600m 以内的预测煤炭资源量，占全国煤炭预测资源总量的 26.8%，埋深在 600～1000m 的占 20%，埋深在 1000～1500m 的占 25.1%，埋深在 1500～2000m 的占 28.1%。一般来说，京广铁路以西的煤田，煤层埋藏较浅，不少地方可以采用平峒或斜井开采，其中晋北、陕北、内蒙古、新疆和云南的少数煤田的部分地段，还可以露天开采；而京广铁路以东的煤田，煤层埋藏较深，特别是鲁西、苏北、皖北、豫东、冀南等，煤层多赋存在大平原之上，上覆新生界松散层多在 200～400m，有的已达600m以上，建井困难，而且多需特殊凿井。相对于世界主要产煤国家，我国煤层埋藏较深。同时，由于沉积环境和成煤条件等多种地质因素的影响，我国以薄-中厚煤层为主，巨厚煤层很少，可以作为露天开采的储量甚微，据《中国煤炭开发战略研究》统计，我国适宜露天开采的矿区主要有13个，已划归露天开采和可以划归露天开采的煤炭储量共计412.43亿t，仅占全国煤炭保有储量的4.1%。

3.2.2 地形特征

地形特征与矿区土地损毁类型和程度密切相关，地形特征主要可以分为山地、丘陵、平原、高原、盆地。

山地，是指海拔在500m以上的高地，起伏很大，坡度陡峻，沟谷幽深，一般多呈脉状分布。

丘陵，一般海拔在200～500m，相对高度一般不超过200m，起伏不大，坡度较缓，由连绵不断的低矮山丘组成。我国主要有辽西丘陵、淮阳丘陵和江南丘陵，黄土高原上有黄土丘陵，长江中下游河段以南有江南丘陵，辽东、山东两半岛上的丘陵分布也很广。

平原，是海拔较低的、平坦的广大地区，海拔多在0～200m，一般分布在大河两岸和濒临海洋的地区，如东北平原、华北平原、长江中下游平原、成都平原、汾渭平原、珠江三角洲、台湾西部平原等，平原区土壤肥沃，交通便利，是中国最重要的农耕区。

高原，是海拔一般在1000m以上，面积广大，地形开阔，地势起伏不大，周边以明显的陡坡为界，比较完整的大面积隆起地区。我国的四大高原（青藏高原、内蒙古高原、黄土高原、云贵高原）集中分布在地势第一、第二级阶梯上。

盆地，是四周高（山地或高原）、中部低（平原或丘陵）的盆状地形。盆地多分布在多山的地表上，在丘陵、山地、高原都有相应的不同构造的盆地。盆地基本呈中间低、四周高的盆状形态。我国的四大盆地（准噶尔盆地、塔里木盆地、柴达木盆地、四川盆地）主要位于地势第二级阶梯上。

3.2.3 热量条件

积温是某一时段内逐日平均气温的总和，它是衡量作物生长发育过程热量条件的一种标尺，也是衡量地区热量条件的一种标尺，直接影响着采煤塌陷地整治的利用方向和综合效益。

在各种积温（0℃、3℃、5℃、10℃、15℃）中，用得最广泛的是日平均气温≥10℃稳定期的积温和活动积温。我国采用积温和积温持续日数，参照自然景观和作物分布情况，把全国划分为5个温度带和青藏高原区，5个温度带见表3-2（赵济，2015）。

表 3-2 我国温度带划分及种植制度表 (单位:℃)

温度带	范围	≥10℃积温	作物熟制
寒温带	黑龙江北部、内蒙古东北部	<1600	一年一熟。春小麦、大麦、马铃薯等
中温带	东北和内蒙古大部分、新疆北部	1600 ~ 3400	一年一熟。春小麦、大豆、玉米、谷子、高粱等
暖温带	黄河中下游大部分地区和新疆南部	3400 ~ 4500	两年三熟或一年两熟。冬小麦复种荞麦等，或冬小麦复种玉米、谷子、甘薯等
亚热带	秦岭、淮河以南，青藏高原以东	4500 ~ 8000	一年两熟到三熟。稻麦两熟或双季稻。双季稻加冬作油菜或冬小麦
热带	云南、广东、台湾的南部和海南	>8000	水稻一年三熟。甘蔗

3.2.4 煤层赋存与开发条件

煤层赋存状况与开发条件主要有煤层倾角、埋藏深度、可开采厚度、开发强度等。对于全国采煤塌陷地整治类型分区来讲，考虑万吨煤塌陷率、井下采空面积和塌陷面积系数较为合适。

3.3 采煤塌陷地的成因和损毁机理

我国幅员辽阔，地域宽广，煤炭资源分布也较为广泛，由于煤炭赋存与开发方式不同，土地损毁机理也有所不同。研究采煤塌陷地的成因和损毁机理，对于确定整治的重点区域和方向具有重要的参考价值。

3.3.1 采煤塌陷地的成因

煤层被采出后，在岩体内形成了一个空间，周围岩体原来的应力状态受到破坏，应力被重新分布后，达到一种新的平衡。在这一过程中，岩层和地表会产生弯曲、变形、连续移动和非连续破坏，如开裂、冒落等现象，这种现象被称为“开采塌陷”。井工煤矿的开采引起地表下沉，土地塌陷的现象也被称为“采煤塌陷”，形成的低洼塌陷区被称为“采煤塌陷地”或“煤矿塌陷区”。

采煤塌陷地的形成分为覆岩破坏和采空塌陷两部分：地下煤层被开采后，岩体内形成一个中空的结构，原始的应力平衡受到破坏，这个过程被称为覆岩破坏；采空塌陷是指采空区的顶板岩层在自身重力和覆岩层压力的双重作用下，岩层变形、向下弯曲，当达到一定程度时，顶板会破碎冒落，上覆岩层离层，最终塌陷。随着采掘工作横向和纵向地进行，采空区的体积越来越大，受影响的范围会越来越广，地表也产生移动和变形。同时地表移动也会受煤炭开采的方式、方法、煤层产状分布等多采矿因素的影响。

煤矿开采对土地引起的损毁主要表现为挖损、塌陷和压占三种形式，其中，井工开采对土地的破坏形式主要为塌陷。我国的井工煤矿开采一般使用长壁全部垮落法管理顶板，这种操作管理法不利的一面在于，地面塌陷使地表形成一个近似椭圆形的下沉盆地，且下沉的系数大，塌陷坑深。

在地质条件不同的煤矿类型区，采煤塌陷造成的土地损毁特征也不尽相同。位于高潜水位区的华东平原区降水量丰富，地下潜水位高，采煤塌陷地表出现裂缝，土体下沉，地下水位抬升，地面积水。例如，徐州矿区采煤塌陷区长期积水，涝害、渍害现象普遍发生。位于中、低潜水位的黄河以北平原矿区，采煤塌陷导致地表裂缝，局部积水，土壤侵蚀和水土流失现象比较严重。干旱丘陵山区煤矿开采造成的土地损毁类型主要为裂缝、台阶、塌陷坑、滑坡等非连续变形，如山西煤矿区地表主要的损毁类型为采动滑坡、裂缝、槽型沉降等。采煤塌陷造成的土地损毁特征见表 3-3。

表 3-3　采煤塌陷造成的土地损毁特征

煤矿区类型	损毁特征	分布区域
干旱丘陵、山地区	采煤塌陷区地表下沉、倾斜、曲率水平移动与变形，但山区起伏、自然坡度大于采动影响引起的最大下沉与变形值，地表形不成明显盆地，地表出现断裂缝、滑坡、地表槽形塌陷等，一般不积水，但容易诱发山体滑坡和泥石流等灾害	西北、东北、西南丘陵、山区煤矿区
中、低潜水位平原区	土壤侵蚀、水土流失、地表裂缝、局部积水、常年积水范围偏小	黄河以北平原煤矿区
高潜水位平原区	地表塌陷明显，大面积积水、内涝，周围土壤水饱和、返盐，土壤次生盐碱化	华东平原煤矿区、长江中下游平原区

土地损毁类型不同，工矿区受损农田水利设施整治与修复措施也因此不同。干旱丘陵、山地区土地的损毁特征主要表现为裂缝，一般不积水，因此治理措施较为简单，常采用抗塌陷技术预防渠道变形、断裂。中、低潜水位平原区土地的损毁特征主要表现为塌陷和局部积水，治理措施主要为抗塌陷技术，另外由于积水范围小，积水深度浅，治理也相对容易。而高潜水位平原区地表沉陷明显，在出现裂缝的同时，形成大面积水，农田治理难度较前两者大大提高，在采用抗塌陷技术的同时，还要进行灌排网络及地上构筑物优化布局与设计，修复受损农田水利设施，盘活区域水系，提高地表水资源的利用率。

3.3.2　损毁机理

3.3.2.1　岩体移动和破坏

在地下开采煤矿前，岩体在地应力场作用下处于相对平衡状态。当局部煤炭采出后，在岩体内部形成一个采空区，导致周围岩体应力状态发生变化，从而引起应力重新分布，使岩体产生移动变形和破坏，直至达到新的平衡。随着采煤工作进行，这一过程不断重复，且这是一个十分复杂的物理、力学变化过程，也是岩层产生移动和破坏的过程，这一过程和现象称为岩层移动。

以近水平煤炭开采为例，说明岩层移动和破坏过程中应力状态的变化。当地下煤层开采后，采空区直接顶板岩层在自重应力及上覆岩层重力的作用下，产生向下的移动和弯曲。当其内部应力超过岩层的应力强度时，直接顶板首先断裂、破碎并相继冒落，而基本顶岩层则以梁、板形式沿层面法向方向移动、弯曲，进而产生断裂、离层。随着工作面的向前推进，受采动影响的岩层范围不断扩大。当开采范围足够大时（0.2～0.3H，H为开采深度/m），岩层移动发展到地表，在地表形成一个比采空区范围大得多的下沉盆地，如图3-1所示。根据孙绍先和王华国（1990）的研究，地表塌陷面积约为煤层开采面积的1.2倍，塌陷的最大深度是煤层开采厚度的70%～80%。

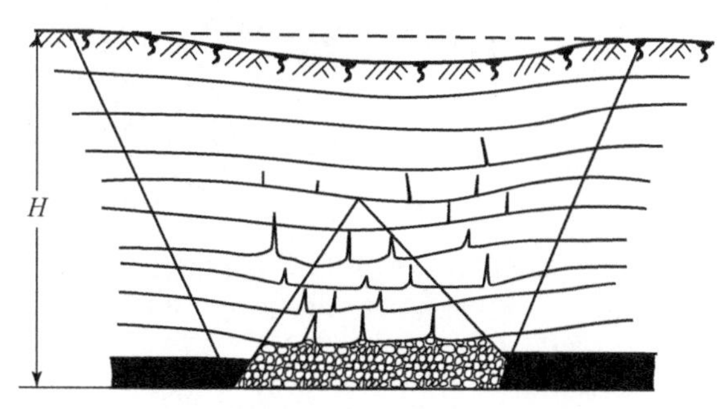

图3-1　采空区上方岩层移动示意图
资料来源：邹友峰（2003）

由于岩层移动、破坏，采空区周围应力重新分布，形成增压区（支承压力区）和减压区（卸载压力区）。在采空区边界煤柱及其边界上方、下方的岩层内形成支承压力区，其最大压力为原岩应力的3～4倍。由于支承压力的作用，该区煤柱和岩层被压缩甚至被压碎，煤层挤向采空区，称为片帮。由于增压的结果，煤柱部分被压碎，支承载荷的能力减弱，于是支承压力峰值区向煤壁深处转移。在回采工作面的顶板、底板岩层内形成减压区，其应力小于采前的原岩应力。在顶板岩体中，减压的结果使下部岩层发生弹性恢复变形，而上部岩体则受下部岩体移向采空区的影响可能在岩体内形成离层。底板岩体在采空区范围内卸压、在煤柱范围内增压，两种压力作用的结果即会出现采空区底板向采空区隆起的现象。

根据岩层移动和变形特征及应力分布情况，在移动过程终止后的岩体内，大致可划分为三个移动特征区（图3-2）：Ⅰ为充分采动区（减压区）；Ⅱ、Ⅱ′为最大弯曲区；Ⅲ、Ⅲ′为岩石压缩区（支承压力区）。

充分采动区*COD*位于采空区中部上方，其移动特征是煤层顶板在上覆岩体重力作用下先向采空区方向弯曲，然后破碎成大小不一的岩块向下冒落而充填采空区。之后岩体呈层状向下弯曲，同时伴随有离层、裂隙和断裂等现象。层状弯曲的岩层下沉，使冒落破碎的岩块逐渐被压实。移动结束后，此区内下沉的岩层仍平行于其原始层位，层内各点的移动向量与煤层法线方向一致，在同一层内的移动向量彼此相等。

岩石压缩区（支承压力区）位于采空区边界煤柱上方*GC*和*HD*范围内。在支承压力区之上的岩层内，不仅有沿层面方向的拉伸变形，而且还会出现沿层面法线方向的压缩

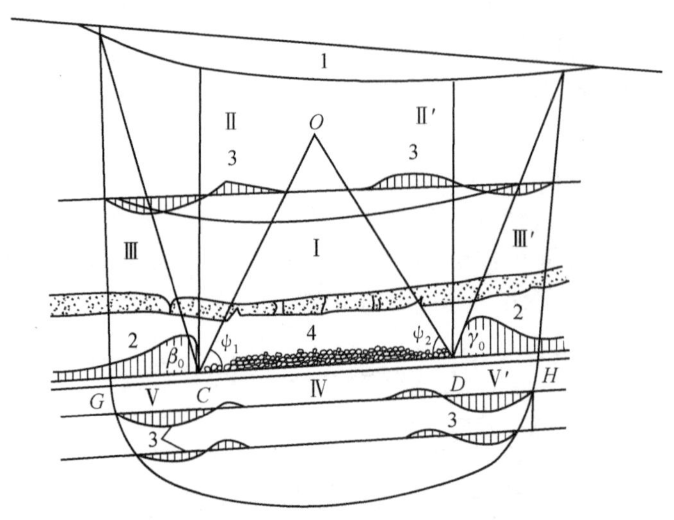

图 3-2 采空区影响范围内的影响带划分示意图

资料来源：邹友峰（2003）

变形。

在充分采动区Ⅰ和支承压力区Ⅲ、Ⅲ′之间是最大弯曲区Ⅱ、Ⅱ′，在此范围内，岩层向下弯曲的程度（曲率）最大。由于岩层弯曲，在层内产生沿层面方向的拉伸和压缩变形。

以上是水平煤层开采时岩层的移动特征。在倾斜煤层和急倾斜煤层开采条件下，岩层移动的主要特征是岩石沿层面的滑移。在采空区边界上方，岩层和煤柱在自重应力作用下，顶板岩层在产生法向弯曲的同时受沿层面分力的作用而产生沿层面向采空区方向的错动和滑落。当煤层倾角接近或大于50°时，这种现象可扩展到煤层底板岩层。当顶板、底板岩层的强度均较小时，则可同时产生沿层面的下滑。

岩层破坏形式主要有以下几种。

1）弯曲：这是岩层移动的主要形式，地下煤层开采后，岩层从直接顶板开始沿层面法线方向发生弯曲，直至地表。

2）岩层垮落（或称冒落）：煤层采出后，采空区周边附近上方岩层弯曲产生拉伸变形。当拉伸变形超过岩层的允许抗拉强度时，岩层破碎成大小不一的岩块并冒落充填于采空区。此时，岩层不再保持其原有的层状结构。这是岩层移动过程中最剧烈的形式，通常只发生在采空区直接顶板岩层中。

3）煤被挤出（又称片帮）：部分采空区边界矿层在支承压力作用下被压碎挤向采空区，这种现象称为片帮。由于增压区的存在，煤层顶板、底板岩层在支承压力作用下产生竖向压缩，采空区边界以外的上覆岩层和地表产生移动。

4）岩石沿层面滑移：在开采倾斜矿层时，岩石在自身重力的作用下，除产生沿层面法线方向的弯曲外，还会产生沿层面方向的移动。岩层倾角越大，岩层沿层面滑移越明显。沿层面滑移的结果，使采空区上山方向的部分岩层受拉伸甚至断裂，而下山方向的部分岩层则受压缩。

5）垮落岩石下滑（或滚动）：煤层采出后，采空区被冒落岩块充填。当煤层倾角较大且开采自上而下顺序进行，下山部分煤层继续开采而形成新的采空区时，采空区上部垮落的岩石可能下滑而充填新采空区，从而使采空区上部的空间增大、下部空间减小，使位于采空区上山部分的岩层移动加剧，而下山部分的岩层移动减弱。

6）底板岩层隆起：当底板岩层较软时，煤层采出后，底板在垂直方向减压而水平方向受压，导致底板向采空区方向隆起。

冲积层的移动形式是垂直弯曲，不受煤层倾角影响。在水平煤层条件下，冲积层和基岩的移动形式是一致的。

3.3.2.2 地表移动变形及破坏

地表移动是指采空区面积扩大到一定范围后，岩层移动发展到地表，使地表发生移动和变形（陈龙乾和郭达志，2003）。采煤引起的地表移动过程，受多种地质采矿因素的影响，随开采深度、开采厚度、采煤工艺和煤层产状等因素的不同，地表移动和破坏的形式也不尽相同。当开采深度和开采厚度的比值较大时，地表的移动和变形在空间与时间上是连续和渐变的，具有比较明显的塌陷规律性。当开采深度和开采厚度的比值较小或地质构造较为复杂时，地表的移动和变形在时空上是不连续的，规律性不是很强，地表可能出现较大的裂缝或塌陷坑。地表移动和破坏的形式主要有地表移动盆地、地裂缝和台阶、塌陷坑和塌陷槽。

（1）地表移动盆地

当地下工作面开采达到一定距离（为开采深度的1/4 ~ 1/3）后，地下开采便波及地表，使受采动影响的地表从原有标高向下沉降，从而在采空区上方地表形成一个比采空区大得多的沉陷区域，这种地表沉陷区域称为地表移动盆地，也叫下沉盆地（邹友峰，2003）。

如图3-3所示，当开采工作面由开切眼推进到位置1时，在地表形成一个小移动盆地W_1；当开采工作面继续推进到位置2时，在移动盆地W_1范围内，地表继续下沉，同时在工作面前方原来尚未移动地区的地表点，先后发生移动，从而使移动盆地W_1加大、加深形成移动盆地W_2；随着开采工作面的继续推进，逐渐形成地表移动盆地W_3和W_4。这种移动盆地是在工作面推进的过程中逐渐形成的，可以称为动态移动盆地。当工作面回采结束后，地表移动不会立即停止，还要持续一段时间，此时地表移动盆地的边界还将继续向工作面推进方向扩展，移动首先在开切眼一侧稳定，而后在停采线一侧逐渐形成稳定的地表移动盆地W_{04}，通常所说的稳沉后的塌陷地即是指这种静态移动盆地。事实上，最终地表移动盆地的范围要远大于采空区的范围，地表移动盆地的最终形状与采空区的形状和煤层倾角有关。

在地表移动盆地的形成过程中，逐渐改变了地表的原有形态，引起地表标高、水平位置发生变化，从而导致位于影响范围的农田、建（构）筑物、铁路、公路、水体等的损坏。从地表移动的力学过程及工程技术问题的需要出发，地表移动的状态可用垂直移动和

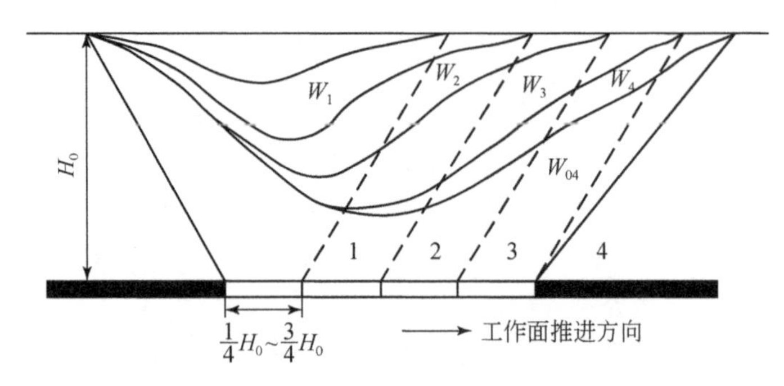

图 3-3　地表移动盆地形成示意图

1、2、3、4 为工作面的位置；W_1、W_2、W_3、W_4 为相应工作面的移动盆地；W_{04} 为最终的静态塌陷盆地

资料来源：何国清（1991）

水平移动进行描述。常用的定量指标有下沉、水平移动、倾斜、曲率等。

(2) 地裂缝和台阶

在一定条件下，地表移动盆地外边缘拉伸变形区可能产生裂缝，裂缝的深度、宽度与有无第四系松散层及其厚度、性质和变形值有关。国内外的观测表明，塑性大的黏土，一般当地表拉伸变形值超过 6～10mm/m 时才发生裂缝。塑性小的黏土、砂质黏土、黏土质砂或岩石，当地表拉伸变形值达到 2～3mm/m 时才发生裂缝（曹树刚等，2011）。地表裂缝一般平行于采煤工作面边界发展，但在推进工作面前面，地表可能出现平行于工作面的裂缝，这种裂缝深度和宽度较小，随工作面推进先张开而后逐渐闭合。

裂缝的形状一般呈楔形，山口大，越往深处越小，到一定深度尖灭。当地表存在较厚表土时，地表裂缝深度一般小于 5m，对于开采厚度较大的综采放顶煤开采情况，地表裂缝深度可达十几米。当地表不存在表土或表土较薄时，地表裂缝深度也可达数十米。当开采深度小且基岩为坚硬岩层时，这种裂缝可使地表与采空区连通。

当开采深度和开采厚度比值较小时，地表裂缝的宽度通常在几十毫米，裂缝两侧可出现落差而形成台阶。台阶落差的大小取决于地表移动值的大小。

地表除了出现张口裂缝外，在某些特殊情况下还可能出现剪切式压密裂缝。常见的有三种情况：断层导致的压实裂缝；软弱夹层导致的压实裂缝；重复开采时下沉盆地边缘区主裂缝面导致的压实裂缝。

(3) 塌陷坑和塌陷槽

开采水平煤层或缓倾斜煤层时，地表移动破坏的主要形式是塌陷盆地或地裂缝，而在某些特殊地质开采条件下，地表可能出现漏斗状塌陷坑或塌陷槽。

1）浅部不均匀开采引起的塌陷坑。当开采深度较小或开采厚度较大时，用房柱式和硐室式水力采煤法开采，开采厚度不均匀导致覆岩破坏高度不同，使地表产生漏斗状塌陷坑。当开采深度很小而开采厚度很大时，用长壁采煤法开采，若开采厚度不一致，地表也可能出现漏斗状塌陷坑。

2）松散层进入井下引起的漏斗状塌陷坑。在松散层采矿条件下，开采上限过高使回采工作面造成冒落性破坏并达到含水沙层时，常会引起水沙溃入采空区，从而引起地表漏斗状塌陷。

3）急倾斜煤层开采引起的漏斗状塌陷坑。在急倾斜煤层开采时，煤层露头处附近出现严重的非连续性破坏，往往也会出现漏斗状塌陷坑。塌陷坑大体位于煤层露头的正上方或略偏离露头位置，偏离的距离与矿层的倾角、顶板和底板的岩性及基岩的风化程度有关。塌陷坑的形状取决于松散层的性质和厚度。在厚松散层覆盖的情况下，多呈圆形或井形，有时也呈口小肚大的坛式塌陷漏斗状。

4）开口大裂缝引起的漏斗状塌陷坑。在含水松散层覆盖的地区进行重复开采时，覆岩中的裂缝增大，基岩表面产生开口大裂缝，使松散层的水沙下泄，也会引起地表漏斗状塌陷坑。

5）导水断层引起的漏斗状塌陷坑。在导水断层附近开采时，断层带破碎和突水等原因同样也可能引起地表出现漏斗状塌陷坑。

6）岩溶塌陷引起的漏斗状塌陷坑。在岩溶发育地区，地下开采使岩溶水疏干，破坏了溶洞原有的应力平衡，从而导致岩溶塌陷，在地表形成漏斗状塌陷坑。

3.4 采煤塌陷对耕地的损毁机理

机理是指为实现某一特定功能，一定的系统结构中各要素的内在工作方式，以及诸要素在一定环境条件下相互联系、相互作用的运行规则和原理（叶艳妹，2011）。采煤塌陷对耕地的破坏特征及机理研究，是综合整治采煤塌陷区受损农田的重要基础，所谓对症下药，还要从准确诊断做起。

3.4.1 对耕地存在形式的损毁

采煤塌陷后，随着地表移动盆地（塌陷盆地）的形成，原有正常耕作的农田存在形式也逐渐发生变化，并且在塌陷盆地的不同部位，耕地存在形式发生变化的类型也有所区别。为方便研究，这里将塌陷盆地划分为边缘区、坡地区和盆底区，如图 3-4 所示。

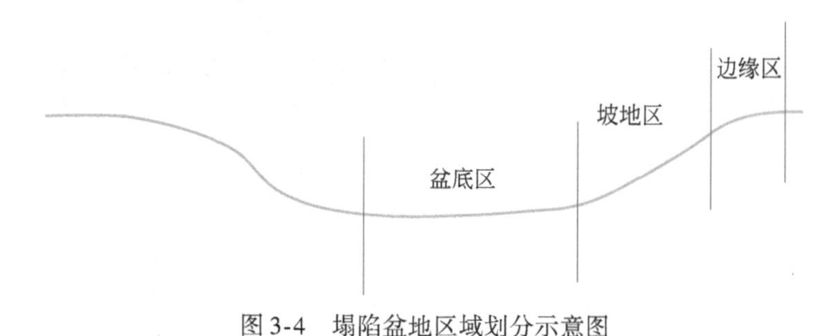

图 3-4 塌陷盆地区域划分示意图

3.4.1.1 附加坡度

如图 3-4 所示，坡地区耕地受损特点主要是附加坡度的产生。按照《农用地分等规程》，水田、水浇地、望天田和菜地一般均作为平地处理，旱地坡度<2°时耕作地形条件最优，才能保障土壤生产力的正常发挥。在我国东部黄淮海平原，采煤塌陷区内，水田、水浇地、菜地分布面积较广，这些旱涝保收的高产农田，一般要求耕作地形坡度在0‰～5‰（李树志等，2007）。但是，当采煤塌陷引起的附加坡度较大时，水田转化为旱地，水浇地和旱地也因灌溉条件恶化而减产严重。同时，附加坡度的增大也将使土壤养分和有机质流失，耕地生产力严重下降。

3.4.1.2　塌陷积水

塌陷积水是高潜水位采煤塌陷区耕地破坏的最主要特征。如图3-4所示，在盆底区，塌陷导致田面下降，地下潜水位相对提升，当地下水位上升到农作物的耕作层时，便会影响植物根系呼吸，使旱生作物受灾减收。当地下潜水位接近或高于田面高程时，便会发生季节性积水或常年积水，耕地生产力几乎完全丧失，如图3-5所示。此外，天然降水和农业排灌水也会加重盆底区的积水负担。

图3-5　塌陷耕地积水实况

3.4.1.3　裂缝和台阶

如图3-4所示，在边缘区，常出现耕地裂缝或台阶。耕地裂缝和台阶的形成破坏耕地土层的连续性，降低土壤保水、保肥和受灌溉能力，水土流失的风险亦有加大。图3-6为塌陷引起的裂缝和台阶状耕地。

3.4.1.4　农田基础设施

采煤塌陷使灌排渠系整体或局部下沉、渠道断裂，涵洞、水闸、泵站等构筑物均受到不同程度的破坏，农田水利设施几乎瘫痪，导致很多塌陷区涝不能排、旱不能灌，耕地生产力受到严重损伤。

农村道路和桥梁也因采煤塌陷的影响功能下降，不能有效保证农田耕作外部条件，对农业机械的正常工作影响尤其严重。

图3-6　塌陷引起的裂缝和台阶状耕地

3.4.2　对耕地理化性质的损毁

3.4.2.1　对耕地物理性质的损毁

(1) 土壤容重

土壤容重是反映土壤紧实度（强度）的一个指标，表示单位体积自然状态下土壤的干重。耕作层（一般为20cm）的土壤容重对耕地肥力的影响尤为突出。根据在徐州贾汪矿区的测定，塌陷耕地土壤容重在1.3g/cm^3左右，且从坡地区上方向下至盆底区，土壤容重呈现上升的趋势，这与采煤塌陷后土体下沉密切相关。

(2) 土壤孔隙度

土壤孔隙度是指单位土壤总容积中的孔隙容积。在生产上，一般以壤土的土质最好，壤土的土壤孔隙度为55%~65%。土壤孔隙度关系到土壤的通气状况，特别是氧气的含量，土壤中含有很多需氧型微生物，合理的孔隙度有助于它们对土壤腐殖质进行腐熟。土壤孔隙度还关系到土壤水分的运动，作物生长需要大量的水分，地下的水分主要通过土壤毛细管运输到植物的根部，土壤孔隙度过大或过小都不利于土壤水分的运输。

从塌陷盆地边缘区到盆底区，土壤孔隙度呈逐渐减小的趋势，土壤透气性和透水性均变差，逐渐影响作物的正常生长。

(3) 土壤含水量

在东部平原矿区，从塌陷盆地边缘区到盆底区，土壤含水量呈逐渐增大的趋势。采煤塌陷改变了土壤水分的分布，地下水伴随土壤毛细管作用而上升，盆地区甚至有部分积水。在西北干旱半干旱地区，采煤塌陷后地表出现不同落差、宽度和密度的地裂缝，使得地表径流更多地补给地下水，进而减少了对包气带土壤水的补给，且地裂缝增加了土壤耕作层与外界大气环境的接触面积，土壤水的蒸发量增大也导致包气带土壤含水量减少（赵红梅等，2010）。

3.4.2.2 对耕地化学性质的损毁

（1）土壤有机质

土壤有机质含量虽少，但却是衡量土壤肥力高低的重要标志。采煤塌陷导致原来平坦的耕地产生了附加坡度，或者使原适宜耕作的坡度增加，加强了表层土壤的物质移动和流失。因此，土壤有机质随土壤细颗粒物质从塌陷盆地的中上坡运移到下坡集聚，从而使下坡的土壤有机质含量增加，中上坡的土壤有机质含量减少。

（2）土壤养分

土壤中氮、磷、钾养分含量高低也是衡量土壤肥力的重要标志，常用土壤全氮、速效钾、速效磷来表征。根据顾和和等（1998）、陈龙乾等（1999）的研究成果，土壤全氮、速效磷、速效钾含量在塌陷盆地边缘区略有下降，在坡地区中部含量最小，在坡地区下部和盆底区有显著升高。这与塌陷土壤孔隙度减小，附加坡度引起的土壤侵蚀密切相关。

（3）土壤盐分

塌陷盆地中上坡土壤盐分含量较正常的耕作农田有所下降，而下坡和盆底区土壤盐分含量较正常的耕作农田有所增加。这是因为土壤中水溶性盐分含量受到土壤侵蚀和地下潜水位上升的影响比较大。土壤侵蚀会导致土壤盐分含量降低；而地下潜水位上升到地表时，随着水分蒸发，地下水中含有的盐分会残留在土壤表层。

（4）土壤酸碱性

耕地土壤酸碱性受采煤塌陷的影响不大，局部地区略有提升。

3.4.3 对地下水的损毁

3.4.3.1 潜水位变化的原因

潜水位变化直接影响农作物的生长，也影响地表的沉降。潜水位变化与流域范围、季节、地表排水系统、地形等诸多因素有关。开采沉降后，不仅地表形态发生改变，地下水位也发生改变，且地下水位的影响范围要大于地表形态变化的范围。

潜水位变化主要有以下三个方面的原因。

1）地下含水层或含水层的补给源位于开采塌陷后的导水裂缝带，整个含水层将被疏干。

2）地下含水层因上覆岩体塌陷弯曲，水源补给受阻，而使地下水位下降。

3）矿体上覆含水层通过陷落柱等通道与井下采空区或巷道发生水力联系，而使地下水位下降。

3.4.3.2 潜水位变化的机理

如图 3-7 所示，假定塌陷前地表面、潜水面和隔水层均近似水平，设其标高分别为 Z_s、Z_p、Z_i，则含水层厚度 h_w、潜水位埋深 h、隔水层埋深 h_i 分别为

$$h_w = Z_p - Z_i \tag{3-1}$$

$$h = Z_s - Z_p \tag{3-2}$$

$$h_i = Z_s - Z_i \tag{3-3}$$

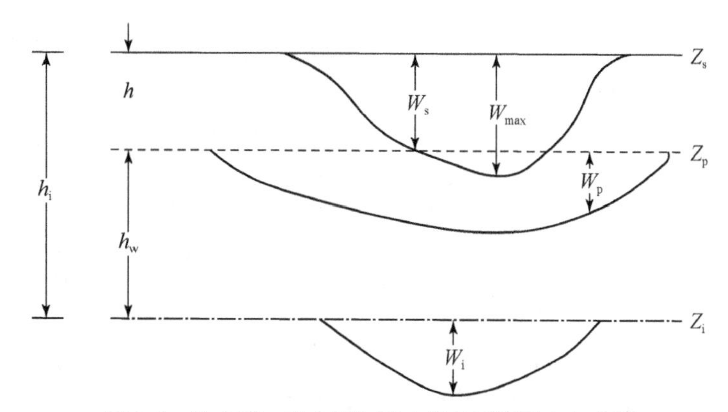

图 3-7　地表面、潜水面与隔水层的下沉形态与范围

资料来源：王静等（2012）

下沉前，h_w、h、h_i 均为一定值。地下水位下沉形态与下沉盆地下沉形态是不一致的，而当隔水层位于整体弯曲带内时，隔水层下沉形态与下沉盆地下沉形态可认为是一致的。一般情况下，地下水位面的下沉范围要大于下沉盆地的下沉范围，而隔水层的下沉范围要小于下沉盆地的下沉范围。设地表下沉值为 W_s（最大下沉值为 W_{max}），隔水层下沉值为 W_i，潜水位下沉值为 W_p，潜水位受开采塌陷影响存在以下三种情形：当 $W_p - W_s > 0$ 时，水位埋深增大；当 $-h < W_p - W_s < 0$ 时，水位埋深变浅；当 $W_p - W_s < -h$ 时，水位出露地表。

水位埋深增大通常出现在下沉盆地边缘部分，地表下沉值较小而水位下沉相对较大的地段；水位埋深变浅则出现在下沉值较大的地段；水位出露地表一般出现在下沉盆地的中央，积水严重，耕地种植功能基本丧失。

3.5 我国采煤塌陷地受损土地整治类型分区

根据采煤塌陷地区域分异影响因素，本研究将我国采煤塌陷地划分为 9 个整治类型分区：东北、蒙东山地平原区，黄淮海平原区，长江中下游平原区，西南山地丘陵区，中部山地丘陵区，东南沿海山地丘陵区，西北干旱区，黄土高原区，青藏高原区（表 3-4）。

表 3-4　我国采煤塌陷地整治类型分区

整治类型区	主要矿区/地区	生物气候带特征	土资源	水资源	复垦方向
东北、蒙东山地平原区	黑龙江的鸡西、鹤岗、双鸭山、七台河，吉林的辽源、通化、舒兰、珲春、杉松岗，辽宁的抚顺、阜新、铁法(现调兵山)、南票、沈阳，内蒙古东部的平庄、扎赉诺尔、大雁	气候带类型：中温带； 海拔：50～200m； 降水量：350～700mm； 土壤类型：黑土、棕壤、暗棕壤； 植被：温带落叶阔叶林、草甸	土源丰富，有机质含量高，土层厚	水资源较丰富，中低潜水位，季节性积水	耕地为主，园地、林地为辅
黄淮海平原区	河北中部的开滦、邢台、峰峰，合肥北部的淮南、淮北，江苏北部的徐州，河南东部的平顶山、永城，山东西部的淄博、新汶、枣庄、邹城、兖州	气候带类型：暖温带； 海拔：<100m； 降水量：500～800mm； 土壤类型：褐土、潮土； 植被：暖温带落叶阔叶林	土源丰富，有机质含量高，土层厚	水资源丰富，高、中潜水位，永久性积水面积较广	耕地为主，园地、鱼塘与水域公园为辅
长江中下游平原区	湖北东部的赤壁、黄石，安徽南部的铜陵、池州、宣城，江苏南部的宁镇、常州、常熟，江西北部的瑞昌、乐平，浙江全境及湖南东北部	气候带类型：北亚热带； 海拔：<50m； 降水量：1000～1400mm； 土壤类型：红壤、黄壤、黄棕壤、水稻土； 植被：亚热带常绿阔叶林	土源较丰富，土层较厚，有机质含量较高	水资源丰富，高潜水位	耕地为主，园地、鱼塘与水域公园为辅
西南山地丘陵区	云南的一平浪、羊场、田坝，贵州的盘江、水城，四川的攀枝花、广旺、达竹、华蓥山，重庆的南桐、天府、松藻、中梁山、永荣	气候带类型：中亚热带； 海拔：1000～3000m； 降水量：900～1100mm； 土壤类型：黄壤、红壤、砖红壤、紫色土； 植被：亚热带常绿阔叶林	土源匮乏，土层薄，有机质含量一般	水资源较丰富，季节性缺水，低潜水位	耕地、草地为主，林地为辅
中部山地丘陵区	湖南的白沙、资兴、郴州，江西的萍乡、丰城，湖北的京当、秭归、长阳	气候带类型：中亚热带； 海拔：500～2000m； 降水量：1200～1600mm； 土壤类型：黄壤、黄棕壤、红壤； 植被：亚热带常绿阔叶林	土源匮乏，土层薄，有机质含量一般	水资源较丰富，低潜水位	耕地、园地为主，林地、草地为辅

续表

整治类型区	主要矿区/地区	生物气候带特征	土资源	水资源	复垦方向
东南沿海山地丘陵区	福建、广东、广西、海南	气候带类型:南亚热带; 海拔:200～1000m; 降水量:1500～2000mm; 土壤类型:黄壤、红壤、赤红壤、砖红壤; 植被:亚热带常绿阔叶林	土源较丰富,土层较厚,有机质含量较高	水资源丰富,高潜水位	耕地为主、林地、草地为辅
西北干旱区	新疆全境,内蒙古西部的乌海、神东、包头,甘肃中西部的公婆泉、西大窑、九条岭、宝积山	气候带类型:暖温带; 海拔:500～3000m; 降水量:150mm; 土壤类型:风沙土、棕钙土、灰钙土、棕漠土; 植被:温带荒漠、草原、旱生灌丛	土源极度匮乏,土层薄,有机质含量极低	水资源匮乏,低潜水位	灌木林地、草地为主
黄土高原区	山西、宁夏全境,陕西的铜川、蒲白、澄合、韩城、黄陵,甘肃东部的华亭、安口,内蒙古中部,河南的义马、焦作、鹤壁、郑州	气候带类型:中温带和暖温带; 海拔:1000～1500m; 降水量:200～700mm; 土壤类型:褐土、栗钙土、棕壤、绵土、黑垆土; 植被:自南向北,自然植被呈森林向草原过渡的总体趋势	土源丰富,土层厚,有机质含量一般	水资源匮乏,低潜水位	耕地为主,林地、草地为辅
青藏高原区	青海、西藏全境,四川西部和甘肃南部	气候带类型:高原气候区域; 海拔:4000～5000m; 降水量:50～5000mm; 土壤类型:高山草甸土、高山草原土、寒漠土、高山漠土; 植被:亚高山暗针叶林、高山灌丛、草甸	土源匮乏,土层薄,有机质含量适中	水资源丰富,低潜水位	草地为主,耕地、林地为辅

3.5.1 东北、蒙东山地平原区

东北、蒙东山地平原区主要开采晚侏罗世的煤炭，该区域的煤炭井工开采特点有以下几个方面。

1）开采历史悠久，且开发强度较大，20 世纪五六十年代，该区域煤炭产量占到全国总产量的 1/3，多数矿区已经开采几十年甚至上百年。

2）井工开采占区域煤炭开采量的 95% 以上（煤炭工业部本刊编审委员会，2011），井工开采兼有露天开采的矿区主要分布在内蒙古东部的平庄、扎赉诺尔，辽宁的抚顺、阜新和黑龙江的鹤岗煤矿，但仍以井工开采方式为主。

3）东北、蒙东是我国《大型煤炭基地建设规划》中确定的 14 个大型煤炭基地之一，处于我国东北重工业基地，煤炭战略地位十分重要。

东北、蒙东山地平原区的开采破坏形式大体上可以分为以下四类。

1）潜水位较高的平原矿区，如沈阳南部的红阳矿区和本溪矿区，采煤塌陷的积水率较高，与开滦矿区接近（卞正富，1999）。

2）在潜水位较低的平原矿区，如辽宁的铁法矿区，采煤塌陷区地面沉降变形区的面积达 52.4km^2，其中常年覆水的严重变形区有 25 处，覆水区的总面积为 2.74km^2。据此粗估，该区积水率约为 5.23%（陈桂珍和郭亚静，2004）。

3）在东北丘陵矿区，采煤塌陷后主要形成地裂缝和山地台阶，对地貌整体形态的影响不大。

4）在内蒙古东部草原矿区，采煤塌陷后对地表的牧草生长和当地畜牧业发展造成较大的影响。

3.5.2 黄淮海平原区

黄淮海平原区是我国的重点粮棉生产地区，该区域的河南东部、山东西部、合肥北部、河北中部均属我国《大型煤炭基地建设规划》中确定的 14 个大型煤炭基地之列，煤炭战略地位显著，虽然黄淮海平原区的煤炭资源不是很丰富，赋存开采条件也不十分理想，但是由于我国国民经济发展的战略需求，区内煤炭资源开采历史久，强度大，历史遗留塌陷地较多，尤其是两淮和徐州地区。同时黄淮海平原区是我国典型的“矿-粮复合区”，采空区上方多为良田沃土，采煤塌陷对耕地的破坏非常严重（孙绍先和李树志，1991），主要表现为塌陷盆地形成后的大面积积水，其中华北地区一般在 20%~30%，华东一般在 30% 以上（张国良和卞正富，1996），是我国采煤塌陷区受损农田整治的重点地区。

黄淮海平原区采煤塌陷地大体上可以分为高潜水位和中低潜水位地区，前者主要集中在苏皖豫鲁交界的徐州、两淮、永城、兖州、邹城、枣庄等矿区，后者主要包括平顶山、冀中、北京等矿区。该区域的土地整治特点有以下几个方面。

1）高潜水位采煤塌陷区稳沉后土壤沼泽化和土壤盐渍化现象较为严重，是最为常见的土地破坏形式；中低潜水位采煤塌陷区应该注意防止土地细小裂缝和缓坡地的土壤侵蚀问题。

2）黄淮海平原区是我国开展采煤塌陷地整治实践和科研较早的地区，我国关于土地复垦的第一个“六五”国家科技攻关计划课题“塌陷区造地复田综合治理的研究”，选择淮北矿区为主试验区，总结出挖深垫浅、煤矸石充填塌陷地、粉煤灰充填塌陷地三种采煤塌陷地整治技术，并取得了丰硕的科研成果。

3）1989 年《土地复垦规定》颁布实施后，该区域又接连探索出疏排法、平整土地法等非充填复垦技术。煤炭科学研究总院唐山分院、中国矿业大学等科研单位也一直把该区域作为开展采煤塌陷地整治技术探索的前沿阵地。

4）该区域耕地保护压力较大，所以采煤塌陷地整治的主要利用方向还是耕地，或因地制宜地发展现代生态农业和观光湿地。

3.5.3 长江中下游平原区

长江中下游平原区主要包含湖北大部分、安徽和江苏中南部、江西北部、浙江全境以及湖南东北部。该区域煤炭探明储量和开采量均不多，采煤塌陷造成的破坏也不是很严重，加之地区水土资源都较为丰富，故采煤塌陷地整治的压力不是很大。整治方向以耕地、园地、水产养殖、水域公园并重，适时适地开发。

3.5.4 西南山地丘陵区

西南山地丘陵区含煤地层包括晚二叠世、晚三叠世、第三纪，其中以晚二叠世煤层储量最多。区内的云贵煤炭基地也是我国《大型煤炭基地建设规划》中确定的 14 个大型煤炭基地之一，对于西南山地丘陵区的经济社会发展战略意义重大。贵州在该区域的煤炭产量独领风骚，云南、四川、重庆稍逊。四川、贵州大部分煤田含硫量偏高，而且煤层较薄，含沼气也较多。区域煤田地质情况较为复杂，加大了井工开采的难度，限制了煤炭产量和机械化程度。该区域的土地整治特点有以下几个方面。

1）地区降水充分，土地整治时应考虑酸性矸石淋溶的问题。

2）云贵高原地区沟谷发育多，排水条件好，土地整治时可以充分利用当地水热条件，发展林果业和经济作物种植，注意地裂缝的修复和防止山体滑坡、水土流失。

3）区内采煤塌陷地多为混合型塌陷地，地表破坏起伏较大，地裂缝和台阶采用普通的土地平整难以进行修复，这种情况下可以因势利导，就势修建梯田和台田，梯田注意反坡设计，以蓄水保墒。

4）西南山地丘陵区位于亚热带喀斯特地貌中心区域，土壤土层薄、成土慢、生境对植物选择性较强，水土流失严重。因此，该区域塌陷地土地整治在采取生物措施和工程措施并举时，注意保护珍贵的表土资源，利用好天然降水，在植被选取上以乡土植物为主，做好水保措施。

3.5.5 中部山地丘陵区

中部山地丘陵区包括湖南的白沙、资兴、郴州，江西的萍乡、丰城，湖北的京当、秭归、长阳等矿区。该区域煤层赋存、气候带、土壤类型、植被类型等条件均与毗邻的西南山地丘陵区有诸多相似，只是降水量略大、平均海拔略低。不过相比西南丘陵区云贵煤炭基地的战略地位，该区域煤炭探明储量和开采量都大大不及。所以该区域采煤塌陷对土地的破坏不是很严重，整治压力和整治难度亦不是很大，主要利用方向以耕地、园地为主，林地、草地为辅。

3.5.6 东南沿海山地丘陵区

东南沿海山地丘陵区包括福建、广东、广西和海南四省。我国煤炭资源储量呈现“北多南少、东多西少”的总体格局，而东南沿海山地丘陵区恰恰位于“两少”的兼有地带，属于我国煤炭资源分布的边缘区，储量和开采都处于偏弱势的地位，且很多矿区都处于衰竭阶段。该区域主要开发晚二叠世煤田，煤质差、煤层偏薄且连续性不好，矿区分布较为分散，矿井规模也不大，生产能力薄弱。区内地质构造和水文地质条件复杂，也造成采煤成本偏高。因原煤中含硫量大，矿井水、煤矸石淋溶和挥发造成的酸性污染非常严重，土地整治时应十分注意，还应加强水土保持工作。

3.5.7 西北干旱区

西北干旱区包括新疆全境，内蒙古西部的乌海、神东、包头，甘肃中西部的公婆泉、西大窑、九条岭、宝积山等矿区。该区域的突出特点是水土资源都极度贫乏，很多矿区塌陷区均不是耕地，土地整治的指导方向以灌木林地、草地为主。

3.5.8 黄土高原区

黄土高原区包括山西、宁夏全境，陕西的铜川、蒲白、澄合、韩城、黄陵，甘肃东部的华亭、安口，内蒙古中部，河南的义马、焦作、鹤壁、郑州等矿区。该区域与西北干旱区有交界带，有一些相似之处，主要不同之处在于该区域土源丰富、土层厚，为土地整治提供了便利之处，但还是受制于水资源短缺。

该区域主要开采石炭二叠纪煤田，开采条件和运输条件都比较优越，区内的晋中、宁东、华亭、陕北、河南均属我国《大型煤炭基地建设规划》中确定的 14 个大型煤炭基地之列，在我国煤炭格局中占有举足轻重的地位。该区域土地整治应以生态环境修复为核心，加强水土保持措施，工程和生物技术相结合，因地制宜地整治耕地、林地、草地，确保地区生态安全。

3.5.9 青藏高原区

青藏高原区包括青海、西藏全境，四川西部和甘肃南部，区内土层薄且土源匮乏，水资源较为丰富。青海的大通、热水、默勒、江仓、聚乎更、鱼卡和大煤沟矿区，西藏的昌都和日喀则矿区，甘肃南部的龙沟矿区等。

青藏高原区受地形和气候带的双重影响，农业生产条件受到很大限制，高原地带土地整治方向以畜牧业为主，河谷地区以种植业为主，沙漠地带以绿洲农业和畜牧业为主。

3.6 本章小结

本章主要介绍了采煤塌陷区损毁土地类型及存在的特征问题，识别归纳了矿区塌陷地成因、损毁机理及其区域分异影响因素，并根据采煤塌陷地区域分异影响因素，将我国采煤塌陷地划分为东北、蒙东山地平原区，黄淮海平原区等 9 个整治类型分区。

第 4 章　工矿区土地利用状况调查和评价

4.1　工矿区自然条件和经济社会条件调查

4.1.1　研究区地理位置

贾汪区位于徐州市主城区东北部 35km 处，是一座因开采煤炭而逐步发展起来的新兴城镇，含煤面积为 38.28km^2。100 多年的高强度煤炭开采，导致贾汪区农田严重毁坏，地表大面积下沉。贾汪区采煤塌陷地由徐州矿务集团有限公司、华润天能徐州煤电有限公司以及地方煤矿等开采造成，主要分布在贾汪、青山泉、大吴、紫庄四个乡镇，涉及 49 个村。潘安研究区位于江苏省徐州市贾汪区西南部，主要为权台煤矿和徐州煤矿的地下采煤塌陷区域。地理坐标为 34°21′33″N～34°23′27″N，117°20′50″E～117°23′51″E；研究区东至潘吴路，西至青马路，北以屯头河为界，南至 310 国道；涉及大吴镇的潘安村、西段庄社区、西大吴村，青山泉镇的白集村、马庄村、唐庄村共六个行政村以及部分国有宗地。贾汪区采煤塌陷地分布如图 4-1 所示。

图 4-1　贾汪区采煤塌陷地分布

4.1.2　研究区自然条件

研究区属暖温带半湿润季风气候，具有淮河流域的特点，年平均气温为 14.2℃，无霜期为 280 天，全区多年平均降水量为 802.4mm。区内常年主导风向为偏东南，夏季多东南风，冬天西北风为主，年平均风速为 3.0m/s。主要自然灾害有旱、涝、冰雹、风等，其中洪涝灾害尤为严重。地貌为冲积平原，地势北高南低，西高东低，海拔为27～30m。土壤以潮土类、黄潮土亚类、两合土和淤土为主。研究区周边河流主要有临城河、屯头河和不老河等。临城河自北向南流入不老河，屯头河自西向东流入不老河，不老河自西向东流入京杭大运河。

4.1.3 研究区社会经济条件

根据贾汪区统计局信息，贾汪区2016年实现地区生产总值（GDP）284.25亿元，按可比价计算，较2015年增长8.5%。其中，第一产业增加值为22.23亿元，较2015年增长2.6%；第二产业增加值为142.30亿元，较2015年增长10.2%；第三产业增加值为119.72亿元，较2015年增长7.7%。人均GDP达66 367元，比2015年增加5401元，较2015年增长8.9%。全区耕地总面积为31 600hm^2，户籍总人口为51.10万人，人均耕地面积为0.062hm^2，农村居民人均纯收入为11 320元，较2015年增长13.1%。研究区对外连接道路有310国道、潘吴路、青马路和徐贾快速通道。区内原有部分道路，由于地面本身不均匀塌陷、常年有重型货车通行，导致通行道路路面塌陷或损毁，高低不平，难以满足农业生产机械入田和农产品外运的通行需要。

4.2 工矿区土地利用现状分析

4.2.1 土地利用现状结构

根据第二次全国土地调查数据，2009年潘安采煤塌陷区土地利用现状的面积统计见表4-1。研究区的耕地基本为旱地，大部分集中在北部。研究区的总面积为1160.87hm^2，其中耕地面积为276.57hm^2，占总面积的23.82%，坑塘水面面积为621.35hm^2，占总面积的53.52%。以上表明研究区土地利用结构不合理，耕地面积少，塌陷导致坑塘水面所占比例过大，人地矛盾突出。

表4-1　2009年潘安采煤塌陷区土地利用现状

一级地类	二级地类	三级地类	面积/hm^2	比例/%
农用地	耕地	旱地	276.57	23.82
	园地	果园	0.18	0.02
	林地	有林地	2.06	0.18
	其他农用地	农村道路	42.30	3.64
		坑塘水面	621.35	53.52
		农田水利用地	55.14	4.75
		田坎	0.21	0.02
		晒谷场等用地	0.01	0.01

续表

一级地类	二级地类	三级地类	面积/hm²	比例/%
建设用地	居民点及独立工矿用地	建制镇	4.06	0.35
		农村居民点	31.54	2.72
		独立工矿用地	88.69	7.64
		特殊用地	0.93	0.08
	水利设施用地	水工建筑用地	11.20	0.96
未利用地	未利用土地	荒草地	0.35	0.03
	其他土地	河流水面	26.28	2.26
合计			1160.87	100.00

4.2.2　土地利用现状布局

2009 年潘安采煤塌陷区土地利用空间分布状况如图 4-2 所示。

图 4-2　2009 年潘安采煤塌陷区土地利用空间分布状况

4.2.3　土地利用现状问题

（1）土地利用结构不合理，利用率低

研究区坑塘水面在各地类中所占比例最大，达到 53.52%，但分布过于零散，水下地形复杂，难以开发利用，大部分处于荒芜状态。

（2）人均耕地少、人地矛盾突出

研究区人均耕地面积仅为 0.034 hm²，低于贾汪区人均耕地面积（0.062 hm²），与

0.093 hm^2的全国人均耕地面积更是有很大的差距，耕地保护形势十分严峻。

（3）农业生产条件差，耕地利用效率低

研究区耕地基本为旱地，大部分集中在潘安北部区域。由于权台煤矿和旗山矿的地下采煤，耕地不均匀塌陷下沉，形成了多片低洼地，受涝严重；农田水利设施配套差，经营粗放，耕地产出率不高。

（4）建设用地浪费现象较普遍

研究区建设用地多数为居民点和窑厂，由于长年地下采煤，房屋等建筑物或开裂或沉陷于水中，均有不同程度的破坏，无法用于正常生产生活，导致土地资源闲置浪费或低效利用。

（5）生态环境严重恶化

采煤塌陷地给研究区生态环境造成了严重破坏，地面建筑、沟渠、道路、桥梁等设施变形及破坏，土地面貌变得千疮百孔、支离破碎，周围生态环境由陆地生态环境退化为水生生态环境，人居环境被毁。同时，采矿过程中排出的矿井废水中含有大量的悬浮物和污染物质，由于处理率较低，大部分直接排入周围环境，导致地下水、土壤污染和性质恶化。

4.3 采煤塌陷地现状及特点

4.3.1 采煤塌陷地结构

研究区塌陷地总面积为561.08 hm^2，主要分布在研究区南部，现已完全稳沉。其中塌陷农用地为480.28 hm^2，建设用地为80.80 hm^2。

4.3.2 采煤塌陷地特点

研究区采煤塌陷地具有分布广、集中连片、土地损毁状况严重等特点，空间布局如图4-3～图4-5所示。具体特点描述如下。

1）采煤塌陷地涉及范围较广，大多已稳定沉陷，具备土地复垦的条件。

2）采煤塌陷地分布相对集中连片。这些土地在塌陷之前主要是农用地，土质条件和自然条件都较好，大部分适合复垦为耕地或其他农用地。

3）采煤塌陷区土地破坏严重。采煤造成大量耕地、村庄等塌陷，危及当地居民生活、生产和安全，原土地平整，水利设施配套齐全的良田，因塌陷而被破坏，地面高低不平，农作物旱涝不保，甚至大片农田变成坑塘水面。

潘安采煤塌陷区属于平原高潜水位，境内塌陷地主要包括以下三种类型：一是塌陷深度小于0.5m；二是塌陷深度在1～1.5m；三是塌陷深度在1.5m以上。部分耕地、建设用地及其他土地塌陷后呈现出不同程度的积水。

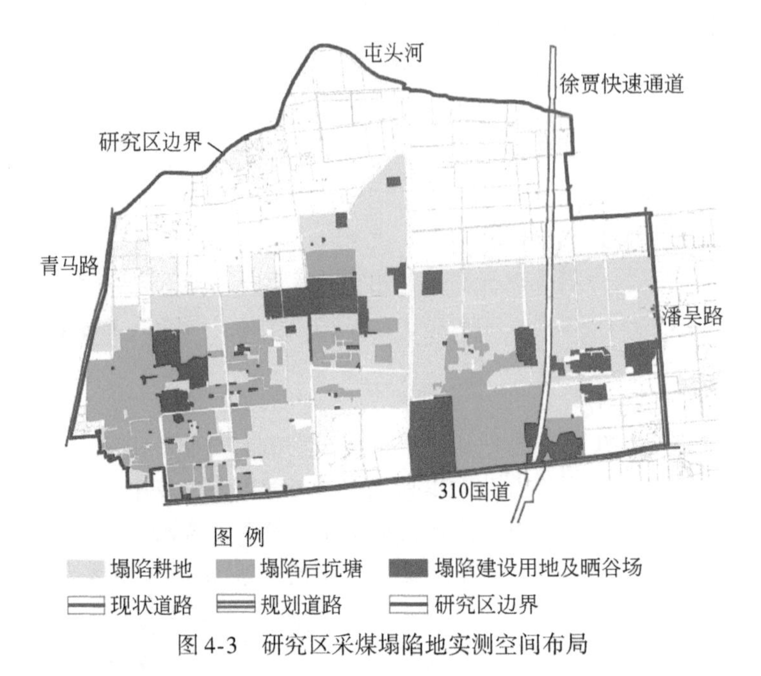

图 4-3　研究区采煤塌陷地实测空间布局

图 4-4　研究区采煤塌陷地遥感影像空间布局

资料来源：Quick Bird 遥感影像，2008 年 10 月

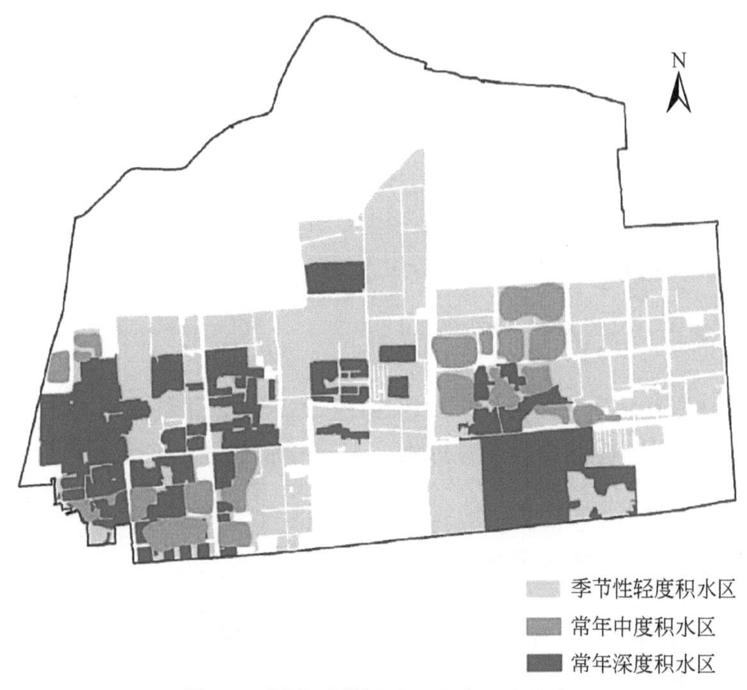

图 4-5 潘安采煤塌陷区积水程度分布

4.4 工矿区受损农田整治适宜性评价

采煤塌陷区土地整治的重点是尽量修复为耕地，本研究本着因地制宜的原则，针对采煤塌陷区实际特征，采用科学评价方法，对土地的适宜性进行分析，以更好地规划各类用地的布局。

4.4.1 评价单元划分

常用的评价单元确定方法是将土地利用现状图、土壤图、地形图等多种土地专题图叠加到一起，但实际操作中不仅各种专题图件不易收集，而且各种专题图件的坐标系和投影方式均有所不同，叠加的图斑纷乱复杂，因此在实际利用中可根据资料情况合理选择评价单元划分方式。本研究在 ArcGIS 技术平台下，通过土地利用现状图、土壤图、地形图叠加后生成的图斑作为评价单元。

4.4.2 评价方法

在确定评价对象和评价单元的基础上，确定修复后土地利用的方式，并建立评价体系，通过层次分析法确定评价因子权重，再通过多因素综合评价法得到各用地类型的综合分值，以及单一用地类型的适宜性图，再利用 ArcGIS9.0 软件的加权叠加功能，对单一用地类型的适宜性图进行叠加分析，得到综合用地的适宜性分布图。

4.4.2.1 确定修复后土地利用的方式

根据研究区土地的塌陷的程度、位置、积水情况等，结合塌陷区群众对土地的利用意愿和技术水平，确定修复后土地利用的方式。

4.4.2.2 建立评价体系

评价体系的建立包括两个方面：一是选择评价因子；二是确定评价标准，即评价因子的定量化。确定评价因子应遵循综合性原则、主导因素原则、差异性原则、因地制宜原则和比较性原则等。

4.4.2.3 确定评价因子权重

本研究采用层次分析法来确定各评价因子的权重。具体方法如下。

（1）建立层次结构模型

一般分为三层，最上面为目标层，最下面为方案层，中间是准则层或指标层。

（2）构造成对比较矩阵

设某层有 n 个因素，$X=\{x_1, x_2, \cdots, x_n\}$，要比较它们对上一层某一准则层（或指标层）的影响程度，确定在该层中相对于某一准则层所占的比例（即把 n 个因素对上一层某一指标的影响程度排序），上述比较两两因素之间进行，比较时取 1 ~9 尺度。用 a_{ij} 表示第 i 个因素相对于第 j 个因素的比较结果，则 $a_{ij}=\frac{1}{a_{ji}}$，构建成对比较矩阵 $\boldsymbol{A}$：

$$\boldsymbol{A}=(a_{ij})_{n\times n}=\begin{pmatrix} a_{11} & a_{12} & \cdots & a_{1n} \\ a_{21} & a_{22} & \cdots & a_{2n} \\ \vdots & \vdots & \ddots & \vdots \\ a_{n1} & a_{n2} & \cdots & a_{nn} \end{pmatrix} \tag{4-1}$$

1 ~9 尺度代表的含义见表 4-2。

表 4-2 各比较尺度的含义

尺度	含义
1	第 i 个因素与第 j 个因素的影响相同
3	第 i 个因素与第 j 个因素的影响稍强
5	第 i 个因素与第 j 个因素的影响强

续表

尺度	含义
7	第 i 个因素与第 j 个因素的影响明显强
9	第 i 个因素与第 j 个因素的影响绝对的强

注：2、4、6、8 尺度代表第 i 个因素相对于第 j 个因素的影响介于表中两个相邻等级之间。

(3) 层次单排序及一致性检验

判断矩阵 $\boldsymbol{A}$ 对应于最大特征值 $\lambda_{\max}$ 的特征向量 $\boldsymbol{W}$，经归一化后即为同一层次相应因素对于上一层次某因素相对重要性的排序权值，这一过程称为层次单排序。

对判断矩阵的一致性检验的步骤如下：

1）计算一致性指标 CI

$$\mathrm{CI}=\frac{\lambda_{\max}-n}{n-1} \tag{4-2}$$

2）查找相应的平均随机一致性指标 RI。对 $n=1$，…，9，Saaty 给出了 RI 的值，见表 4-3。

表 4-3 平均随机一致性指标

n	1	2	3	4	5	6	7	8	9	10	11
RI	0	0	0.58	0.90	1.12	1.24	1.32	1.41	1.45	1.49	1.51

RI 值的获取，用随机方法构造 500 个样本矩阵，随机地从 1～9 及其倒数中抽取数字构造正互反矩阵，求得最大特征根的平均值 $\lambda'_{\max}$，并定义

$$\mathrm{RI}=\frac{\lambda'_{\max}-n}{n-1} \tag{4-3}$$

3）计算一致性比例 CR

$$\mathrm{CR}=\frac{\mathrm{CI}}{\mathrm{RI}} \tag{4-4}$$

当 $\mathrm{CR}<0.10$ 时，认为判断矩阵的一致性是可以接受的，否则应对判断矩阵进行适当修正。

4）运用多因素综合评价法，评价得分等于各因子分值综合累加之和，其数学模型为

$$P_i=\sum_{i=1}^{n} W_i C_i \tag{4-5}$$

式中，P_i 为所有参评因子总分值；W_i 为第 i 个因子的权重；C_i 为第 i 个因子的分值。

4.4.2.4 单一用地类型的土地适宜性评价

将各评价因子的权重数据进行定量化处理，确定各评价因子的值，再将研究区土地利用现状图、土壤图、地形图等图件进行矢量化处理，并将评价因子的属性数据输入数据库，生成适宜性评价底图，最后出图，得到对于某一土地利用方式的适宜性评价图。一般

分为最适宜、一般适宜、勉强适宜和不适宜。

4.4.2.5 综合用地的适宜性评价

通过 ArcGIS9.0 软件的加权叠加功能，将以上得到的各单因子景观生态适宜性图层进行加权叠加，生成综合用地景观生态适宜性图。具体操作为：利用 ArcGIS9.0 的“feature to raster”功能，将矢量单因子图转化为栅格图，再利用“raster calculator”功能，对单一用地类型栅格图进行叠加分析，得到综合用地适宜性分布图。

4.4.3 建立评价指标体系

4.4.3.1 指标选取原则

(1) 综合性原则

既要研究自然、社会、经济等各因素的特征，又要全面而综合地分析各因素之间的相互作用。

(2) 主导因素原则

在研究各因素的综合影响的同时，注重其中对于土地适宜性起限制作用的主导因素。

(3) 因地制宜原则

不同的损毁土地，其特点也不同，因此应当充分考虑不同区域的自然条件、塌陷程度和区位等情况，确定不同的指标。

(4) 比较性原则

比较土地资源的利用方式和土地本身的契合程度。

4.4.3.2 评价因子的选择

采煤塌陷土地的修复利用方式主要为耕地、林地、坑塘（湖泊）、建设用地等。不同的影响因素对于不同土地的修复利用方式的重要性存在较大差异。根据研究区景观格局和土地利用现状特征，以及塌陷地破坏的特征，将研究区景观基质划分为以下几类：宜农耕地、宜渔用地、宜林（果）用地、宜建设用地。

对于不同土地的修复利用方式有着不同的影响因素，各因素的重要性也存在差异。首先是积水程度，塌陷后常年积水的区域，考虑复垦为基塘养殖方向，景观上适宜发展生态湖旅游观光或立体水体养殖区。对于季节性积水但不十分严重的地区，可考虑发展林（果）业。如果塌陷后积水不严重，且地形平坦，起伏较小，那么适宜复垦为耕地，景观利用的方向应为宜农耕地，但若塌陷后地形坡度较大，则考虑复垦为林地或种植园地，景观上适宜发展观光农业。因此，将塌陷地的积水程度和地形坡度作为土地适宜性评价的一级指标与二级指标。在此基础上，进一步选择次一级的评价因子，如土壤条件。土壤质量好，土地利用适宜的方向就多，否则就会受到限制。另外，复垦所在地的区位也很重要，若靠近水源地且有深坑，则适宜发展水产养殖，若靠近矿山则适宜加强绿化造林等。研究区土地适宜性评价因子见表 4-4。

表 4-4　研究区土地适宜性评价因子

用地类型	评价因子
宜农耕地	积水程度、地形坡度、土壤条件、排灌条件、土地污染状况、原土地利用状况、外部条件
宜渔用地	积水程度、排灌条件、水质状况、土壤 pH、外部条件
宜林（果）用地	积水程度、地形坡度、土壤条件、土地污染状况、外部条件
宜建设用地	积水程度、地形坡度、原土地利用状况、外部条件

宜农耕地的评价因子有积水程度、地形坡度、土壤条件、排灌条件、土地污染状况、原土地利用状况、外部条件等。地形坡度小，田块平整有利于土壤保肥和现代化农业耕作；土壤条件包括土层厚度、有机质含量等，是农作物生长发育的基础；排灌条件保证旱能灌、涝能排，直接影响土地生产力的发挥；原土地利用状况是土地在煤炭开发前的利用情况，反映了土地原来的耕作条件和适宜耕种的能力；外部条件是土地距离水源、道路等的远近。

宜渔用地的评价因子有积水程度、水质状况、排灌条件、土壤 pH、外部条件。对于基塘养殖方向，积水程度、水质条件和排灌条件是最重要的，保证有充足的卫生优良的水源是发展养殖业的基础；排灌条件衡量基塘防洪防涝的能力，并且保证基塘健康的水循环；外部条件（如离市场的远近等）也关系到基塘产品的市场问题。

宜林（果）用地的评价因子有积水程度、地形坡度、土壤条件、土地污染状况、外部条件等。对林（果）种植最重要的是土壤条件和土地污染状况。土层厚度、土壤 pH、有机质等是林（果）生长发育的重要条件，土地污染状况决定林（果）是否能健康生长。

宜建设用地的评价因子有积水程度、地形坡度、原土地利用状况、外部条件等。实际上，塌陷土地稳定情况、地基承载力等因素是建设用地最重要的因素，考虑到潘安采煤塌陷区土地基本上已稳沉，且地基承载力状况不容易获取，因此采用原土地利用状况来替代，煤矿开采前用于建设用地的土地，在一定程度上表明其适宜建设用地的某些条件，如地基承载力能够支撑。

4.4.3.3　评价等级的确定及评价因子的定量化处理

根据《中国 1∶100 万土地资源图》《土地复垦质量控制标准》等技术资料和政策法规，借鉴全国各土地适宜性方法中对于评价等级和参评因子属性及权重的确定方法（苏光全和何书金，1998；张慧，2007；梁涛等，2007），可以将塌陷区土地适宜性等级确定为四级标准，分别定为：一级（最适宜）、二级（一般适宜）、三级（勉强适宜）、四级（不适宜）。工矿区受损农田土地整理与修复适宜性评价指标体系见表 4-5。

表 4-5　工矿区受损农田土地整理与修复适宜性评价指标体系

用地类型	评价因子	因子定量化描述			
		最适宜	一般适宜	勉强适宜	不适宜
宜农耕地	积水程度	不积水	短期积水	季节性积水	常年积水
	地形坡度	<4°	4°～6°	6°～15°	>15°
	土壤条件	壤土	黏土	重黏土、砂土	砾质、砂质
	排灌条件	排灌条件好	排灌条件一般	排灌条件不好	无排灌条件
	土地污染状况	未污染	轻度污染	中度污染	重度污染
	原土地利用状况	耕作用地	其他农用地	可改造荒地、草地	难利用地
	外部条件	距水源近、远离污染源	距水源远、远离污染源	距水源近、离污染源近	距水源远、离污染源近
宜渔用地	积水程度	>2.5m	1.5～2.5m	1.0～1.5m	<1.0m
	排灌条件	排灌条件好	排灌条件一般	排灌条件不好	无排灌条件
	水质状况	好，水质监测项目全部达标	一般，水质监测主要项目达标	较差，水质监测主要项目不达标	差，水质监测多数项目不达标
	土壤 pH	弱碱性	中性	弱酸性	强酸性
	外部条件	距污染源远、集中成片	距污染源远、不集中成片	距污染源近、集中成片	距污染源近、不集中成片
宜林（果）用地	积水程度	不积水	短期积水	季节性积水	常年积水
	地形坡度	<15°	16°～25°	26°～35°	>35°
	土壤条件	土层厚度大于 30cm，各种壤土、砂土	土层厚度大于 10cm 小于 30cm 的各种壤土、砂土	砂砾质	砾质
	土地污染状况	未污染	轻度污染	中度污染	重度污染
	外部条件	距污染源远、集中成片	距污染源远、不集中成片	距污染源近、集中成片	距污染源近、不集中成片
宜建设用地	积水程度	不积水	不积水	有积水但充填后无积水	积水
	地形坡度	<2°	2°～4°	4°～6°	>6°
	原土地利用状况	建设用地	建设用地	非建设用地	非建设用地
	外部条件	距污染源远、距交通干线近	距污染源远、距交通干线远	距污染源近、距交通干线近	距污染源近、距交通干线远

4.4.4　评价因子权重的确定

通过对研究区自然环境和农田景观生态类型的现状分析，构建层次分析模型，建立两两判断矩阵及进行相关计算后，得到各因子权重值。如果 CR<0.1，则通过一致性检验，所求单因子权重值合理。层次单排序最常用的方法是和积法和方根法，以下采用和积法。

1）构造层次分析模型两两判断矩阵，见表 4-6 ~ 表 4-9。

表 4-6　宜农耕地判断矩阵

评价因子	积水程度	地形坡度	土壤条件	排灌条件	土地污染状况	原土地利用状况	外部条件
积水程度	1.00	1.00	1.00	1.00	1.00	3.00	3.00
地形坡度	1.00	1.00	0.33	0.33	0.33	3.00	3.00
土壤条件	1.00	3.00	1.00	1.00	1.00	3.00	3.00
排灌条件	1.00	3.03	1.00	1.00	0.33	3.00	3.00
土地污染状况	1.00	3.03	1.00	3.03	1.00	3.00	3.00
原土地利用状况	0.33	0.33	0.33	0.33	0.33	1.00	3.00
外部条件	0.33	0.33	0.33	0.33	0.33	0.33	1.00

表 4-7　宜渔用地判断矩阵

评价因子	积水程度	排灌条件	水质状况	土壤 pH	外部条件
积水程度	1.00	1.00	1.00	3.00	3.00
排灌条件	1.00	1.00	3.00	3.00	3.00
水质状况	1.00	0.33	1.00	3.00	3.00
土壤 pH	0.33	0.33	0.33	1.00	3.00
外部条件	0.33	0.33	0.33	0.33	1.00

表 4-8　宜林（果）用地判断矩阵

评价因子	积水程度	地形坡度	土壤条件	土地污染状况	外部条件
积水程度	1.00	1.00	0.33	0.33	1.00
地形坡度	1.00	1.00	0.33	0.33	1.00
土壤条件	3.00	3.03	1.00	1.00	1.00
土地污染状况	3.00	3.03	1.00	1.00	3.00
外部条件	1.00	1.00	1.00	0.33	1.00

表 4-9　宜农建设用地判断矩阵

评价因子	积水程度	地形坡度	原土地利用状况	外部条件
积水程度	1.00	0.33	0.20	0.33
地形坡度	3.03	1.00	0.33	3.00
原土地利用状况	5.00	3.03	1.00	5.00
外部条件	3.03	0.33	0.20	1.00

2）将判断矩阵的每一列元素作归一化处理，见表4-10～表4-13。

表4-10　宜农耕地归一化处理结果

评价因子	积水程度	地形坡度	土壤条件	排灌条件	土地污染状况	原土地利用状况	外部条件
积水程度	0.18	0.09	0.20	0.14	0.23	0.18	0.16
地形坡度	0.18	0.09	0.07	0.05	0.08	0.18	0.16
土壤条件	0.18	0.26	0.20	0.14	0.23	0.18	0.16
排灌条件	0.18	0.26	0.20	0.14	0.08	0.18	0.16
土地污染状况	0.18	0.26	0.20	0.43	0.23	0.18	0.16
原土地利用状况	0.06	0.03	0.07	0.05	0.08	0.06	0.16
外部条件	0.06	0.03	0.07	0.05	0.08	0.02	0.05

表4-11　宜渔用地归一化处理结果

评价因子	积水程度	排灌条件	水质状况	土壤pH	外部条件
积水程度	0.27	0.33	0.18	0.29	0.23
排灌条件	0.27	0.33	0.53	0.29	0.23
水质状况	0.27	0.11	0.18	0.29	0.23
土壤pH	0.09	0.11	0.06	0.10	0.23
外部条件	0.09	0.11	0.06	0.03	0.08

表4-12　宜林（果）用地归一化处理结果

评价因子	积水程度	地形坡度	土壤条件	土地污染状况	外部条件
积水程度	0.11	0.11	0.09	0.11	0.14
地形坡度	0.11	0.11	0.09	0.11	0.14
土壤条件	0.33	0.33	0.27	0.33	0.14
土地污染状况	0.33	0.33	0.27	0.33	0.43
外部条件	0.11	0.11	0.27	0.11	0.14

表4-13　宜建设用地归一化处理结果

评价因子	积水程度	地形坡度	原土地利用状况	外部条件
积水程度	0.08	0.07	0.12	0.04
地形坡度	0.25	0.21	0.19	0.32
原土地利用状况	0.41	0.65	0.58	0.54
外部条件	0.25	0.07	0.12	0.11

3）将列进行归一化处理后的判断矩阵按行相加即 W_i，见表 4-14 ~ 表 4-17。

表 4-14　宜农耕地 W_i 计算结果

积水程度	地形坡度	土壤条件	排灌条件	土地污染状况	原土地利用状况	外部条件
0.168	0.113	0.192	0.171	0.234	0.071	0.050

表 4-15　宜渔用地 W_i 计算结果

积水程度	排灌条件	水质状况	土壤 pH	外部条件
0.261	0.331	0.216	0.118	0.074

表 4-16　宜林（果）用地 W_i 计算结果

积水程度	地形坡度	土壤条件	土地污染状况	外部条件
0.113	0.113	0.283	0.341	0.150

表 4-17　宜建设用地 W_i 计算结果

积水程度	地形坡度	原土地利用状况	外部条件
0.076	0.244	0.544	0.136

4）对向量 $\boldsymbol{W}=(W_1, W_2, \cdots, W_n)^T$ 归一化处理，即为所求特征向量的近似解。

宜农耕地：

$\boldsymbol{W}=(1.24, 0.84, 1.47, 1.32, 1.82, 0.52, 0.37)^T$

宜渔用地：

$\boldsymbol{W}=(1.38, 1.82, 1.16, 0.61, 0.38)^T$

宜林（果）用地：

$\boldsymbol{W}=(0.58, 0.58, 1.46, 1.76, 0.77)^T$

宜建设用地：

$\boldsymbol{W}=(0.31, 1.06, 2.34, 0.56)^T$

5）计算判断矩阵的最大特征根 λ_{max}。

宜农耕地、宜渔用地、宜林（果）用地、宜建设用地的判断矩阵的最大特征根分别为 7.50、5.30、5.15、4.21。

6）通过一致性检验，见表 4-18。

表 4-18　研究区土地适宜性评价因子权重值及一致性检验表

用地类型	评价因子	因子权重值	CI	RI	CR=CI/RI	是否通过一致性检验
宜农耕地	积水程度	0.168	0.083	1.320	0.063	√
	地形坡度	0.113				
	土壤条件	0.192				
	排灌条件	0.171				
	土地污染状况	0.234				

续表

用地类型	评价因子	因子权重值	CI	RI	CR=CI/RI	是否通过一致性检验
宜农耕地	原土地利用状况	0.071	0.083	1.320	0.063	√
	外部条件	0.050				
宜渔用地	积水程度	0.261	0.075	1.120	0.067	√
	排灌条件	0.331				
	水质状况	0.216				
	土壤 pH	0.118				
	外部条件	0.074				
宜林（果）用地	积水程度	0.113	0.038	1.120	0.034	√
	地形坡度	0.113				
	土壤条件	0.283				
	土地污染状况	0.341				
	外部条件	0.150				
宜建设用地	积水程度	0.076	0.069	0.900	0.077	√
	地形坡度	0.244				
	原土地利用状况	0.544				
	外部条件	0.136				

4.5 评价结果

耕地最适宜分布的区域主要在研究区的东北部，其农田基本上不存在积水，土壤条件较好，无污染，生产力水平较高，几乎没有受到采煤塌陷的影响，地下水位正常，排灌条件好（图 4-6）。

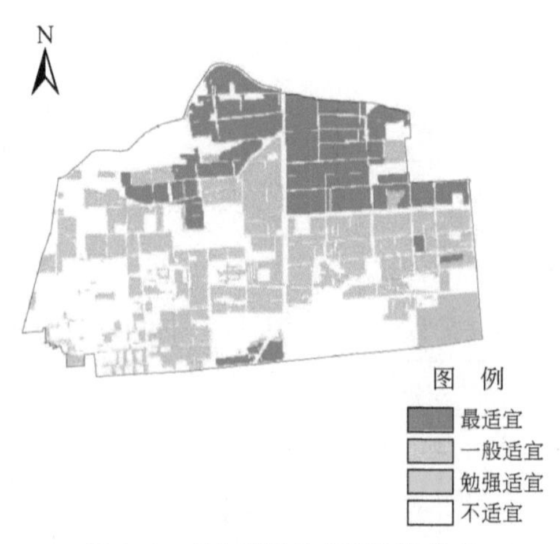

图 4-6　宜农耕地生态适宜性分布

渔业用地最适宜的地区为研究区中部，其原始耕地存在一定程度的塌陷，地表积水严重，土壤湿度很重，在不适宜耕种的条件下改挖坑塘，发展养殖渔业发展立体农业（图 4-7）。

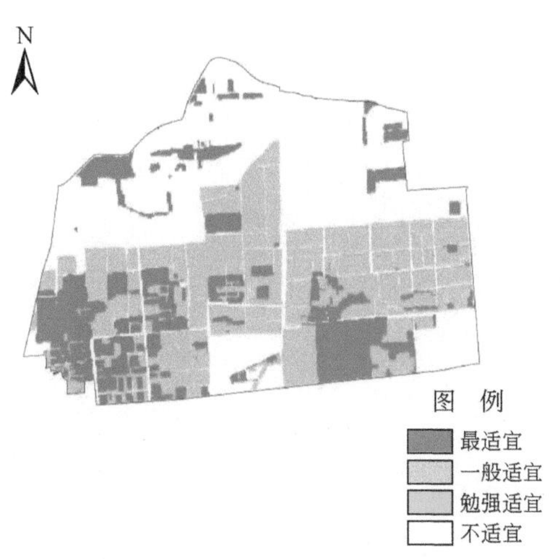

图 4-7 宜渔用地适宜度分布

林（果）用地主要是坑塘或者农田周边的一些土壤湿度相对更大的区域，该区域在研究区的中东部，原土地利用多为优质农田，受较低程度的塌陷影响，地表存在临时性轻度积水，但是灌溉排水基础设备完善，且靠近主干道路，便于运输，故发展林（果）业较为适宜。另外，在这些地方种植林木，既可以对农田起到防护的作用，改变风向、减低风速，改善林内农田局部小气候，种植在坑塘及湖泊周边的树林也可以起到美化景观的效果（图 4-8）。

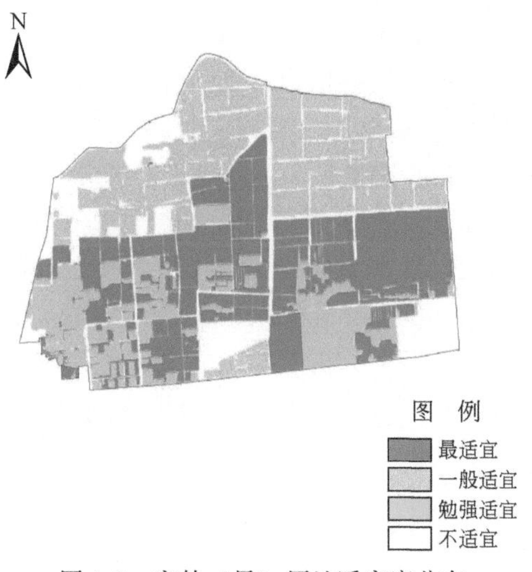

图 4-8 宜林（果）用地适宜度分布

建设用地的最适宜分布区一部分为以前就是建设用地且不存在地表塌陷现象的土地，零星分布在研究区西北部，另一部分在研究区最南部和东南角，主要为居住用地（图 4-9）。

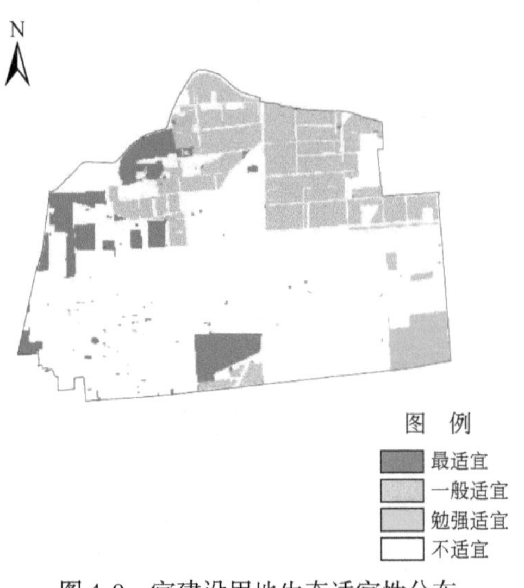

图 4-9　宜建设用地生态适宜性分布

4.6　本章小结

本章对研究区土地的景观生态适宜性的评价方法与传统的生态适宜性评价方法不同，传统的生态适宜性评价方法是先将评价区域划分为若干评价单元，对各单元属性进行登记及评价，得到区域综合生态适宜性评价图。本研究考虑到数据的可获取性，以及需要得到为景观生态规划工作进行铺垫的各单一类型用地的景观生态适宜性分布图，故采用由单因子生态适宜度分布图加权叠加得到综合用地生态适宜性分布图的方法。然而在该方法的实际应用中，仍有一些问题及不足需要注意。首先，数据资料的获取将在很大程度上影响评价结果的科学性和准确度，评价数据获取的越全面、越准确，评价结果的精确度越高；其次，本研究确定评价因子权重时采用的是层次分析法，其判断矩阵的数值是根据数据资料、专家意见及自己的认知加以平衡得到的，因而受主观认知的影响较大；最后，目前缺乏对矿区农田景观生态适宜性评价的标准体系和统一的评价标准，因此对不同区域的景观生态适宜性评价时不易规范。由以上分析可知，建立不同尺度、不同空间范围，具有统一标准和规范，应用性强的矿区农田景观生态适宜性评价体系仍有许多工作要做，需要进一步研究。

第5章　工矿区受损农田特征和整理修复技术需求

5.1 工矿区受损土地损毁类型及修复整理方法

我国工矿区主要土地损毁类型有塌陷、压占、污染、挖损和占用等，以及其对应工矿类型和分布矿区见表5-1。

表5-1　我国工矿区主要土地损毁类型及分布矿区

土地损毁类型	对应工矿类型	分布矿区
塌陷	煤矿（井工）	黄淮海平原区，东北、蒙东山地平原区，西南山地丘陵区
	金属矿	东北、蒙东山地平原区，黄淮海平原区，西北干旱区，西南山地丘陵区，中部山地丘陵区，东南沿海山地丘陵区
压占	煤矿（井工）	东北、蒙东山地平原区，黄土高原区，西南山地丘陵区
	煤矿（露天）	东北、蒙东山地平原区，黄土高原区，中部山地丘陵区
	金属矿	东北、蒙东山地平原区，黄淮海平原区，西北干旱区，西南山地丘陵区，中部山地丘陵区，东南沿海山地丘陵区
	其他矿种	西南山地丘陵区，中部山地丘陵区，东南沿海山地丘陵区
污染	煤矿（露天、井工）	东北、蒙东山地平原区，黄土高原区，黄淮海平原区，西南山地丘陵区，中部山地丘陵区
	金属矿	东北、蒙东山地平原区，黄淮海平原区，西北干旱区，西南山地丘陵区，中部山地丘陵区，东南沿海山地丘陵区
	石油及天然气	东北、蒙东山地平原区，黄淮海平原区，长江中下游平原区，西北干旱区，黄土高原区，中部山地丘陵区
	稀土矿	东南沿海山地丘陵区
挖损	金属矿	东北、蒙东山地平原区，黄淮海平原区，西北干旱区，西南山地丘陵区，中部山地丘陵区，东南沿海山地丘陵区
	煤矿（露天）	东北、蒙东山地平原区，黄土高原区，中部山地丘陵区
	其他矿种	西南山地丘陵区，中部山地丘陵区，东南沿海山地丘陵区
占用	工业用地及矿业配套用地	基本各矿区都存在这样的情况

表 5-2　工矿区受损土地修复整理技术方法体系

土地损毁类型	对应工矿类型	损毁特点	修复整理关键点	采用技术方法	采用工程措施
塌陷	煤矿（井工）	微地形变化：地表出现裂缝、塌陷坑、附加坡度，地下潜水位相对提升，出现积水，造成难以耕种	地表裂缝修复	客土充填技术	人工或机械挖取土方对裂缝进行充填，同时可在裂缝边缘起垄，防止降水随裂缝下渗
			塌陷坑修复	土地平整技术、土体重构技术、客土充填技术	先将耕作层表土进行剥离堆积，然后将起伏不平的地表推平，利用煤矸石、粉煤灰、湖泥和建筑垃圾等不同充填方式抬田，或直接以客土回覆
			坡地修复	梯田平整法	采取推土机或人工平整等工程措施，沿地形等高线修整成梯田，并略向内倾，以拦水保墒
			积水区修复治理	挖深垫浅法	常采用泥浆泵法，包括高压水枪挖土、输送土、充填和沉淀、塌陷地平整等施工过程
		耕作环境变化：农田水利设施、道路林网等遭到破坏	对塌陷坑造成农田水利设施及道路、林网等破坏的修复	道路修复和硬化技术	对不良地段进行清表土、翻松碾压，道路要提高路基高度，尽量避免降水和地下水对道路造成的不利影响
		土壤性质变化：土层混乱、土壤压实、通透性差；地面坡度、水蚀、风蚀、淋溶等多方面作用造成土壤养分流失；土壤盐渍化	土层混乱治理	表土剥离技术、土体重构技术	表土剥离和次序堆放，然后土体重构或客土充填，最后覆土平整
			土壤物理性质改良	耕作改良技术	通过机械对土地采用翻转式双向浅翻深松犁翻松，改善土壤物理性状
			土壤养分提升	土壤改良工程技术	主要通过使用有机肥、种植绿肥等培肥技术提高土壤养分含量
			土壤降盐降渍	疏排法、渠系修复技术	开挖沟渠、疏浚水系自行排水或设泵站强行排除积水

续表

土地损毁类型	对应工矿类型	损毁特点	修复整理关键点	采用技术方法	采用工程措施
塌陷	金属矿	在塌陷发生的中心部位下沉形成沉陷盆地，易积水	土壤降盐降渍、积水区修复	疏排法、渠系修复技术	开挖沟渠、疏浚水系自行排水或设泵站强行排除积水
				挖深垫浅法	采用泥浆泵法，包括高压水枪挖土、输送土、充填和沉淀等过程
		在盆地边缘及外缘裂隙拉伸带可能出现地表裂缝、塌陷坑	耕作条件改良，裂缝、漏斗状塌陷坑治理	土地平整技术、塌陷坑充填技术	先将耕作层表土进行剥离堆积，然后利用煤矸石、粉煤灰、湖泥和建筑垃圾等不同充填方式将起伏不平的地表充填平整，最后将原耕作层或客土回覆。对陷坑和裂缝进行人工或机械填堵夯实，然后对土地加以平整
		地表裂缝强化土壤水分蒸发；地表漏斗造成表土营养流失	水土流失治理	土壤改良工程技术、保水工程	可采用绿肥轮作压青技术，配合使用真菌菌根技术进行强化培肥；为防止降水随裂缝下渗，可在裂缝边缘起垄，以阻止水流、保证土壤持水量
压占	金属矿	剥离表土、岩石、贫矿堆积体易发生地质灾害	压占土地腾退	尾矿整理利用技术	用于建筑原料、矿井充填、土地复垦
	煤矿（井工）	煤矸石、粉煤灰等压占，导致地面非均匀沉降、土壤表层压实	废物利用、减少压占面积	煤矸石、粉煤灰利用技术	煤矸石粉碎陈化后入窑焙烧
	煤矿（露天）	剥离的表土堆放形成的排土场易发生水土流失	边坡合理设计	排土场边坡设计技术	建立挡墙和打抗滑桩，边坡的“S”形设计
	其他矿种	废石堆放产生地质灾害	占压土地腾退	废石场合理选址、废石科学堆放	挖平地表形成组合式台阶、矮坝拦挡、恢复植被及开挖防洪沟等措施防止水土流失及泥石流

续表

土地损毁类型	对应工矿类型	损毁特点	修复整理关键点	采用技术方法	采用工程措施
污染	煤矿（露天、井工）	重金属污染、水体污染	净化重金属、降低污染程度	植物修复技术	结合矿厂的重金属污染种类和当地的自然环境，选取具有净化重金属的植物，如鬼针草、狗尾草、菊芋等
	金属矿	重金属污染、水体污染	降低重金属的生物有效性	植物修复技术、使用改良剂	结合矿厂的重金属污染种类和当地的自然环境，选取具有净化重金属的植物、具有促进还原作用的改良剂降低重金属的生物有效性
	石油及天然气	有机物污染、水体污染	清除土壤中有机物	热脱附法	采用热脱附法对土壤中的有机物进行加热，增加其挥发能力，使有机污染物从土壤中分离
				微生物修复技术	利用微生物在生命代谢活动中对有机物的分解作用消除污染
	稀土矿	放射性污染、重金属污染	富集放射性核素并阻挡放射性物质扩散	植物修复技术	利用植物修复技术，选取速生树种对放射性污染进行修复
挖损	金属矿	表土土层变薄，地表经水流冲刷形成冲沟	矿石回填、矿山复垦	表土剥离技术	利用矿山生产建设期间剥离表土及尾矿进行回填
	煤矿（露天）	地表形态改变，地层层序错乱，生态环境破坏	挖损土地复垦	土地平整技术、表土剥离技术、充填法	剥离物回填并进行复垦以恢复利用
	其他矿种	对原有地貌环境的极大破坏	矿石回填、矿山复垦	梯田平整法	台阶内侧设置排水沟，外侧设置挡土墙，坡面设置导流槽
占用	永久占用	工业用地及矿业配套用地	改变土地用途	土地平整技术	对工矿区残留的废弃部分进行调整，改变土地用途
		工业厂房、输送管道、道路	设施拆卸、道路再利用	设施拆卸、道路平整	管道拆卸，对可利用的道路进行再利用，影响规划的道路需拆除、平整土地
	临时占用	地表景观破坏	景观重建	植物修复技术	结合当地的自然环境，种植景观植物，可优先种植草本植物
		土壤质量降低	提高土壤肥力	农艺培肥技术	结合当地的自然环境，种植具有提高土壤肥力的植物，施用肥料
		水土流失	提高土壤抗冲击能力	植物修复技术	细致整地、改良土壤，选择抗旱耐瘠薄植物种

我国在工矿区土地复垦和生态恢复方面做了大量工作，本研究采用文献研究方法，对国内相关研究和实践系统梳理，构建我国工矿区受损土地修复整理方法、技术及措施集成技术体系框架。具体而言，根据各工矿区土地受损类型特点，针对性地研究、归纳和总结受损土地修复整理过程中采用的技术措施。针对各类矿区，受损土地修复整理技术方法主要包括：土地平整技术、梯田平整法、土体重构技术、客土充填技术、表土剥离技术、挖深垫浅法、道路修复和硬化技术、疏排法、渠系修复技术、耕作改良技术、土壤改良工程技术、保水工程、尾矿整理利用技术、废石场合理选址、废石科学堆放、排土场边坡设计技术、热脱附法、植物修复技术、微生物修复技术、农艺培肥技术等。有关分类见表 5-2。

5.2 工矿区受损农田修复对象损毁特征识别

井工方式开采煤炭导致地表塌陷一般经历覆岩破坏和采空塌陷两个阶段。首先，岩体在矿体被采出后形成一个架空结构，进而破坏周围原有的应力平衡状态。其次，采空区顶板岩层在自身重力及上覆岩层压力的作用下逐渐向下弯曲、移动。当顶板内部形成的拉张力超过岩层抗拉强度的极限值时，顶板相继会发生断裂、破碎及冒落，上覆岩层会继续向下弯曲、移动，直至断裂、产生离层。随着采矿活动的推进，大范围的岩层会受到采空影响，当其面积扩大到一定阶段时，岩层移动会发展至地表，从而引起地表的移动和变形。这种移动和变形程度受矿层产状、开采深度、开采厚度及方法等因素的影响，当开采深度与开采厚度的比值较大时，地表呈连续的、规律性的移动和变形；当开采深度与开采厚度的比值较小时，地表则呈不连续的、没有严格规律的移动和变形。一般情况下，地表变形程度随着开采作业面的扩大而变得更加严重；地表塌陷程度与矿层的厚度、倾角成正比，与开采的深度成反比。全国各矿区的自然条件、开采方式、埋藏深度、管理与技术水平等各不相同，由此引发的耕地破坏程度也各不相同。

由表 5-3 可知，在我国西北、西南、华中、华北和东北的大部分丘陵、山区煤矿区，井工采煤不会引起地形地貌发生明显的变化，只在局部出现裂缝或漏斗形塌陷坑，一般不积水。个别区域因开采塌陷易诱发山体滑坡和泥石流。位于黄河以北的中低潜水位平原煤矿区，塌陷时易产生地表裂缝，造成土壤侵蚀、水土流失。由于地下潜水位较低，仅局部出现积水。黄淮海平原的中东部煤矿区，地表塌陷明显，依附于地面的农田水利设施、生产道路等损毁严重。由于地下潜水位比较高，地表常年积水、内涝；周围土壤水饱和、返盐，土壤次生盐碱化。一般情况下，井工采煤活动对高潜水位平原区耕地的损毁程度最为严重，其次为中低潜水位平原区，山地、丘陵区最轻。

表 5-3　各矿区采煤塌陷对土地的损毁

煤矿区地貌类型	损毁特征	耕地损毁程度	分布区域
山地、丘陵区	地形地貌无明显变化，只在局部出现裂缝或漏斗形塌陷坑，一般不积水。个别区域因开采塌陷易诱发山体滑坡和泥石流	较小	西北、西南、华中、华北和东北的大部分丘陵、山区煤矿区

续表

煤矿区地貌类型	损毁特征	耕地损毁程度	分布区域
中低潜水位平原区	地表裂缝，局部出现积水，易造成土壤侵蚀、水土流失	较为严重	黄河以北大部分平原煤矿区
高潜水位平原区	地表塌陷明显；地表大面积常年积水、内涝，周围土壤水饱和、返盐，土壤次生盐碱化；原地面农田水利设施破坏严重	严重	黄淮海平原的中东部煤矿区

5.2.1 采煤塌陷区农田损毁特征因素识别

通过大量阅读国内外关于采煤塌陷的耕地损毁及耕地质量评价指标体系的文献资料，对采煤塌陷区农田损毁特征因素进行识别和研究，具体识别的特征因素和变化情况见表5-4。

表5-4 采煤塌陷区农田损毁特征因素及变化情况

作用	特征因素	变化情况
提供作物立地条件	土壤质地	塌陷后出现砂质化现象
	耕作层厚度	塌陷后在侵蚀作用下，耕层土壤部分被剥蚀
	土体构型	塌陷后耕层变浅薄，加上土层垮落、翻转错动，原有土体构型遭到破坏
	障碍层次埋深深度	塌陷后原土壤障碍层次埋深相对变浅
	土壤容重	塌陷后低洼处在上层土壤搬运、堆积作用下土壤容重增大
影响水肥气的调节	土壤孔隙度	随着塌陷深度增加，土壤孔隙度从上坡到坡底下降量逐渐减少，土壤总孔隙度下降，土壤变得紧实
	土壤含水量	塌陷后低洼处由于地下潜水位相对上升，土壤含水量明显增高
	土壤盐渍化程度	塌陷后积水返盐，土壤盐渍化程度加深
供应肥力	土壤pH	研究区耕地土壤整体呈弱碱性
	土壤有机质	塌陷后除土壤全氮含量外，土壤有机质、阳离子交换量及其他养分随水分流失而呈降低态势
	阳离子交换量	
	氮、磷、钾	
预警安全	土壤污染状况	主要重金属元素含量略有变化，但属于土壤安全的范围内，需长期监测
保障生产	灌溉保证率	塌陷后相关基础设施发生不同程度损毁，灌排不通畅
	排水条件	

续表

作用	特征因素	变化情况
外部环境	地形坡度	塌陷后地表产生附加坡度、田面高低起伏不定
	地下水埋深	塌陷后地下水位相对抬升
	土壤侵蚀	塌陷后地表变形诱发土壤侵蚀（耕层被不同程度剥蚀，心土层出露）

5.2.2 采煤塌陷区农田损毁特征归纳

采煤塌陷区损毁农田中普遍存在地形水文及基础设施条件的变化，包括附加坡度增大、裂缝和台阶、地下水位抬升、灌排设施损毁等问题。这些问题综合作用并衍生出土壤侵蚀，地表积水、灌排不畅等二次损毁，直接对耕地质量产生影响。另外，关系到耕地质量的土壤理化性质变化，尤其是土层错乱、土壤水分限制性、养分流失以及重金属污染等突出问题与上述提到的部分农田损毁问题和特征因素都有密切关系。由此可见，采煤塌陷区农田损毁是一个系统综合现象，其损毁特征因素之间存在相互关联和作用，如图 5-1 所示。

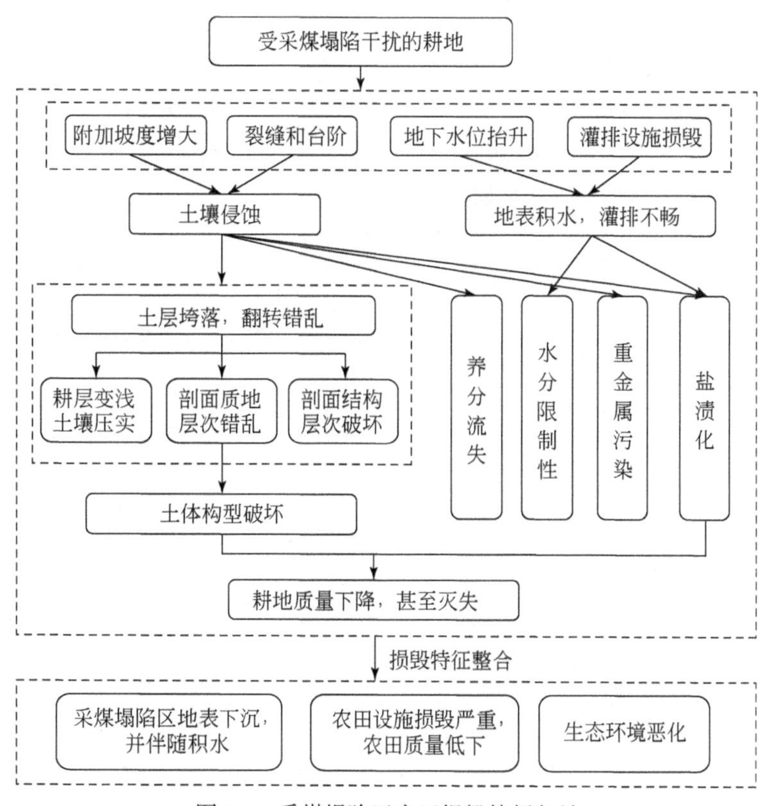

图 5-1 采煤塌陷区农田损毁特征归纳

采煤塌陷区在生产开采过程中对区域的地貌景观、生态环境及耕地质量都会造成较大的破坏。其中，对地貌景观的影响主要表现在对各种景观元素的破坏上，耕地、水系、道路、林带等景观要素会受到较大破坏，由于地表塌陷的程度不一，附着于地表上的各种建筑物和构筑物难以承受这些变形，产生断裂、损毁，影响各种人工环境和自然景观；工矿生产活动对生态环境的影响则是指污染土地资源、影响地表和地下水系，同时破坏区域的水平衡，改变地表和地下水资源配置、污染水资源等方面；工矿生产活动对耕地质量的影响则是在土壤资源、土体构型、土壤水分运移、土壤养分运移方面造成破坏。例如，开采塌陷造成地表裂隙，导致土壤下陷压实，改变土壤理化性质，造成土壤水分蒸发和养分损失等。通过归纳总结，将采煤塌陷区农田损毁特征归纳为三大问题：①采煤塌陷区地表下沉，并伴随积水；②农田设施损毁严重，农田质量低下；③生态环境恶化。

5.3 工矿区受损农田整理技术体系

对采煤塌陷区受损农田整理的过程就是改善耕地不利于作物生长的土壤及环境条件、消除损毁特征因素影响过程。按照“一一对应、对症下药”原则，应用问题导向型方法，针对采煤塌陷区地表下沉、农田损毁严重、生态环境恶化等突出问题，谋划、构建、引入和创新受损农田整理技术与工程。基于系统论、控制论、景观生态学、恢复生态学、人地关系协调理论等，适时适度引入多层次规划设计理念、系统性规划设计理念和参与式规划设计理念，进行采煤塌陷区受损农田整治对策研究。在区别于传统整治技术和施工工程的前提下，创新研究表土保护与利用工程、土体重构工程、损毁水系修复工程以及生态型工程，形成专门针对采煤塌陷区土地利用主要矛盾的规划设计思路如图 5-2 所示。

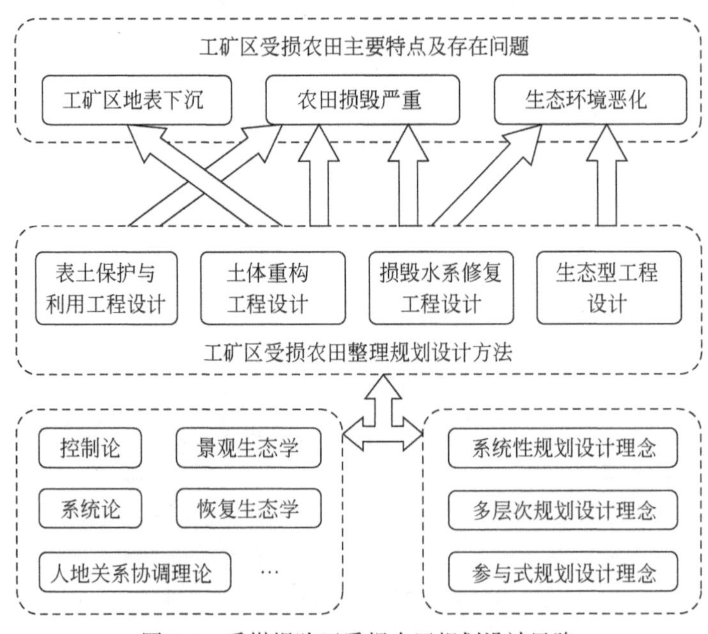

图 5-2 采煤塌陷区受损农田规划设计思路

5.4 工矿区受损农田修复整理技术遴选

5.4.1 生态型工程

根据人地协调理论和景观生态学理论的知识，引入采煤塌陷区受损农田整理生态型工程设计施工研究。生态型工程，是落实人与自然和谐的规划设计方法，要求在对受损农田规划设计过程中，除了要完成修复土地时考虑恢复土地功能的任务外，要将生物多样性、生态保护的思想融入各项工程中，结合自然系统的本初构造，改良原有传统土地整治工程中的不足之处，构建和实现更趋自然态的生态化单项工程，包括生态型道路工程、生态型沟渠工程、生态农田防护工程等（图 5-3），突显采煤塌陷区受损农田整理工程的精细化。在科学利用土地的同时，提升区域的生态稳定性，保护生态环境。

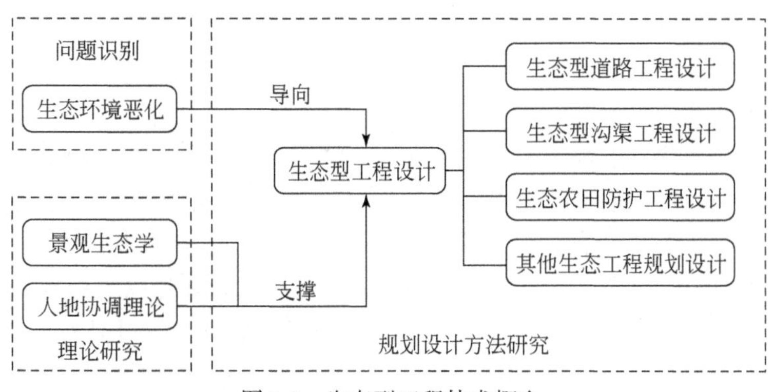

图 5-3　生态型工程技术概念

5.4.2 损毁水系修复工程

煤炭开采和生产等活动严重扰动了区域内的水循环系统，打破了原有的天然水循环平衡模式，使采煤塌陷区内的水资源时空分布不均衡。作为一个相对独立的区域，水资源的自然循环是在地表植被、土壤表层和地下等环境中进行的。当自然循环遭到破坏无法正常运行时，可以适当进行人工措施调控，依靠采煤塌陷区损毁水系修复工程疏导和提升矿区内的水循环系统。基于景观生态学和景观恢复学基础，损毁水系修复工程技术方法应跳出传统的农田水利设施工程的框架，针对采煤塌陷区特殊性问题创新和组合利用传统农田水利工程，首先针对水利设施损毁问题进行灌排体系修复，在原有灌排体系上进行清淤、整修等工作，节省成本的同时形成完善的灌排体系；其次针对地表积水引入地表水调控工程，消除农田积水的种植障碍；再次针对地下水位过高对作物种植的不良影响，选取地下水位控制工程；最后针对地下水环境污染的问题实施土壤水修复（图 5-4）。

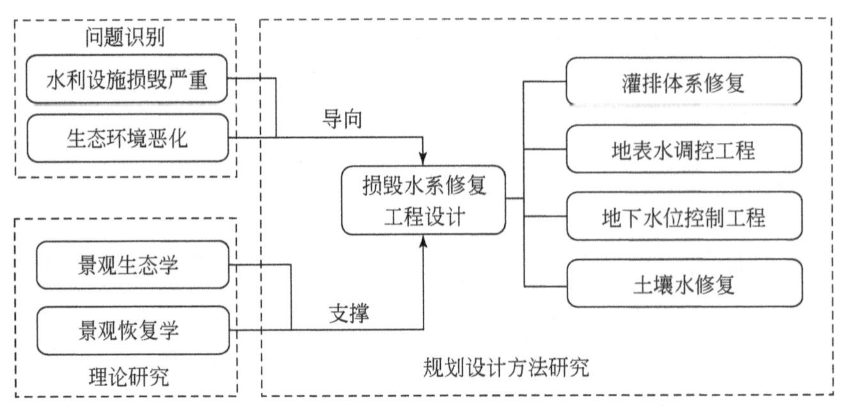

图 5-4　损毁水系修复工程技术概念

5.4.3　土体重构工程

采煤塌陷区耕地质量损毁主要体现在以下两方面，①微地形变化：地表出现裂缝、附加坡度，地下潜水位相对提升。②土壤性质变化：土层混乱、土壤压实、通透性差；土壤养分流失；土壤盐渍化；土壤污染。针对这些问题，基于恢复生态学和土壤学基础，选取土体重构工程作为采煤塌陷区受损农田整理关键工程。土体重构以采煤塌陷区损毁土地的土壤恢复或重建为目的，采取适当的采矿和重构技术工艺，应用工程措施及物理、化学、生物、生态措施，重新构造一个适宜的土壤剖面与土壤肥力条件以及稳定的地貌景观，提升耕地养分质量，改良土壤性质；抬升田面高度，消除地下水位过高对土壤的不利影响，在较短的时间内恢复和提高重构土壤的生产力，并改善重构土壤的环境质量。但充填的物料可能会给土壤和地下水带来二次污染，需要对不同充填物料进行隔离层设置，并解决覆土厚度设定对土壤质量的影响等细节性问题（图 5-5）。

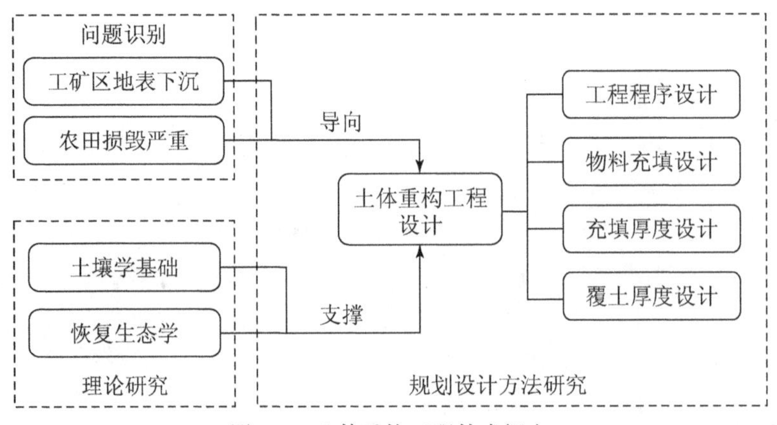

图 5-5　土体重构工程技术概念

土体重构工程的施工顺序流程为施工测量→土方开挖→基层处理与物料充填→土方填筑。

(1) 施工测量

平面控制网采用三角网及导线网结合的方式，高程控制点采用二等水准测量。从提供的高程点引测至现场高程控制点，平面及高程控制网的控制点均用混凝土浇筑成桩，形状为方形，中间埋设金属点，并设放在不易损坏处，部分网点均保护至工程结束直到交付使用单位为止。测量贯穿于施工全过程，测量放样工作将由专业人员负责，并及时做好有关工程记录。

定线采用经纬仪进行，在上下游两端以外不受施工影响的适当地点，测设永久性的标石，并标明桩号，架设标架。设置建筑物轴线的同时，设置两条纵横副线，作为建筑物施工放线的主要控制线。根据三角网或导线网定出轴线和副线点。在平面控制的测设精度控制上，首级控制网按独立三等三角网精度要求，引河渠道轴线、副线的测设按四等三角网或一级导线精度要求。在建筑物周围测设足够数量的高程控制点，精度符合三等水准精度，并应与主要水准点相连接。

(2) 土方开挖

预先划定挖方堆放区域，由载斗运输汽车和挖掘机配合施工及时将土方运至场外指定地点集中堆放；挖掘深度过大时，采取分层挖掘措施。为了能及时将地表雨水排出，土方开挖时分层设置排水沟和集中井。基础开挖过程中机械开挖接近设计标深时，预留30～50cm 保护土层，在基础施工前，由人工分块突击挖除。开挖过程中随时校核基坑的轴线和开挖尺寸是否符合设计图纸要求，确保开挖质量。基坑开挖中不可超挖，挖掘应设定相应坡道，方便挖掘机移动进出基坑。

(3) 基层处理与物料充填

取土完成后，做好排水工作，并对取土区进行迹地清理，包括采用机械压实或人工夯实的方式对地表松散的土层进行处理，对施工过程中铲除的表层杂草进行挖坑填埋，对新修道路遗留下的废弃物进行清理或填埋，以及对施工废弃物进行清理等。确定标高，做好水平高程的测设。在充填过程中，用机械进行分层回填，以保证达到密实均匀的要求。充填施工应顺着坡度由上而下填，采用铲运机大面积充填时，铺填区段长度不宜小于 20m，宽度不宜小于 8m。

1) 湖泥充填：采用长臂挖掘机、普通挖掘机进行河道和渠道清淤取泥，或是在塌陷区积水等区域，采用挖塘机和挖泥船取土。由于采用水中清淤，淤泥含水量大，运输过程中容易造成道路及周边环境污染，淤泥清出河道后需经过适当晾晒方可外运。淤泥运输按照渣土运输的有关规定，选用性能良好、车厢封闭较好的车辆，严格按照指定的线路行驶，运输并投至塌陷区域，由于淤泥自身流动特性，利用机械稍加引导即可达到平整状态。之后晾晒 15～30 天，待其水分得到适度蒸发和疏排并沉降稳定后再进行覆土造田。充填塌陷区至设计标高，用机械进行土地整平，最后上覆表土 50cm。

2) 建筑垃圾充填：垃圾充填应采用单元、分层作业。工序应为卸车、分层摊铺、压实，达到规定高度后应进行覆盖、再压实。对填埋物中可能造成腔形结构的大件垃圾应进行破碎。每层垃圾摊铺厚度应根据填埋作业设备的压实性能、压实次数及垃圾的可压缩性确定，厚度不宜超过60cm，且宜从作业单元的边坡底部到顶部摊铺；垃圾压实密度应大于600kg/m^3。具体碾压程序同煤矸石充填。生活垃圾填埋须进行防渗处理，防止对地下水和地表水的污染。底部充填40cm厚的黏土形成下隔离层，用机械将建筑、生活垃圾分层压实充填塌陷坑，垃圾充填层平整后覆盖40cm厚的黏土形成上隔离层，最后上覆表土50cm。

3）煤矸石充填：由自卸汽车运输煤矸石。在预填场地上首先应根据各运输车的载重量及煤矸石的松铺系数计算各车卸料的纵横间距，由专人指挥卸车，土和煤矸石接合部位要求填筑细粒料，便于土、煤矸石结合，增强结构的整体性。用推土机摊铺、平整，然后压实。在填筑之前将煤矸石洒水湿润，摊铺平整后，碾压2～3遍。压路机选用30t以上振动压路机，强振不少于2遍，使煤矸石基本上完全破碎，重新组合。然后用重型压路机强振1～2遍，静压2～3遍，表面无明显轮迹，不出现松散、翻浆、软弹等现象，使表面光洁密实，形成板体，碾压过程中颗粒无明显移位，即可认为压实符合要求。在填埋投料过程中注意要进行分层充填压实，分层厚度以0.3～0.5m为宜，逐次将塌陷区回填至设计标高。分层充填法包括边缘充填法、条带充填法等。底部充填40cm厚的黏土形成下隔离层，用机械将煤矸石分层压实充填塌陷坑。在已整平的煤矸石表面，全面铺撒一层石灰石渣滓形成10～15cm的中和层，最后上覆表土50cm。

4）粉煤灰充填：固态粉煤灰充填塌陷区复垦工艺和流程与煤矸石充填复垦基本一致，即使用货车运输粉煤灰至塌陷区，利用挖斗机取粉煤灰并投放至塌陷区域后反复压实，由于粉煤灰自身的颗粒性，压实工作较煤矸石复垦容易，使用挖斗机反复碾压即可。按照技术规定进行操作，即先边后中，先低后高，先慢后快，由外到内的原则，土与粉煤灰接合部位及边缘要多压2～3遍，确保结构的整体性。压实后闲置6～8h，确定粉煤灰沉降稳定后再覆盖表土。在塌陷地块四周修筑围墙大坝，首先将粉煤灰与水混合成1∶10～1∶5的灰水，通过管道输送至该塌陷地块，待粉煤灰冲到预定标高时，停止冲灰、沉积排水后用推土机或人工平整粉煤灰，然后在粉煤灰层上覆盖40cm厚的黏土形成上隔离层，最后上覆表土50cm。

土体重构工程断面如图5-6所示。

(4）土方填筑

当气候干燥、土层表面水分蒸发较快时，在填土与压实表面均应适当洒水润湿，以保证施工含水量。为保证土层之间结合良好，铺土前必须将压实结合层面湿润并刨毛1～2cm深。严格控制压实参数，铺土厚度不得超厚，不得漏压、欠压和过压，压实合格后方可铺上层新料，不得在填筑断面之内的岸坡上卸料。在填土时必须配合填筑上升，陆续削坡。

铺料与碾压工序连续进行，如需短时间停工，其表面风干土层应经常洒水润湿，保持含水量在控制范围以内；如需长时间停工，则根据气候条件铺设保护层，复工时予以清除，并检查填筑面。在填土压实的施工环节，考虑到土层压实程度无须达到填充物料的压实程度，分段碾压时，相邻两段交接带碾迹应彼此搭接，顺碾压方向，搭接长度应为0.30~0.5m；垂直碾压方向，搭接宽度应为1~1.5m。同时，为了避免机械行动产生过度压实，压实机械及其他重型机械在已压实土层上要分辙行驶，不宜来往同走一辙。

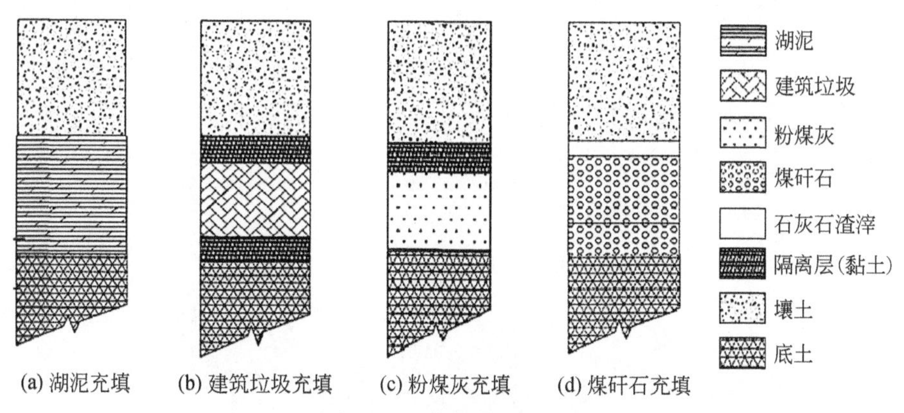

图5-6 土体重构工程断面

5.4.4 精准土地平整工程

常规平地方法具有土方运移量大、平地费用相对较低的特点，适合于在地面起伏较大、原始平整度较差的田面内完成粗平，但受机具设备缺陷及人工操作水平等因素制约，平地效果有限，平整精度达到一定程度后无法继续提高。激光平地的作业效率较高，土地精平的效果好，但平地费用相对较高。因而农田土地平整过程中要综合考虑这两种方法的特点及长处。

由于激光平地设备购置费用较高，土地平整的成本费用相对较高，有必要开展常规粗平方法与激光精平技术组合应用的研究，以充分利用常规粗平方法和激光精平技术的各自特点及长处，在尽可能节省费用投入下获得较高的平地效益，即达到“费省效宏”的土地平整目标。有学者在北京市昌平区基于常规粗平方法与激光精平技术组合应用实践，对平整效果、作业效率及成本费用进行了分析。结果认为，为达到“费省效宏”的土地平整目标，在土地原始平整状况较差的区域应首先采用常规粗平方法进行粗平，当田面平整精度与平地期望值的差值接近3cm时，再利用激光精平技术完成土地平整工作。对田面平整度较高的井灌区，也可直接采用激光精平技术完成土地平整工作。

采煤塌陷区域地形起伏较大，田面平整度差，建议精准土地平整施工流程为挖垄降水→粗平和精准平地→接缝处理。

(1) 挖垄降水

降低土料含水量可通过降低地下水位等措施实现，在平整区，每50m开挖一条降水垄沟，沟底高程低于取土深度1.0m左右，可有效降低料场的地下水位，改善土料含水量。加强雨后排水工作，对于料场内的积水，用小型水泵排出，填筑面内的零星积水，用人工及时清除，以缩短雨后恢复时间。

(2) 粗平和精准平地

填方区表面应高出挖方区表面，高差宜按填埋深度的20%计算，以利于回填土方的沉降，保证田块表面平整度符合设计要求。粗平方式借鉴一般土地平整工程要求，此处不再赘述。

利用激光平地机平整土地（图5-7和图5-8）。

图5-7　激光平地机

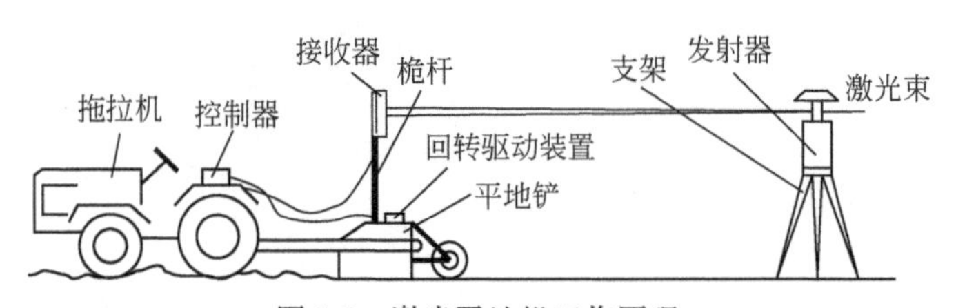

图5-8　激光平地机工作原理

首先安装激光器。根据被刮平的场地大小确定激光器的安放位置。场地跨度超过400m，激光器大致放在场地中间；场地跨度小于400m，激光器放在场地周边。激光器位置确定后支三脚架，安激光器，把激光器放在三脚架上调平，激光器架设高度应高于拖拉机最高点0.5m，这主要是防止拖拉机和操作人员遮挡激光束。

然后测量场地。绘制场地地形图和计算平均标高，用手持激光接收器和标杆对场地进行普遍测量。读数按一定的间隔读取（一般以100m^{2}来定位），并记录每个读数，将所有读数汇集起来后绘制出场地地形图，然后计算场地平均标高。

最后调整接收器。以铲刃初始作业位置为基准，调整激光接收器伸缩杆的高度，使激光发射器发出的激光束与接收器相吻合。即在红、黄、绿显示灯的中间绿灯闪亮的时候，将控制开关置于自动位置，启动拖拉机平地机组开始平整作业。

(3) 接缝处理

基础、岸坡与刚性建筑物接合部位以及接缝部位的平整可由人工完成。土方与建筑物接合部位，填筑时须将建筑物表面湿润，边涂浆，边铺土，边夯实，涂浆高度应与铺土厚度一致，涂层厚度应为3～5mm，严禁泥浆干固后再铺土、夯实。

5.4.5 表土保护与利用工程

表土保护与利用工程包括表土剥离、表土存储、表土回覆三大施工项。利用表土保护与利用工程可以将整理区土壤进行改造，在较短的时间内改善土壤的内部结构和环境质量，恢复并提高土壤的质量水平，最大限度地提高土壤改造的效果，并降低土壤改造的成本和维护费用。表土保护与利用工程的施工顺序流程为测量→挖方（剥离）→存储保护→填方（回覆）。

（1）表土剥离

表土剥离层厚度不宜小于 30cm，当地形起伏过大，高程差超过 60cm 时，不建议实施表土剥离工程。表土剥离的厚度设计需要参考取土区土层厚度及耕层厚度。根据地形，先将最高处和最低处的 20～25cm 耕层土壤进行剥离，并逐渐由两边向中间靠拢。可以通过多点法实地挖掘土壤剖面，测定土壤耕层厚度来确定表土剥离土层厚度。剥离时严格按照土体不同层次分别进行剥离，要保证先单独剥离取土区肥沃的耕作层土壤。当采煤塌陷区地表变形较大，积水较多、较深时，应根据不同情况在剥离前进行排水。表土剥离可直接采用推土机推土至存储区存放，部分边角位置采用 1.0m^3 反铲挖掘机配合开挖集料，再采用推土机推土至存储区存放。渠道部分的客土剥离采用 1m^3 反铲挖掘机开挖装车，然后用自卸汽车运输至存储区存放。

（2）表土存储

剥离的熟土存放于规定场地。表土分散存储的直径规模应设计为 2～3m，高为 1m，形状近似锥形。表土存放应尽量避免水蚀、风蚀和各种人为损毁。将各分散土堆覆盖塑料布或土工编织物。土堆的坡脚用沙袋码放堆置，防止土体滑坡。如果表土剥离的时间与回覆利用时间差较大，可向各分散土堆扬撒部分草籽以防止土壤养分及水分流失。堆存期应为 6～12 个月，表土存储形式如图 5-9 所示。

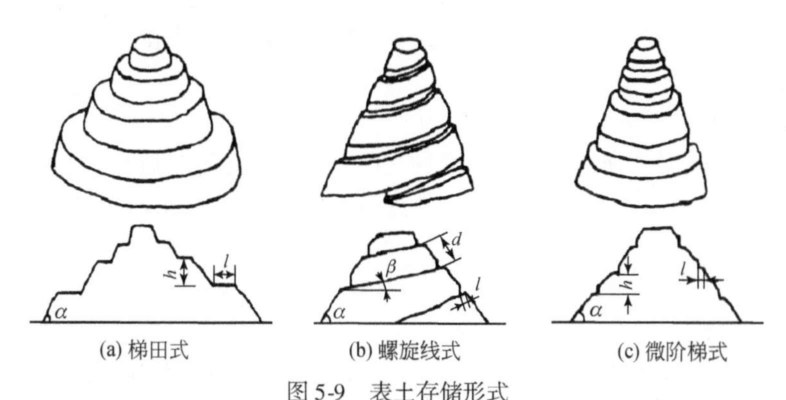

图 5-9　表土存储形式

α、β 为角度；d、l 为长度；h 为高度

（3）表土回覆

对于全部覆土区，按照剥离层次，采用平面均匀覆土方式，即按照设计的覆土厚度，

由施工人员操纵机械将相应数量的表土搬运至拟回覆的地块上，在其表面均匀覆盖并进行平整，以达到耕作的要求。关于回覆厚度设计，新整理的采煤塌陷区受损农田在第一次浇灌后会出现不同程度的下沉，所以覆土时需考虑增加一定的厚度。一般来说，设计覆土厚度≤0.5m，需加厚5%；设计覆土厚度为0.5～1.0m，需加厚10%；设计覆土厚度≥1.0m，需加厚15%（叶艳妹，2011）。

5.4.6 生态型沟渠工程

生态型沟渠不同于传统土地整治工程沟渠，无论是在设计上还是在施工上更具精细化。将沟渠顶部平台设计为混凝土形式，边坡设计为孔状混凝土，在孔状的混凝土内壁种植草皮护坡，如图5-10所示。沟渠廊道边壁设置为缓坡形式，以减少渠道内水位高低变化带来的生态冲击，粗糙性、孔洞性材质能够方便小型动物爬坡穿越，减小对生物的阻抑作用，保障动物的自由通行；孔状混凝土预制板可以改善沟渠结构，提高渠道透水率；孔洞中沉水作物在提高生物多样性的同时强化了边坡稳定性。

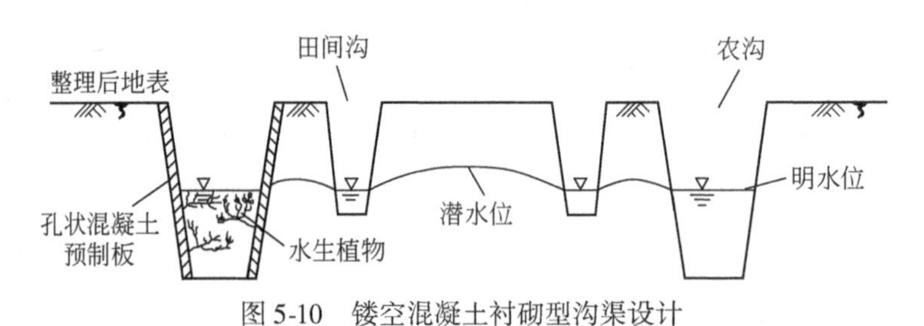

图5-10　镂空混凝土衬砌型沟渠设计

生态型沟渠的建设包括新建沟渠和修复型沟渠两种类型。新建沟渠的施工流程为施工测量→沟渠挖槽→沟渠砌筑；而修复型沟渠的施工流程为清淤→沟渠砌筑。清淤工作主要是利用长臂挖掘机在渠道中作业，清挖的淤泥应妥善存储、综合利用，含有大量有机质、肥力较好且无污染的淤泥，应适当处理后作为肥料直接输送到农田，改善土壤质量或者为土体重构工程提供淤泥充填材料。

（1）施工测量

通过布设满足施工放样精度的控制网和选择实用方便的施工放样方法，各相对独立施工的工程空间位置关系达到国家工程有关的技术规范要求。具体程序为施工控制网的建立、各级控制点的引测→原始地面线测设→细部的测量放样→施工完建面貌的检测→重要部位的安全监测。

（2）沟渠挖槽

开挖施工前，利用推土机等做好渠基清表工作，根据测量放出的开挖线，清除的腐质土集中堆放或堆放在指定的弃土场，挖方按照设计断面进行开挖施工。施工过程以人工为主，机械为辅，机械施工采用推土机配合装载机，或采用反铲挖掘机配合自卸汽车运输。尽可能将挖方合格的填料用于渠堤填筑，以减少多次倒运和借方填筑。施工流程为确定开挖的顺序和坡度→分段分层平均下挖→修边和清底。

开挖坡度按设计要求，若在施工中仍不能确保稳定，则跟设计方联系，更改开挖方案。开挖应合理确定开挖顺序、路线及开挖深度。采用挖掘机配合推土机进行开挖，土方开挖宜从上到下分层分段依次进行。开挖时要挖成一定坡度，以利泄水，同时还应随时检查边坡的状态。开挖基坑，不得挖至设计标高以下，如不能准确地挖至设计基底标高，可在设计标高以上暂留 20cm 的土层不挖，以便在抄平后，由人工挖出，或用挖土机反铲挖土。

边坡开挖时，机械施工预留 30cm 土层，采用人工配合机械修理边坡，保证开挖边坡的稳定性和外观线形。在机械施工挖不到的土方，也应配合人工随时进行挖掘，并用手推车把土运到机械挖得到的地方，以便及时用机械挖走。修帮和清底时在距底设计标高 15 ~ 30cm 槽帮处，抄出水平线，钉上小木橛，然后人工将暂留土层挖走，水泥搅拌桩头要沿桩开挖，不得破坏，开挖到基底高程，根据截桩高程要求，对水泥搅拌桩进行截桩，桩顶修平。同时由轴线（中心线）引桩拉通线（用小线或铅丝），检查距槽边尺寸，确定槽宽标准，以此修整槽边。最后清除槽底土方。

土渠基槽成型：填筑渠道完成后，根据施工线的高度做好渠顶平台，宽度不少于 50cm，然后每 25m 根据渠顶高程控制桩（及渠道开口控制桩）与渠底高程控制桩（及渠底宽度控制桩）拉上边坡斜线精修出标准边坡。挖掘机应按照人工设计的渠道边坡断面进行粗削坡，在进行粗削坡时，应余留 10cm 土坡，严禁超挖。在机械削坡后应重新在渠顶及渠底高程控制桩上拉好施工线进行精修，精修时横向每 1m 修一精线或竖向每 5m 修一精线控制边坡平整度。修好边坡后，在渠底高程控制桩上拉上施工线整平渠底，如有超挖必须回填浇水打夯达到设计干容重。

（3）沟渠砌筑

生态型沟渠的渠顶平台采用浆砌石砌筑，渠坡铺设孔状混凝土预制板。

浆砌石施工首先选择石料进行砂浆拌制，砌筑后勾缝、养护。砌体石料应坚实新鲜，无风化剥落层或裂缝，石材表面无污垢、水锈等杂质。除少量用于塞缝的片石外，块石要求上下两面平行且大致平整，无尖角、薄边，块厚宜大于 20cm，块石外露面需修琢加工。铺砌时，要对砌体材料洒水浸润，待表面无积水后再铺砌。土工布缝合采用手提缝包机，缝合时针距控制在 6mm 左右，保证连接面松紧适度、自然平顺，土工膜与土工布联合受力。上层土工布缝合方法与下层土工布缝合方法相同，土工布缝合强度不低于母材的 70%。石料间的灰缝要饱满，料石的灰缝厚度不大于 2cm。每 10m 预留一道伸缩缝。孔状混凝土预制板结构衬砌设计如图 5-11 所示。

图 5-11　孔状混凝土预制板结构衬砌设计

孔状混凝土预制板施工待预制板和拌制砂浆运输到位后，砌筑、勾缝和养护。铺设前要对槽身两侧边坡夯实。砼预制板铺砌前要先清除其表面乳皮、泥土污物等，然后剔除有裂缝、缺角等损伤的废料。预制板铺设按 80 ~ 100m 长为一段，不可分段太短。铺设应按从上游往下游的顺序进行，铺设缝宽 2 ~ 3cm。铺后的预制板应平整、稳定，纵、横各方向的缝线应整齐划一。入仓的混凝土应及时振捣，不得堆积。仓内若有粗骨料堆叠时，应均匀地分布于砂浆较多处，但不得用水泥砂浆覆盖，以免造成内部蜂窝。砼预制板每砌完一段，要及时对其外观尺寸进行复查，要求渠底高程偏差不超过±3cm，渠道中心线偏差不超过±3cm，渠底宽度偏差不超过±4cm，断面上口宽度偏差不超过±5cm，平整度偏差不超过±2cm，对超过偏差值的部位，要及时纠正补救。

5.4.7 地表水、地下水调控工程

地表水调控工程是通过合理组配修建圩堤、水闸、灌溉泵站和排涝泵站实现地表水系的自排或强排。根据堤防设计标准确定设计流量，拟定断面尺寸和形状。需要进行边坡、抗震稳定性的校核计算。依据灌溉水源和承泄区位置，进行抽水站布置与站址选择等。地表水调控作用主要依靠圩堤工程。圩堤的施工流程为测量放线→土方开挖→堤基施工→堤身填筑→碾压夯填→土工膜防渗施工→堤身砌筑。测量放线、土方开挖与其他工程施工工艺相同，此处不再赘述。

（1）堤基施工

堤基基面清理范围包括堤身、铺盖、压载的基面，其边界应在设计基面边线外 30 ~ 50cm。堤基表层不合格土、杂物等必须清除，堤基范围内的坑、槽、沟等应按堤身填筑要求进行回填处理。基面清理平整后，应及时报验。基面验收后应抓紧施工，若不能立即施工，应做好基面保护，复工前应再检验，必要时须重新清理。软基换填砂、土时，应先挖除软弱层，再按设计要求用中粗砂或砂砾，填后及时予以压实。在软塑态淤质软黏土地基上的堤身两侧坡脚外设置压载体处理时，压载体应与堤身同步、分级、分期加载，保持施工中的堤基与堤身受力平衡。

（2）堤身填筑

考虑到填筑土料含水量对堤身稳定性的影响，挖掘用以填筑堤身的土料时，当土料天然含水量接近施工控制下限值时，采用立面开挖；当土料天然含水量偏大时，采用平面开挖。当层状土料有需要剔除的不合格料层时，采用平面开挖；当层状土料允许掺混时，采用立面开挖。

按水平分层由低处开始逐层填筑，不得顺坡填筑；堤防横断面上的地面坡度陡于 1 : 5 时，应将地面坡度削至缓于 1 : 5。防渗体土料填筑应平行堤轴线顺次进行，分段作业时长度不小于 100m，人工作业时不小于 50m。土料宜用进占法卸料，用推土机或人工铺至规定部位，严禁将砂砾料或其他透水料与黏性土料混杂。铺料至堤边时，应在设计边线外侧各超填一定余量，如人工铺料为 10cm，机械铺料为 30cm。通过保持填土面平整，算方上料，及时检测厚度等措施控制铺土厚度。

(3) 碾压夯填

碾压机械行走方向应平行于堤轴线。分段分片碾压时，相邻作业面的碾压搭接宽度平行堤轴线方向不应小于0.5m，垂直堤轴线方向不应小于3cm。碾压机械进行碾压时，采用进退错距法作业。碾压搭接宽度大于10cm。铲运机兼作压实机械时，采用轮迹排压法，轮迹搭压轮宽的1/3。机械碾压不到的部位，用蛙式打夯机或木夯机夯实，夯实采用连接环套打法，夯迹双向套压，夯压夯1/3，行压行1/3，分段分片夯实时，夯迹搭接宽度应不小于1/3夯径。

铺土碾压、检验连续作业，松土不过夜。用平碾碾压后，在上层土铺料前，需进行刨毛或用推土机再碾压一遍，以利上下两层土料连接。通过控制土料含水量，控制铺土厚度，控制碾压遍数来达到设计干容重。对含水量偏小的土料，适当洒水翻拌，含水量过大的土料，在料场开好排水沟，现场进行翻晒后碾压，防止出现弹簧土。通过采用进占法卸料、减少载重车辆在坝面行驶距离等方法，防止填土产生剪力破坏。

为保证抗震性、稳定性，每层土料碾压后均需经测定干容重达到设计要求后才能进行上层铺土。干容重用环刀法测定，每层每100～150m^3应取环刀样一个，特别狭长的堤防加固按每20～30m^3取环刀样一个，一般应均匀分布，至少取3个，取样位置在层厚的下部1/3处。环刀取样试验不合格的部位必须再碾压或作局部处理，至复验合格后方能继续下一道工序。

(4) 土工膜防渗施工

铺膜前，应将膜下基面铲平，土工膜质量也应经检验合格；大幅土工膜拼接，宜采用胶接法黏合或热元件法焊接，胶接法搭接宽度为5～7cm，热元件法焊接叠合宽度为1.0～1.5cm；应自下游开始，依次向上游平展铺设，避免土工膜打皱；土工膜上的破孔应及时粘补，黏贴膜大小应超出破孔边缘10～20cm；土工膜铺完后应及时铺保护层。

(5) 堤身砌筑

应采用坐浆法分层砌筑，铺浆厚宜3～5cm，随铺浆随砌石，砌缝需用砂浆填充饱满，不得无浆直接贴靠，砌缝内砂浆应采用扁铁插捣密实；严禁先堆砌石块再用砂浆灌缝；上下层砌石应错缝砌筑；砌体外露面应平整美观，外露面上的砌缝应预留约4cm深的空隙，以备勾缝处理；水平缝宽应不大于2.5cm，竖缝宽应不大于4cm；砌筑因故停顿，砂浆已超过初凝时间，应待砂浆强度达到2.5MPa后才可继续施工；在继续砌筑前，应将原砌体表面的砂浆清除；砌筑时应避免振动下层砌体；勾缝前必须清缝，用水冲净并保持缝槽内湿润，砂浆应分次向缝内填塞密实；勾缝砂浆标号应高于砌体砂浆；应按实有砌缝勾平缝，严禁勾假缝、凸缝；砌筑完毕后应保持砌体表面湿润，做好养护。抹平后沿横坡方向拉毛或采用机具压槽，拉毛和压槽深度应为1～2mm（图5-12）。面板宜用草袋、草帘等进行湿水养护，洒水应均匀，使处于潮湿状态。

地下水位控制工程是指开挖降渍明沟或布设排水暗管的方式实现降渍、排水，科学控制地下水埋深与地下水升降幅度。在采煤塌陷地区多存在地表下沉、农田积水情况，利用暗管排水难度较大，本研究只谈降渍沟工程。降渍沟一般采取土质沟道，保持自然沟底和土质边坡，透水性强、排水降渍效果显著。如有必要可在沟底下铺设碎石、砾石垫层。其

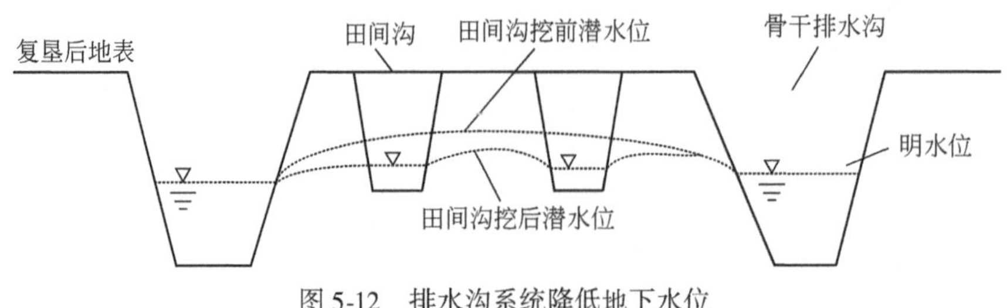

图 5-12 排水沟系统降低地下水位

施工流程为施工测量→沟渠挖槽→沟渠修平，施工工艺与生态型沟渠的部分施工项一致，此处不再赘述。

5.4.8 生态型田间道路工程

为落实人与自然和谐的理念，在对受损农田田间道路施工过程中，除了要完成修复土地时考虑恢复土地功能的任务外，要将生物多样性、生态保护的思想融入各项工程中，结合自然系统的本初构造，实施更趋自然态的精细化单项工程，即生态型田间道路工程，在科学利用土地的同时，提升区域的生态稳定性，保护生态环境，提高生物多样性。生态型田间道路工程在满足生产和运输要求的基础上，使用泥（泥沙、泥浆）、石（碎石、煤矸石）作为材料，改善道路廊道的透水性和聚热性；积水严重地区改为砂碎石路面，便于排水透水；在道路地层埋设生态涵管、为动物的迁移或栖息提供场所和通道。其施工流程为挖槽埋管→填土平地→铺料与初步碾压→灌浆碾压。

(1) 挖槽埋管

布管前，挖取布管沟槽。在人工取管和放置过程中，要轻起轻落。保持管道安装坡度均匀，尽量避免倒坡现象出现。一般地段采用推土机进行管沟回填，特殊地段配合单斗、人工完成。耕作区管沟先回填生土，后回填熟土，并按要求预留沉降余量。连头处每侧至少要留出 20cm 管不回填。

(2) 填土平地

生态型田间道路工程路基挖土必须按设计断面自上而下开挖，不应乱挖、超挖、掏洞取土。弃土应及时清运，不应乱堆乱放。开挖至路基顶面时应注意预留碾压沉降高度，其数值可通过试验确定。路基表面应整修平整，边坡应顺直。

路基填土整平时应注意路基的纵坡和横坡，在雨季施工时，横坡应该适当加大以利于路基排水。路基碾压遍数应结合填料含水量、铺土厚度和压实机械的型号，通过碾压试验确定。碾压时应先轻后重、先慢后快、先两侧后中间，相邻两次的轮迹应重叠 1/3 左右。碾压完成后，表面应坚实、无明显轮迹，无翻浆软弹现象。压实度应符合设计要求。道路边缘、涵管、桥墩周围以及沟槽回填土不能使用压路机碾压的部位，应采用机械夯实或用人力夯实。必须防止漏夯，并要求夯击面积重叠 1/4 ~ 1/3。旧路基加宽须先清除旧路边坡表面松土草皮，再顺旧路边坡做成台阶。高度宜为一层填土的压实厚度，其高宽比宜为 1∶1.5。台阶底面应稍向内倾斜。

(3) 铺料与初步碾压

在对预设路段进行土地平整时，将事先准备好的石料按松铺厚度一次铺足。松铺系数为 1.2 ~ 1.3，当有不同品种和尺寸碎石时，应在同一层内采用相同品种和尺寸的石料，不得杂乱填筑。

初碾的目的是使碎石颗粒初碾压紧，但仍有一定数量的空隙，以保证泥浆能灌进去。因此选用三轮压路机或振动压路机进行碾压为宜。碾压 2 ~ 4 遍（后轮压完路面全宽，即为 1 遍），至碎石无松动情况为度。

(4) 灌浆碾压

在初压稳定的碎石层上，灌注预先调好的泥浆。泥浆要浇得均匀，数量要足够灌满碎石间的空隙。泥浆表面应与碎石平齐，但碎石的棱角仍应露出泥浆，必要时，可用竹帚将泥浆扫匀。灌浆时务使泥浆灌到碎石层的底部，灌浆后 1 ~ 2h，泥浆下注，孔隙中空气溢出后，在未干的碎石面上撒上嵌缝料（1 ~ 1.5m^3/100m^2），以填塞碎石层表面的空隙，嵌缝料要撒得均匀。

灌浆后，待表面已干而内部泥浆尚处于半湿状态时，再用三轮压路机或振动压路机继续碾压，并随时将嵌缝料扫匀，直至碾压到无明显轮迹及碾压下材料完全稳定为止。在碾压过程中，碾压 1 ~ 2 遍后，铺撒薄层石屑并扫匀，再进行碾压，以便碎石缝隙内的泥浆与所撒石屑黏结成整体。拌和法施工与灌浆法施工不同之处是土不必制成泥浆，而是将土直接铺撒在摊铺平整的碎石上，用平地机、多铧犁或多齿耙均匀拌和，然后用三轮压路机或振动压路机进行碾压，碾压方法同灌浆法。在碾压过程中，需要及时洒水，碾压 4 ~ 6 遍后，铺撒嵌缝料，然后继续碾压，直至无明显轮迹及碾压下材料完全稳定为止。

5.4.9 农田防护林网工程

农田防护林网工程是为了发挥保护农田、改善环境的作用而建的。通过林带对气流、温度、水分、土壤等环境因子的影响，来改善农田小气候，减轻和防御各种农业自然灾害，创造有利于农作物生长发育的环境，促进农业生产稳产、高产。农田防护林网工程根据不同区域内的抵御风害要求和缓解土壤重金属污染要求而选取不同树形树种。其施工作业流程为树种筛选→整地挖穴→苗木移栽。

(1) 树种筛选

农田防护林网工程造林树种选择必须遵循适地适树的原则，以乡土树种为主，适当引进外来优良树种，且树种应符合下列规定：主根深而侧根幅较小、树冠较窄，不易风倒、风折；与农作物协调共生关系好，不能有相同的病虫害或是其中间寄主；兼顾防护、用材、经济、美化和观赏等方面的要求。

提倡营造混交林，纯林的比例不宜超过 70%（工程单一主栽树种株数或面积不宜超过 70%）。在靠近土体重构区域范围内，引入植物修复技术，选取具备重金属吸附能力的灌木、乔木品种，缓解区域范围内的土壤和水体重金属污染。

有显著主害风和盛行风地区，采取主林带为长边的长方形网格，并与主害风方向垂直，风偏角的变化不得超过45°。副林带方向一般与主林带垂直。根据风速、土壤条件、农作物抵御灾害的能力和林带有效防护距离来确定。一般主林带间距为防护林树种壮龄林木平均树高的15～20倍，副林带间距可适当加大。布置林带结构时，主要选择透风结构类型和疏透结构类型两种较适合农田防护林的林带结构类型，并通过考虑采煤塌陷区塌陷地复垦示范区面积，对农田防护林进行布置。

(2) 整地挖穴

带状整地宽度为50～60cm，深度为10～25cm。水湿地采用高垄整地，开沟筑垄，垄宽依行间距而定，垄高为20～40cm。块状整地的规格根据造林树种特性、苗木大小、杂草和灌木情况等确定。当边坡坡度大于25°、种植带宽度小于1.5m时，可不整地。

种植穴（槽）定点放线应符合设计要求，位置必须准确，标记明显。植穴的规格依据苗木规格而定，乔木树种不小于60cm×60cm×50cm，灌木或小乔木树种不小于40cm×40cm×30cm。

(3) 苗木移栽

剪短侧根，以防栽时窝根，影响生长，将伤根、断根及机械损伤严重的根系清除，以免发生腐烂而感染病害。常绿苗应当带有完整的根团土球，土球散落的苗木成活率会降低。土球的大小一般可按树木胸径的10倍左右确定。苗木上端如有弯曲，可在栽植时，将不垂直地面的苗木梢部转向北面，利用苗木的向光性逐步把苗木梢头调直。松土、除草提高土壤通气性，促进土壤微生物的繁殖和土壤有机物的分解，改善树根系的呼吸作用，保证成活率。树木种植后应在略大于种植穴直径的周围，筑成高100～150mm的灌水土围，并应筑实不漏水。坡地可采用鱼鳞坑式种植。

5.5 本章小结

本章围绕不同工矿区的特点，分析了每种工矿区所特有的土地损毁类型及损毁特点，细化了不同矿种受损土地修复和整理的技术方法体系及受损农田修复对象损毁特征；区别于传统整治技术，针对特定问题创新性地提出了生态型工程、损毁水系修复工程、表土保护与利用工程等受损农田整理工程，并梳理总结了各单体工程施工的主要内容及设备。

第6章 采煤塌陷区受损农田规划设计技术研究

6.1 采煤塌陷区规划设计内容与步骤

6.1.1 采煤塌陷区规划设计内容

1）确定采煤塌陷区受损农田整理规划设计的目标和任务。

2）评价采煤塌陷区农田受损的程度，进行水土资源平衡分析，确定采煤塌陷区受损农田整理的适宜性。

3）分析受损农田质量等级变化，调整土地利用结构的布局。

4）配置土地平整、土壤重构、农田水系修复、灌溉与排水和田间道路等受损农田整理与修复的生物措施和工程措施。

5）对土地平整、土壤重构、农田水系修复、灌溉与排水和田间道路等单项工程进行设计。

6）采煤塌陷区受损农田整理方案的实施计划和措施。

6.1.2 采煤塌陷区规划设计步骤

（1）基础调查

应用年度卫星遥感影像、土地调查及年度变更调查数据、农用地分等定级成果，并进行现场调查，查明采煤塌陷区土地利用现状、积水情况、土地权属状况、耕地质量等级和生态地球化学背景等。

开展采煤塌陷区自然资源条件、社会经济条件、基础设施等调查，全面查清采煤塌陷区自然资源条件、土地利用状况、农业种植结构、农田基础设施条件。

开展土地权属调查，查清采煤塌陷区内各类用地面积、分布与数量，明确区内土地所有权、土地使用权或农户承包经营土地的数量、位置和界线，为开展土地权属调整提供依据。

（2）可行性评价

在基础调查的基础上，进行采煤塌陷区农田受损程度评价，开展新增耕地来源分析。

根据农田受损程度，结合水土资源条件，分析采煤塌陷区受损农田质量等级提升水平，进行农田整理适宜性评价分析，合理确定受损农田整理对象和面积。

采煤塌陷区受损农田整理的可行性分析，从整理背景、整理条件、水土资源状况、新增耕地来源、环境影响、规划方案、投资及资金筹措等方面，进行技术、经济分析和社会、环境评价，分析其可行性、科学性和合理性。

（3）规划设计

通过优化设计，确定土地平整、土壤重构、农田水系修复、灌溉与排水和田间道路等工程规划方案与工程布局，明确各类工程建设内容与标准。

设计确定土地平整、土壤重构、农田水系修复、灌溉与排水和田间道路等各级工程的技术参数与结构尺寸，计算各类工程量，按照相关预算定额标准进行投资预算，编制规划设计和预算材料。

6.2 采煤塌陷区受损农田功能分区

采煤塌陷区土地利用状况调查评价已经在第4章进行了详细介绍。在分析了研究区耕地的适宜性后，进行受损农田功能分区，合理确定受损农田整理对象和面积。在掌握了研究区水-陆结构和布局后，还要综合考虑地方国民经济发展规划、土地利用总体规划、土地整治规划、城市总体规划等社会和经济条件，进一步进行土地整治分区，划定各个区域的主体方向。

本研究功能定位以农地整治为主，生态修复为辅，同时以改善农业生产生活条件为主题。该功能定位也符合贾汪区城市总体规划的要求。遵循“宜农则农、宜居则居、宜生态则生态”的原则，将研究区分为农业区和生态整治区两大主体功能区，如图6-1所示。

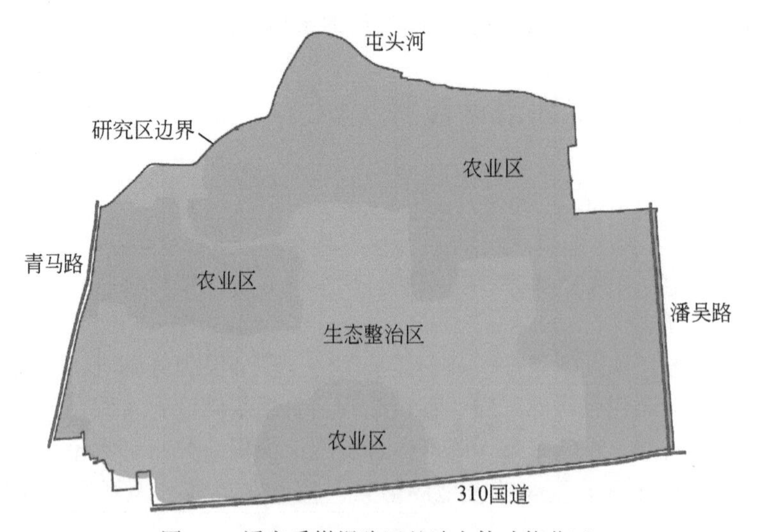

图6-1　潘安采煤塌陷区整治主体功能分区

对塌陷深度小于1.5m的区域，原则上划归农业区；对塌陷深度大于1.5m不适合充填的集中连片水面，原则上划归生态整治区，构建水域生态系统。

农业区大部分位于研究区北部，仅有小部分位于研究区中南部靠近310国道区域，现状为缺乏排灌条件的旱地、积水较浅的塌陷耕地，规划通过工程措施削高填低、修复整平，并配套农田灌排基础水利设施，复垦治理恢复耕种，发展优质高产农业。

生态整治区大部分位于研究区南部，现状为常年积水较深的塌陷区，大片水面与众多小块坑塘交错混杂，水位高低错落，利用率极低。规划进行水面整形，使其集中连片，达到既修复生态，又能深水养殖、浅水种植，种养结合、立体开发的效果。

生态整治区在湖泊水面上又镶嵌着浅水种植区和生态景观岛，因此又可以划分为深水生态湖区、浅水种植区和生态景观岛三个亚区。

深水生态湖区以立体养殖为主，采用网箱养殖法生产虾、鱼、蟹等经济水产品，其收益将高于复垦为农田的农作物经济收入。网箱养殖是在天然水域条件下，利用合成纤维网片或金属网片等材料装配成一定形状的箱体，设置在水体中进行水产养殖的方法。

浅水种植区以种植莲藕为主，穿插种植既具有观赏价值又具有净化功能的水生植物（如睡莲、鸢尾、香蒲、水竹等），不仅营造了亲水环境，而且实现了净化水体的功能。

生态景观岛分为西片、中片和东片。西片为湖滨休闲农庄，以垂钓为主；中片为生态观光果园，引进优质水果品种，以水果采摘体验为主；东片为湿地植物岛，以观赏植物为主。生态景观岛主要为人类提供理想的旅游、休闲度假场所，以促进研究区生态旅游业的发展。

通过综合整治，最终形成土地利用功能分区相对明晰的高优农业区、浅水种植区、深水生态湖区和生态景观岛，充分体现了“宜农则农、宜居则居、宜生态则生态”的原则和城市总体规划的意图。对现有农村居民点和独立工矿用地，将结合规划进行布局调整，发展都市农庄，优化整体用地结构。各土地功能区面积统计详见表 6-1。

表 6-1　2009 年潘安采煤塌陷区各土地功能区面积统计　（单位：hm^2）

功能区名称		面积
农业区		713.62
生态整治区	深水生态湖区	267.16
	浅水种植区	130.77
	生态景观岛	49.32
合计		1160.87

6.3　农业区圩田规划设计

6.3.1　农业区田块规划设计要求

1）田块方向：耕作田块方向的布置应保证耕作田块长边方向受光照时间最长，受光热量最大，宜选南北向。在农业区，可依据塌陷程度和方向进行调整。

2）田块长度：根据耕作机械工作效率、整理后田块平整度、灌溉均匀程度和排水通畅度等因素确定耕作田块长度，田块长度宜在500～800m，具体可依据实际塌陷和自然条件确定。

3）田块形状：要求外形规整，长边与短边交角以直角或接近直角为宜，形状选择依次为长方形、正方形、梯形、其他形状，长宽比以不小于4：1为宜。

4）田块规模：无积水变形地的田块长度宜在200～600m，宽度宜在100～300m，面积宜在2～18hm^2，具体可依自然条件确定，一般宜选取10hm^{2}左右。

5）内部规划：根据整理区塌陷情况，对于充填后田面状况较好的区域，设计为畦田或格田形式。畦田或格田设计必须保证排灌畅通，灌排调控方便。潜水位较高的塌陷区还应注意降低地下水位，洗盐排涝，改良土壤。对于塌陷坡地可根据地面坡度和土层厚度的不同修筑为不同类型的梯田。

6.3.2 研究区圩田布局规划

潘安采煤塌陷区农田整治面临的主要问题是田面下降导致的季节性积水或常年积水，为实现规划农业区的高优目标，本研究将江南广泛应用的圩田模式引入采煤塌陷区受损农田整治中，通过修筑圩堤实现分区治理，为挖深垫浅、充填技术和排水技术的应用提供一个良好的平台。

根据采煤塌陷形成的湖泊水面现状水位特征，结合耕地适宜性评价的结果，并综合考虑研究区周边的地形地貌特点和当地有关部门专家意见，确定规划生态湖灌溉设计水位为26.0m，生态湖排涝设计水位为29.0m，防洪设计水位为30.0m。

规划农业区地势相对低洼，田面高程为27.0～29.0m，生态湖防洪设计水位为30.0m，为保证生态湖水位高峰期不回灌农业区，本研究通过新建土质圩堤将高优农业区分成7个小型圩区（圩区1～圩区7），分区结果如图6-2所示。

为满足现代农业的发展需要，提高机械化、规模化和产业化水平，圩区内的小块坑塘均做填埋处理，农村居民点和工矿废弃地也将复垦为耕地。

6.3.3 研究区典型田块设计

根据研究区的地形特点及排涝和机械化耕作的要求，设计条田的长度为300～600m，宽度为100～150m。稻田一般要求田间保持有一定深度的水层，所以在条田内修筑田埂，将条田划分为若干格田。格田的长度为条田的宽度，即100～150m，格田的宽度为20m。田埂的高度设为0.3m，考虑埂顶兼作田间行走道路，埂顶的宽度设为0.3m。在圩区5靠近一支渠的部分选取典型田块，如图6-3所示。

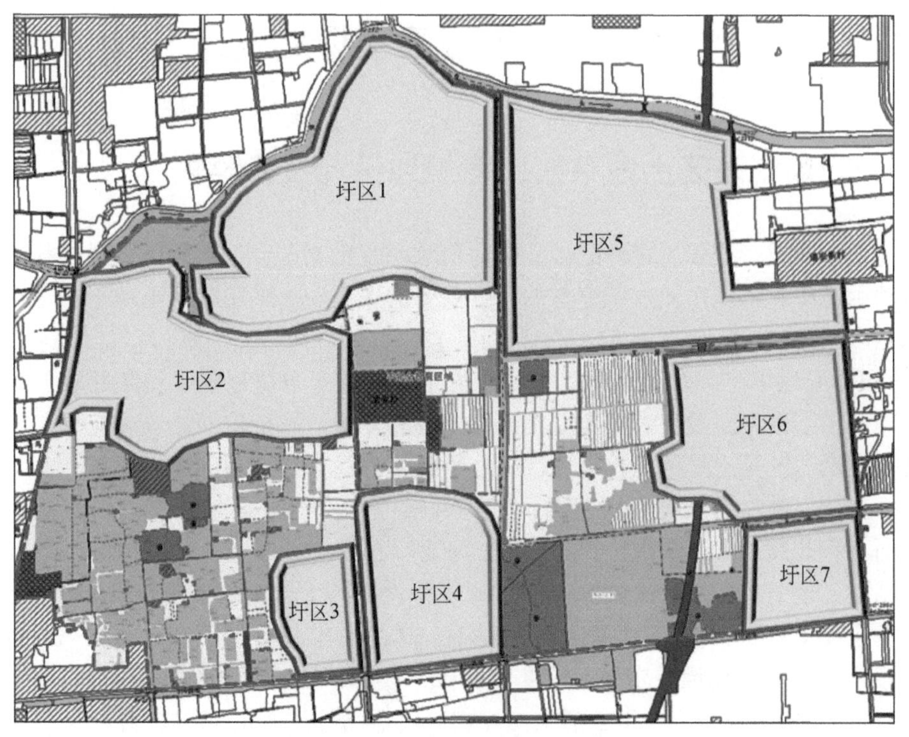

图 6-2　潘安采煤塌陷区圩田分区

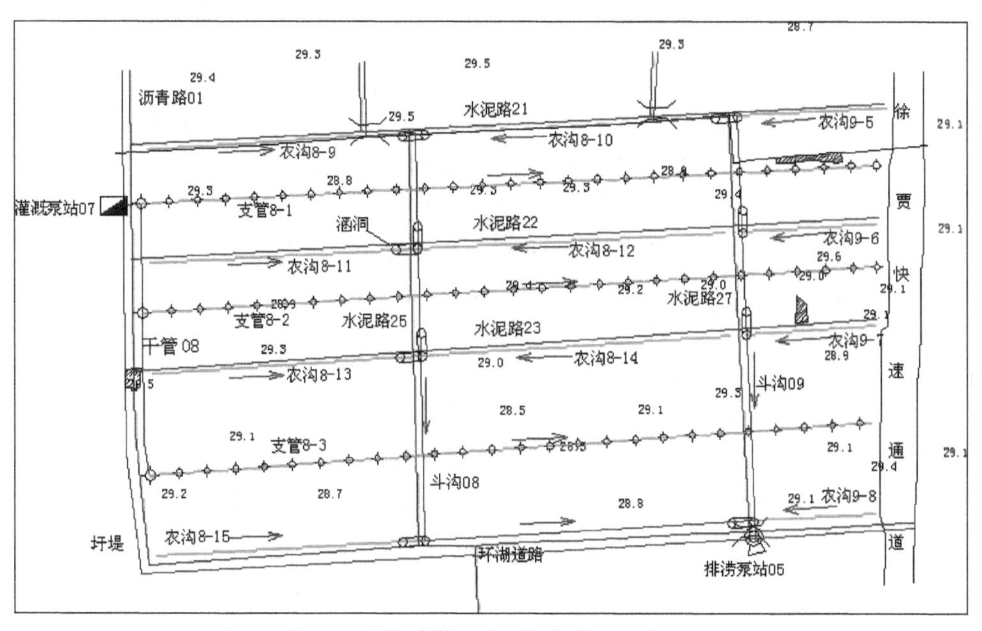

图 6-3　潘安采煤塌陷区圩田典型田块规划

单位：m

6.4 土地平整工程规划设计

6.4.1 采煤塌陷区土地平整工程规划设计技术要求

土地平整对改善地貌、合理灌排、节约用水、改良土壤、保水保肥、科学耕种，以及提高劳动生产率和机械作业效率等方面有着重要的作用。采煤塌陷区土地平整工程规划设计应满足以下要求。

1）根据采煤塌陷区农田整理适宜性评价结果，结合采煤塌陷区塌陷深度、积水情况等，合理确定不同塌陷程度农田表土剥离的范围与厚度，确定挖深垫浅和充填工程的范围与深度。借助 GIS 等土地信息技术进行土地平整量计算，并合理确定田面设计高程。地形起伏小、土层厚的旱涝保收农田田面设计高程需根据土方挖填量确定。以防涝为主的农田，田面高程应高于常年涝水位 0.2m 以上。地形起伏大、土层薄的坡地的田面高程设计应因地制宜。地下水位较高区域的农田，田面高程应高于常年地下水位 0.8m 以上。农田田面坡度应在 1∶500 以内。地面灌溉条件下，畦灌要求地面坡度在 0.001～0.004 为宜，最大不宜超过 0.01。沟灌要求地面坡度在 0.003～0.008 为宜，最大不宜超过 0.02。

2）确定不同整理区位农田土壤重构方式，包括筛选适宜的充填材料以及不同材料的充填厚度和组合方式、表土覆盖厚度等。根据原土壤表土层厚度和土方需要量等确定表土剥离厚度以及工艺，合理安排表土存放场地，应尽量避免水蚀、风蚀和各种人为损毁，堆存期不应超过 12 个月。充分利用预先剥离的表土覆盖形成种植层。未预先剥离表土的，在经济运距之内有适宜土源时，可借土覆盖。根据规划土地的复垦地形，先将最高处和最低处的 20～25cm 耕层土壤进行剥离，并逐渐由两边向中间靠拢。剥离的熟土堆放于规定场地，待相关工程完成后再覆盖剥离熟土。采煤塌陷区地表变形较大，高差一般达到几米，有的甚至达到 10m 以上，积水较多、较深，应根据不同情况在土地平整前进行排水→表土剥离→平整后进行覆表土→深翻等工序。表土剥离层厚度不宜小于 30cm。表土覆盖后有效土层厚度不得低于 30cm；对用煤矸石或粉煤灰充填的地块而言，其表土覆盖厚度不得低于 80cm，有效土层不得低于 50cm；当平整完成后进行土壤翻耕，可采用旋耕犁等多种机械，深度一般为 15～30cm。

3）对于宽度较小的裂缝（一般小于 10cm），可以采用人工治理的方法，就地填补裂缝，然后采用平整措施，填土夯实即可。对于宽度较大的裂缝（一般大于 10cm）以及裂缝透穿土层的土地，需按反滤层工作原理，利用砂砾、土工布等新型土工织物材料作为滤料去填堵裂缝、孔洞。选择的滤料要质地坚硬、不风化、不水解。首先用粗砾石填堵孔隙，其次用次粗砾，最后用砂、细砂、土填堵。利用土壤和容易得到的矿区固体废弃物，如煤矸石、坑口和电厂的粉煤灰，露天矿排放的剥离物、尾矿渣、垃圾，沙泥，湖泥，水库库泥和江河污泥等来充填采煤塌陷地，恢复到设计地面高程，进而整理成农田。按照设计标高挖方和充填物料，使用机械依照边缘充填法、条带充填法进行分层压实，交错回填。分层压实前大件物料（如腔体建筑垃圾、大块煤矸石等）应进行破碎。针对部分特殊充填物应设置隔离层，如粉煤灰充填层与覆土层间需要设置黏土层，煤矸石充填层与覆土层间需要设置隔离层（如用粉煤灰）。隔离层厚度视实际情况而定，一般可按照物料充填厚度的 1/6 进行设计。生活垃圾填埋须进行防渗处理，避免造成对地下水和地表水的污染。充填物料后应保证上覆土层厚度超过 50cm。

4）对积水较深的塌陷区，可设计挖深垫浅法复垦技术，首先设定挖深区、垫浅区范围，将积水塌陷区下沉较大的区域再挖深，形成水塘，用于养鱼、栽藕或蓄水灌溉，再用挖出的泥土垫高开采下沉较小的区域。待垫土达到设计标高，经适当平整后作为耕地，平整设计要求同土地平整工程，从而达到受损农田修复和渔业池塘新增并举的目的，一般适用于局部或季节性积水塌陷区，且塌陷较深，有积水的高、中潜水位地区。在工程设计时注意挖深区挖出的土方量应大于或等于垫浅区充填所需的土方量。

5）对于表土质量较差的，应增施有机肥或选择生物化学改良措施快速培肥，提升整理农田的生产力水平。耕作层厚度一般不低于 20cm；煤矸石、粉煤灰填充后，客土覆盖形成的耕作层厚度应大于 50cm。客土与填充物应符合粮食生产要求的安全卫生标准。每亩每年可施用经腐熟的人粪尿、畜禽粪便、农作物秸秆等农家肥或经无害化处理后的生活垃圾等有机肥料 2000 ~ 3000kg，培肥改良土壤。在采煤塌陷区受损农田整理工程完成后，若土壤质量较低，可种植 1 ~ 2 年绿肥或豆科养地作物，每亩施用过磷酸钙 50 ~ 100kg 和尿素 10 ~ 15kg，以促进其根瘤形成和植株生长，增加生物产量。绿肥或豆科养地作物的根茎叶应全部耕翻掩埋，使其与 0 ~ 25cm 土层混匀，提高耕层土壤有机质和养分含量，恢复土壤肥力。

6.4.2 研究区土地平整工程规划设计

本研究基于挖深垫浅法，将土地平整工程分为农业区平整、生态整治区平整、废弃坑塘填平、坑塘整修四个部分。

6.4.2.1 农业区平整

根据研究区地形特征及灌溉排水的要求，对局部高差较大的约 115.65hm^2 土地进行平整，先进行表土剥离，再进行底土平整，最后将剥离的表土回填。农业区平整单元面积见表 6-2。

表 6-2 农业区平整单元面积汇总

编号	平整面积/m^2	规划高程/m	现状高程/m
平整单元 1	303 200.3	29.1	27.7 ~ 30.1
平整单元 2	543 834.5	28.5	27.3 ~ 29.3
平整单元 3	309 439.6	29.3	27.9 ~ 29.8
总计	1 156 474.4		

6.4.2.2 生态整治区平整

生态整治区内大片水面与众多小块坑塘交错混杂，水位高低错落，利用率极低。进行水面整形规划，使其集中连片，达到既修复生态，又能深水养殖、浅水种植，种养结合、立体开发的效果。生态整治区平整单元面积见表6-3。

表6-3　生态整治区平整单元面积汇总

编号	平整面积/m²	规划高程/m	现状高程/m	备注
平整单元4	57 591.0	30.0	27.0～27.7	生态景观岛
平整单元5	83 074.9	30.0	27.9～28.5	生态景观岛
平整单元6	252 681.8	30.0	22.7～29.1	生态景观岛
平整单元7	505 439.1	28.0	22.3～30.7	浅水种植区
平整单元8	425 262.3	28.0	22.6～29.7	浅水种植区
平整单元9	54 406.5	23.5	27.9～28.9	深水生态湖区
平整单元10	522 493.6	26.0	18.3～30.2	深水生态湖区
平整单元11	835 314.1	25.0	19.9～29.9	深水生态湖区
平整单元12	310 704.3	25.0	21.6～29.3	深水生态湖区
合计	3 046 967.6			

6.4.2.3 废弃坑塘填平

将高优农业区内约26.49hm²的废弃坑塘填平，土方来自生态湖整治平整、河道清淤及青山泉镇外运土，坑塘填平规划高程为29.0m。填平废弃坑塘情况统计见表6-4。

表6-4　填平废弃坑塘情况统计

编号	面积/m²	平均填深/m
T01	3 253.77	3.4
T02	1 511.69	3.0
T03	3 357.77	4.0
T04	5 804.34	4.2
T05	822.23	3.0
T06	7 658.20	4.8
T07	1 051.29	3.7
T08	9 472.01	3.5
T09	4 354.07	5.9
T10	4 837.15	5.9
T11	1 256.57	3.0

续表

编号	面积/m^2	平均填深/m
T12	761.66	2.5
T13	887.19	5.1
T14	11 953.88	3.4
T15	518.73	2.0
T16	8 293.87	5.2
T17	6 865.04	5.7
T18	9 535.62	3.9
T19	8 666.91	3.4
T20	19 584.56	2.9
T21	49 188.77	2.4
T22	13 129.61	4.8
T23	4 933.99	2.9
T24	6 946.50	4.6
T25	11 251.75	4.0
T26	10 861.18	4.1
T27	30 542.84	0.7
T28	2 125.90	0.9
T29	14 123.28	2.5
T30	9 354.29	4.1
T31	1 979.68	3.4
合计	264 884.34	

6.4.2.4 坑塘整修

待整修的坑塘位于研究区圩区 1 的水泥路 3 南部。因唐庄村规划对研究区西南部一工矿用地和水域进行都市农庄开发，为很好地与其衔接，在规划中对编号为整塘 01 的坑塘进行整修。坑塘整修情况统计见表 6-5。

表 6-5 坑塘整修情况统计

项目编号	坑塘原面积/hm^2	坑塘整修后面积/hm^2	坑塘深度/m
整塘 01	5.06	6.89	4.5

6.5 农田水利工程规划设计

6.5.1 采煤塌陷区农田水利工程规划设计基本要求

6.5.1.1 水系修复工程

(1) 地表水修复

根据塌陷区周边水系分布及地表水损毁情况，通过合理规划排水系统对地表水系进行疏通，依靠修建圩堤、水闸、灌溉泵站和排涝泵站实现地表水系的自排或强排。灌排泵站设计应对扬程、流量、泵的数量进行计算，泵址应根据地形、地质、水流、动力源等条件确定。泵站应进行泵房、泵房机电设备、进水管系、出水管系及配套设施的设计计算。应根据圩堤规划、地形、地质条件，并结合现有及拟建的建（构）筑物的位置、施工条件、已有工程状况等因素，经过技术经济比较后，综合分析确定。堤线布置应平顺，适应河水流向，避免急弯和局部突出；应少占耕地；堤线选择原则是地势较高、土质较好和节约工程量。土堤横断面一般为梯形或复式梯形。根据堤防设计标准确定设计流量，推算水面线，求出沿程各断面的设计水位，定出各处的堤顶高程。初步拟定断面尺寸，并进行边坡、抗震稳定性的校核计算。考虑物料堆放和交通运输等要求：堤高6m以下，堤顶宽度应为3m；堤高6~10m，堤顶宽度应为4m；堤高10m以上，堤顶宽度应为5m以上。

(2) 地下水修复

对于塌陷后潜水位较高的地区，采取开挖排水明沟或布设排水暗管的方式实现降渍、排水。通过合理布局沟深、沟距以及暗管间距和埋深，科学控制地下水埋深与地下水升降幅度和速度。设计排渍深度、耐渍深度、耐渍时间和水稻田适宜日渗漏量，应根据当地或邻近地区农作物试验或种植经验调查资料分析确定。无试验资料或调查资料时，旱田设计排渍深度可取0.8~1.3m，水稻田设计排渍深度可取0.4~0.6m；旱作物耐渍深度可取0.3~0.6m，耐渍时间3~4天。有渍害的旱作区，农作物生长期地下水位应以设计排渍深度作为控制标准，在暴雨形成的地面水排除后，应在旱作物耐渍时间内将地下水位降至耐渍深度。水稻区应能在晒田期内（3~5天）将地下水位降至设计排渍深度。适于使用农业机械作业的设计排渍深度，应根据各地区农业机械耕作的具体要求确定。设计排渍模数应采用当地或邻近地区的实测资料确定。

(3) 土壤水修复

利用土壤、粉煤灰、煤矸石和建筑垃圾混合充填材料或设置隔离层，改善充填介质材料，增加土壤的有效保水性，提高土壤的通气性和透水性，营造作物的自然生长环境，实现土壤水修复。

6.5.1.2 灌溉工程

对沟渠的灌排面积、渠线、工程量、输水损失、设施安全等进行综合考虑和规划布置，应考虑上下级沟渠的协调配套。合理布置田间沟渠系，可依条件采用灌排相邻、灌排相间、灌排兼用等布置。合理确定斗渠、农渠用地面积及其控制范围。对管道的控制面积、管线、工程量、输水损失、设施安全等进行综合考虑和规划布置，同时考虑上下级管道的协调配套。合理布置田间沟渠系，可依条件结合畦灌、沟灌等灌水方法进行田间灌溉。合理确定干管、支管、给水栓控制范围。

设计灌溉工程时应首先确定灌溉设计保证率。南方小型水稻灌区的灌溉工程也可按抗旱天数进行设计。灌溉设计保证率可根据水文气象、水土资源、作物组成等因素确定。输配水管网系统通常分为干、支、斗、农渠四级。各级管道上可根据需要修建渠系建筑物，包括分水闸、节制闸、渡槽、跌水、陡坡、倒虹吸、桥梁、涵洞、涵管和量水建筑物等。灌溉管网系统设计包括横断面设计和纵断面设计。

灌溉管网系统可根据地形、水源和用户用水情况，采用环状管网或树枝状管网。配水口的位置、给水栓的型式和规格尺寸，必须与相应的灌溉方法和移动管道连接方式一致。各级管道进口必须设置节制阀，分水口较多的输配水管道，每隔 3 ~ 5 个分水口应设置一个节制阀；管道最低处应设置排水阀。管道的驼峰处或长度大于 3km 但无明显驼峰的管道中段安装排气阀。水泵出口处（逆止阀下游或闸阀上游）安装水锤防护装置。在适当位置设置压力、流量计量装置。灌溉管网系统进口设计流量应根据全系统同时工作的各配水口所需要设计流量之和确定，设计压力应经技术经济比较后确定。管道设计流速应控制在经济流速 0.9 ~ 1.5m/s，超出此范围时应经技术经济比较后确定。管道的纵横断面应通过水力计算确定，并应验算输水管道产生水锤的可能性及水锤压力值。管道转角不应小于 90°。所选管材的工作压力应大于或等于灌溉管网系统分区或分段的设计工作压力。固定管道宜优先选用硬塑料管、钢丝网水泥管或钢筋混凝土管，选用钢管、铸铁管时，应进行防腐蚀处理。所选管材外形、规格、尺寸、公差配合和技术性能指标必须符合国家现行标准的规定。

6.5.1.3 农田排水工程

排涝标准的设计暴雨重现期应根据排水区的自然条件、涝灾的严重程度及影响大小等因素，经技术经济比较后确定，一般可使用 5 ~ 10 年，或参照经国家或相关权威部门批准的地区性文件。经济条件较好或有特殊要求的地区，可适当提高标准。

设计暴雨历时和排除时间应根据排涝面积、地面坡度、植被条件、暴雨特性和暴雨量、河网和湖泊的调蓄情况，以及农作物耐淹水深和耐淹历时等条件，经技术经济比较后确定。农作物的耐淹水深和耐淹历时，应根据当地或邻近地区的有关试验或调查资料分析确定。设计排涝模数应根据当地或邻近地区的实测资料分析确定。无实测资料时，可根据排水区的自然经济条件和生产发展水平等，选用经过技术经济比较后的方法计算。

排水方法有明沟排水、暗沟排水、竖井排水以及生物排水法。按照排水在地面水位与承泄区水位之间垂直距离，也可分为自流排水和机电抽排水。

排水系统由田间排水集水沟、各级输排水沟道、承泄区以及附属其上的控制建筑物（水闸）、交叉建筑物（涵洞、渡槽、倒虹吸、桥梁等）、连接建筑物（跌水、陡坡）

组成。

6.5.2 研究区农田水利工程规划设计

研究灌溉工程规划按照圩区划分结果分区布设，圩区边缘设置灌溉泵站，圩区内布设低压灌溉管道。

圩区 1 内新建灌溉泵站 01 从东引粮河提水，紧挨东引粮河新建南北向干管 01、干管 02 输水至东西向支管进行灌溉。

圩区 2 内新建灌溉泵站 02、灌溉泵站 03 从圩区 2 北部的生态湖通道提水，在地势较高处新建南北向干管 03、干管 04 输水至东西向支管进行灌溉。

圩区 3 内新建灌溉泵站 04 从西引粮河提水，沿西引粮河新建干管 05 输水至东西向支管进行灌溉。

圩区 4 内在水泥路 17 的北端新建灌溉泵站 05 从生态湖中提水，沿着水泥路 17 新建干管 06 输水至支管 6-1、支管 6-4 进行灌溉。

圩区 5 灌溉面积为 2042. 22 亩，且考虑到徐贾快速通道穿过该区，故在沥青路 01 边新建灌溉泵站 06、灌溉泵站 07，水泥路 29 的南端新建灌溉泵站 10 进行灌溉。灌溉泵站 06、灌溉泵站 07 从东引粮河提水，沿着沥青路 01 新建干管 07、干管 08 输水至东西向支管；灌溉泵站 10 从一支渠提水至支管 9 和支管 9-0 进行灌溉。

圩区 6 内在沥青路 02 北部新建灌溉泵站 08 从一支渠提水至南北向干管 09，进而输水至东西向支管进行灌溉。

圩区 7 内西侧新建灌溉泵站 09 从生态湖提水，沿着沥青路 02 新建干管 10 输水至东西向支管进行灌溉。

此外，在干管首部、干管和支管连接处设置控制阀，支管每隔 40m 设置 1 个放水阀。

6.5.3 研究区排水工程规划设计

考虑到研究区采煤塌陷，总体地势低洼，区内涝灾严重，本次规划通过新建排涝泵站，斗、农两级排水沟解决研究区的排涝问题，最终将涝水强排至屯头河。研究区排水系统规划如图 6-4 所示。

圩区 1 在地势较低处新建近似东西向的农沟排水至新建斗沟 01，再通过新建排涝泵站 01 排至屯头河。

圩区 2 地势高低起伏，在青马路东侧、水泥路 11 西侧、水泥路 12 东侧新建斗沟 02、斗沟 03、斗沟 04；该区新建农沟为东西向，涝水经新建农沟分别排至 3 条斗沟，再由斗沟 02 通过该区北部新建的排涝泵站 09 排至屯头河，斗沟 03、斗沟 04 通过该区南部新建的排涝泵站 02 排至生态湖。斗沟 02 控制水泥路 10 以西的地块；斗沟 03 控制水泥路 10、水泥路 11 之间的地块；斗沟 04 控制水泥路 11、西引粮河之间的地块。此外，青马路以西马庄村的涝水将排入斗沟 02，排涝控制面积为 1500 亩，由于青马路两侧为同一个排涝体

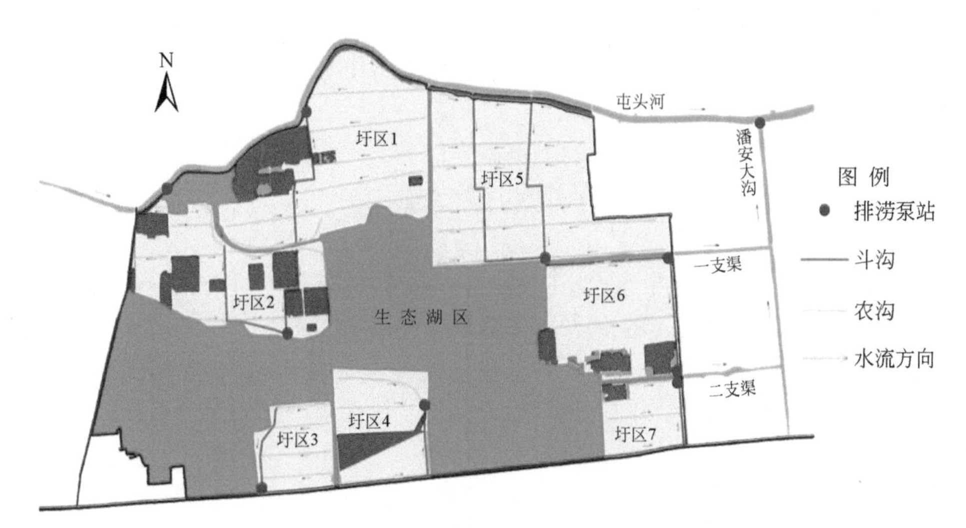

图 6-4　潘安采煤塌陷区整治排水系统规划

系，本次规划排涝泵站 09 时需考虑区外 1500 亩耕地排涝。

圩区 3 的涝水通过新建东西向农沟，由东向西排至西侧新建的斗沟 06，再由水泥路 15 西端新建的排涝泵站 03 排至生态湖。

圩区 4 涝水通过新建近似东西向 3 条农沟排至斗沟 07，再由该区东侧新建的排涝泵站 04 排至生态湖。

圩区 5 在徐贾快速通道以西部分，涝水通过新建近似东西向农沟排至新建斗沟 08、斗沟 09，再由该区南部新建的排涝泵站 05 排至一支渠。在徐贾快速通道以东部分，涝水通过农沟 10-0 排至新建排涝泵站 06 排至一支渠。

圩区 6 涝水通过新建近似东西向农沟排水至该区东侧新建的斗沟 10，再由该区东南角新建的排涝泵站 07 排至二支渠。

圩区 7 涝水通过新建近似东西向农沟排水至该区东侧新建的斗沟 11，再由该区东北角新建的排涝泵站 08 排至二支渠。

由于一支渠、二支渠、生态湖的设计水位为 29. 0m，屯头河在潘安大沟北端处最高水位为 32. 26m，涝水需通过排涝泵站进行强排。研究区除排涝泵站 01、排涝泵站 09 直接排至屯头河外，其余排涝泵站的涝水最终均需经潘安大沟排至屯头河，潘安大沟处和屯头河交汇处新建排涝泵站 10。

一支渠、二支渠、潘安大沟淤积严重，而三条河道是研究区排涝的主要通道，故本次规划对其进行清淤疏浚。

由于研究区地势低洼，在新建圩堤进行封闭的同时，需在研究区边界处设置水闸，防止区外来水进入区内。

6.6 道路工程规划设计

6.6.1 采煤塌陷区道路工程规划设计要求

依据塌陷程度和阶段，科学布设田间道路，避免道路破坏的可能性；合理确定田间道路密度，满足农业机械化和生产生活便利的需要。

田间道、生产路要服从田块规划，一般应与渠道、排水沟、防护林结合布局，并与整理区外已有道路相连接；一级田间道、二级田间道宜沿斗渠一侧布置，其高度应按斗渠的渠顶高度而定；生产路应根据田块布置情况，沿农渠一侧布置，其高度应按农渠的渠顶高度而定。

一级田间道路基宽一般为5.8～7.6m；二级田间道路基宽一般为4.7～6.4m；生产路路基宽一般为2.6～4.0m。路基的厚度视路基材料而定，一般为20～30cm。采煤塌陷区道路修建多采用煤矸石为路基材料。在塌陷地未稳沉地区，路基与路床之间可以考虑添加一层0.3m稳沉砂。

采煤塌陷地田间道路面常见有砂石路面、沥青路面、混凝土路面、泥结碎石路面、煤矸石路面等，一般根据研究区是否稳沉和就地取材的原则选用。对于未稳沉的塌陷区，田间道路面不宜采用硬化路面。生产路路面采用素土夯实路面。一级田间道路面宽度一般为5～6m；二级田间道路面宽度一般为4～5m；生产路路面宽度一般为2～3m。根据研究区经济发展水平和大型机械化程度，合理确定路面宽度，提高田间道路能够直接通达田块的比率。

道路最大纵坡宜取6%～8%；最小纵坡以满足雨雪水排除要求为准，宜取0.3%～0.4%，多雨地区宜取0.4%～0.5%。

6.6.2 研究区道路工程规划设计

研究区新建道路分为6m宽沥青路、4m宽水泥路两种。规划的原则是方便农业生产，对外交通方便，有利于生产资料的运入和农产品的输出，保证农业生产机械化；方便高优农业区机械通行；方便农业区与生态整治区的交通联系。此外，在生态景观岛、浅水种植区采用游船进行联系。

新建沥青路均为6m宽沥青路；新建水泥路路面宽4m。此外，潘吴路路面宽10m，混凝土路面，路面状态差，需在规划中予以整修，整修后潘吴路为沥青路，路面宽10m。

研究区以原有的310国道、青马路、整修的潘吴路作为对外连接道路。在区内新建4条南北向道路（其中1条为沥青路，其他3条为水泥路）与310国道相连，在靠近潘吴路的圩区5、圩区6、圩区7新建东西向道路（均为水泥路）与潘吴路连接，在靠近青马路的圩区2新建东西向道路（均为水泥路）与青马路连接。在农业区内部为满足田间耕作和农作物运输便利，根据灌溉排水系统的布局相应新建水泥路。在生态整治区新建环湖道路（水泥路），使生态整治区的道路系统成网并与农业区相连。

本次规划整修 10m 宽沥青路总长 1764m，新建 6m 宽沥青路总长 2728m，新建 4m 宽水泥路总长 41 667m。根据道路的路基宽度和道路长度可计算出研究区整治后农村道路占地面积为 24. 42hm^2。

6.7 农田防护林网工程规划设计

6.7.1 采煤塌陷区农田林网工程规划设计要求

本着因地制宜的原则，农田防护林带走向应与主风向垂直，林带沿规划的道路、沟渠布置；水面风景林沿护堤周围布置。

平原区田间道两侧植树，每侧植树 1 ~ 2 行，生产路一侧宜植树。山地丘陵区田间路两侧植树，每一侧植树 1 ~ 2 行，生产路两侧不宜植树。护堤植树 1 ~ 3 行，一般采用行距 2 ~ 4m，株距 1 ~ 2m。

护路、护沟林树种一般为速生杨等水保经济树种，水面护堤林则注重其美化作用，可以是柳树等。

根据地形、气候条件、风害程度及其特点，因地制宜地确定林带结构、种类、高度、宽度及横断面形状。林带走向一般应与主害风向垂直，偏角不得超过 30°。在一般灌溉地区，林带应尽量与渠向一致。

主副林带间距根据土壤条件、防护林类型、害风频率、害风最大风速和平均风速、林带结构和疏透度、林带高度和有效防护距离，同时考虑灌溉条件、地物、地形、田块形状、原有渠系和道路分布等因素确定。一般情况下，主林带间距宜为 200 ~ 250m，副林带间距宜为 400 ~ 500m，网格面积宜为 8 ~ 12. 5hm^2。

6.7.2 研究区农田防护林网工程规划设计

农田防护林网工程的规划要结合研究区的实际情况，优化农田生态景观，配置生态廊道，维护农田生态系统安全。一般要遵循几个原则：首先，林带的主方向要垂直于主风害方向，或者与垂直于主风害方向之间的夹角不超过 30°；其次，要合理配置林网用地，恰当安排林网和路、沟、渠及田块的周围用地；最后，种植的防护林不能与大田作物争夺阳光资源，而且要注意林带根系的协地作用对作物生长的影响。

农田防护林的树种选择一般遵循因地制宜的原则，应根据当地自然条件选择适合当地生长的物种，针对树种对生长环境的不同要求，选择合适的树种非常重要。根据矿区的实际情况，应选择耐贫瘠、耐旱耐涝、根系固土护坡能力强、存活率较高的树种，见表 6-6。另外，考虑生态效益，农田防护林的防风效能应尽量提高。有研究表明，林带对于风的削弱作用主要取决于林带疏通度，当疏通度为 0.52 时，林带对风速的降低达到最大（康立新等，1992）。因此，按照疏通度为 0.52 的要求，可以选择乔灌草三层的林带模式，使林带从上到下拥有较为均一的孔隙，使风部分通过林网而不改变其主要方向，以达到较好的防风效果。

表 6-6　适合矿区生长的树种

类型	树种
乔木	油松、樟子松、刺槐、柳树、侧柏、杜松、山楂、樱桃、云杉、山荆子等
灌木	沙棘、柠条、丁香、女贞、紫花洋槐、欧李、锦鸡儿、沙地柏、小叶鼠李等
豆科植物	紫花苜蓿、沙打旺、黄芪、羊柴、草木犀等
乔木科草种	披碱草、羊草、冰草、碱茅、狗尾草等

土地整理工程是一项涉及面广、政策性强、综合性、地区差别大的工程。一般土地整理工程在适用性上体现出来的特点是范围广、基础性强，多为常用必备的基础性工程，但应对区域共性的特殊问题时一般土地整理大型工程难以发挥显著作用。例如，采煤塌陷受损农田整理工程需要应对特殊的、差别化的土地问题，仅仅依赖传统意义上的土地整理工程难以“对症下药”“药到病除”。因而需要进行区域问题导向性的土地整理研究，创新引入精细化的规划设计，与传统土地整理工程进行融合处理，实现横向内涵拓展。同时加强对传统土地整理工程细化研究，结合相关行业的标准、规范、经验，创新和充实土地整理工程库，实现纵向内涵挖潜。根据采煤塌陷受损农田特征，基于对传统土地整理工程的横向、纵向精化处理和细化延伸，不断提高土地整治工程的精细化程度和可操作性。

6.8　本章小结

本章在第 4 章的基础上，确定了受损农田整理对象和面积，遵循“宜农则农、宜居则居、宜生态则生态”原则，将项目区分为农业区和生态整治区两大主体功，综合考虑地方土地利用总体规划、土地整治规划等社会和经济条件，确定各个整治区域的主体方向，并根据各个分区的实地情况提出受损农田整理方案的实施计划和措施。

第7章 受损农田水利设施整治与修复技术研究

7.1 受损农田水系情况

高潜水位采煤塌陷区地下水位较低，采煤引起地表塌陷，破坏区域内农田水分中的地表水、土壤水和地下水循环，造成水系紊乱，灌排不畅，客水倒灌，耕地有水难用，区内丰富的水资源得不到充分合理的利用，严峻的防洪除涝形势还威胁了人民群众的生命财产安全。因此，针对工矿区农田水利设施损毁严重、地面积水严重、排水不畅、水系混乱等问题，本研究对农田水循环进行调控，理顺区内水系，盘活水系，同时进行工矿区受损农田水利设施整治与修复，优化农田灌排系统和地上构筑物，提高水资源的地表利用率。选择徐州市贾汪区大吴镇潘安村作为研究对象，主要是基于以下几个原因考虑：首先，潘安村在开采塌陷前，地形平坦，水系贯通，开采塌陷后地表下沉，地下水位抬升，渠系损毁，积水严重，前后的对比明显；其次，区域内水系复杂，塌陷形成的洼地长期积水内涝，积水区内的部分耕地完全无法耕种，还有一部分受季节性雨水的影响无法正常耕种，这就需要针对不同类型设计不同复垦方向的方案，其土地复垦工程中的水系修复具有代表性；最后，潘安村地理位置优越，区位因素明显、湿地公园、蔬菜种植及特色农业等可以为其他矿区复垦规划设计者提供方向，具有一定的研究意义。

7.1.1 研究区周边水系

贾汪区属于中运河水系，区内主要河流为京杭大运河。研究区周边河流主要包括屯头河和不老河。研究区北部与屯头河相邻，区内多余的水分都排入屯头河，然后自西向东流入不老河，最终汇入京杭大运河。

7.1.2 研究区水系

研究区水系主要由屯头河、西引粮河、东引粮河、一支渠、二支渠和潘安大沟构成。北部的屯头河对整个研究区的水系影响巨大，屯头河全长为9.8km，河底宽为25～44m，流域面积为259.5km^2，设计流量为169m^3/s，最高水位为32.26m（潘安大沟处），正常水位为28.5m。研究区中部的南北向的西引粮河（底宽8m、上口宽16m、深2.5m）和东引粮河（底宽4m、上口宽16m、深4m）是灌排一体的河道，采煤塌陷对其造成的影响不大，目前还能顺畅地进行排水。研究区东部的一支渠、二支渠和区外的潘安大沟是主要的排涝通道，区内多余的水资源通过一支渠和二支渠自西向东排入潘安大沟，然后经潘安大沟汇入屯头河，塌陷后这三条河流常年未疏浚，淤积严重，需要对其进行修整规划。

7.2 工矿区受损农田水循环调控研究

7.2.1 工矿区受损农田水循环调控

矿区开采扰动了区域内的农田水循环系统，打破了原有的天然水循环平衡模式，使矿区内的水资源时空分布不均衡。工矿区受损农田水资源的自然循环是围绕地表水、土壤水和浅层地下水等进行的。当自然循环遭到破坏无法正常运行时，可以采取人工措施进行调控、恢复，改善矿区内的水循环系统（图 7-1）。

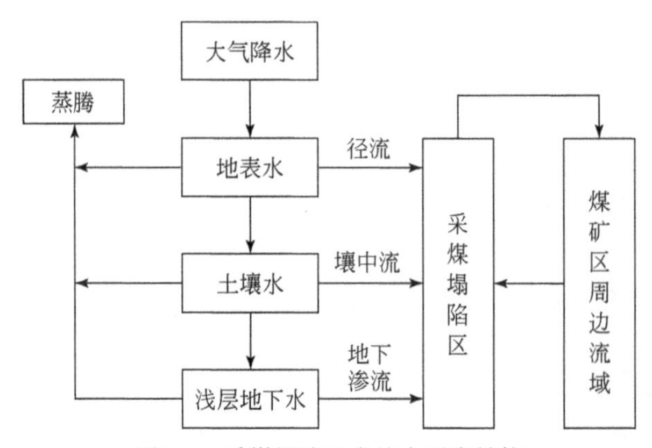

图 7-1　采煤塌陷区自然水平衡结构

为了满足工矿区人民生活、经济发展的用水需求，同时符合土地复垦中灌溉排水工程条件，根据工矿区水资源的破坏情况，修复水利设施，对工矿区水资源进行调控，其调控理念来源于跨流域调水思想。在对工矿区土地复垦工程进行规划、施工的同时，对工矿区农田水资源循环进行调控，调控的主要内容包括工矿区内塌陷耕地的挖深垫浅、区域内水循环系统的构筑、与周边区域水资源调蓄、水系设施的修建和积水区的疏排等，通过灌排系统的布设来规划相应的水量调控体系，促进水资源的良性循环和土地利用的需水要求动态平衡，调节水资源的生态环境功能。特别是工矿塌陷区属于一个相对独立的区域，农田水资源在维持自身循环的同时，又与周边流域进行着水量调度，但水资源总量一直处在一个动态的平衡之中，工矿区水量的总平衡方程式可表达为

$$\Delta W=(P+Q+G)-(E+D+S) \tag{7-1}$$

式中，ΔW 为工矿区水资源的总量；P 为区域内的大气降水量；Q 为地表水、土壤水和浅层地下水的水资源量；G 为区外客水；E 为水面蒸发量；D 为土壤渗水量；S 为区内用水量。

研究区位于高潜水位平原塌陷区，区域内雨量充沛，水资源丰富，积水严重，因此

式（7-1）中区外客水 G 为负值，需要通过人工水循环将区域内多余的水资源调出体系，排到塌陷区外的流域，维持自身的农田水循环。

7.2.2 损毁水系修复

高潜水位工矿塌陷区水系损毁，农田水利设施破坏严重，地表大面积水，地下水位升高。同时，研究区采用煤矸石填充土壤，土壤水分迁移过快，植物因缺水萎蔫死亡。因此，在划分功能分区的基础上，加强地表水、地下水和土壤水的修复，实现研究区损毁水系修复。

7.2.2.1 地表水修复

地表水源的控制主要依靠修建圩堤、水闸、灌溉泵站、排涝泵站和修复渠道实现。高优农业区地势低洼，由于区内生态湖排涝设计水位为 29.0m，防洪设计水位为 30.0m，而农业区田块高程仅为 27.0～29.0m，为避免农业区田块受淹，需要在田块边界处新建土质圩堤。封闭堤防可以提高区内的防洪标准，消除汛期因外河水位相对洼地提高而向洼地倒灌的隐患。另外，封闭堤防可使洼地不受外围地表水串排的干扰，使区内形成相对封闭的灌溉排涝体系，从而使封闭区能科学配置水资源。在新建圩堤的同时，需要在研究区边界处设置水闸。这样可以将外河水引入生态整治区，以补充生态湖水。在地下潜水位较高或平原矿区，当外河水位标高高于塌陷区地表标高，塌陷区水无法自流排出时，必须采取充填法复垦或强排法排出塌陷区积水，方能耕种。研究区外河水位标高高于农业区高程，故需要建立排涝泵站，在洪涝期强行将农业区的水排走，减轻研究区洪涝灾害的发生。另外，在研究区采用低压管道进行输水灌溉，干管、支管两级续灌，可降低输水损失，保证灌溉效果。在农业区建立灌溉泵站，提高灌溉效率。

长时间的采矿导致渠道变形、断裂，破坏研究区水循环系统，渠道断裂的原因主要是研究区地基土质比较松软、不均匀，土方填筑增加压力，使其变形、塌陷。因此需要对筑渠土方尤其是衬砌范围内的地基土质进行压实，以减少渠基础沉降。研究区多数渠道坍塌严重，渠内淤积，输水不畅。同时需要对渠道进行清淤，可用吸泥泵通过远距离管道输送方式清淤。另外，由于水的冲刷侵蚀作用，渠内泥沙沉积，渠道应采用混凝土或浆石护砌。在实施工程措施的同时，加强生物措施。在渠道两侧植树种草，一方面加强水土保持工作，防止渠道的淤积；另一方面营建生物栖息地，有利于生物多样性保护。地表水修复后，研究区形成灌排顺畅、相对封闭的农业区。

7.2.2.2 地下水修复

塌陷地地下水位高，地面排水不畅，土壤通气不良，还原性物质增多，严重影响农作物根系的生长，地下水位偏高，增加了表层土壤水的蒸发数量，可导致土壤盐渍化的苏打、硫酸盐、氯化物等随地下水大量上升到土壤表层，造成土壤盐渍化。因此，必须采取必要措施实现排渍、降低地下水位。地下水位控制措施主要通过在研究区开挖排水沟来实现。排水系统的沟深、沟距对地下水的埋深具有巨大的影响。沟的深浅（沟内水位的高低）影响地下水升降幅度和速度，在沟距相同的情况下，沟底深（沟水位低）的农田地下潜水位会相对深一些；同样在沟底深（沟水位低）相同的情况下，雨后地下潜水位的降落与沟距成反比。一般来说，沟越深，网越密，排水周期越短。同时，地表径流、壤中流均可通过排水沟排走，降低地下水位，防止农作物受渍，提高土地产出率。因此需要在研究区建立沟深网密的排水系统，加强地下水修复，达到快速排水。

研究区采用农沟、斗沟两级排水沟，农沟与斗沟垂直分布，实现农田涝水或灌溉尾水逐级排放，最终汇入终极排水沟，利用排涝泵站强行排入北部的屯头河。为节约用地，兼顾生态，农沟采用梯形无砂混凝土衬砌排水沟；斗沟采用梯形土质排水沟，以利于保护生物多样性。排水沟设计标准见表 7-1。

表 7-1　排水沟设计标准

名称	沟距/m	沟深/m	边坡	比降	糙率
农沟	160	1	1 : 1.50	1/2000	0.0150
斗沟	600	1.5	1 : 1.75	1/3000	0.0275

7.2.2.3　土壤水修复

研究区地表径流经下渗进入复垦土壤，复垦土壤填充所采用的煤矸石入渗快，保水性差，水分在土壤中迁移太快，致使植物不能有效吸收土壤中的水分，作物因缺水枯萎死亡。因此填充时需要下垫黏土层或石膏层以达到保水目的。另外，煤矸石风化产生酸性物质，易被雨水淋溶，污染土壤和地下水，故填充时需要下垫石灰等碱性物质，或者在煤矸石中混合加入粉煤灰中和煤矸石中的酸性物质。同时加入粉煤灰还可减轻土壤的板结，提高土壤的通气性和透水性，有利于土壤微生物活动和农作物根系的发育，煤粉灰在土壤中能加速许多酶的作用过程、生物化学过程和腐殖质的矿化，增加作物产量。另外，充填过程中混合使用污泥，可增加有机质的含量，提高土壤呼吸强度，改善土壤贫瘠状况，但必须先采用化学和生物方法降低污泥中重金属含量，最后上覆表土，营造作物的自然生长环境。

7.2.3　农田水利设施修复与再利用

7.2.3.1　圩堤建造技术

由于研究区北部的屯头河最高水位为 32.26m，南部的生态湖防洪设计水位为 30.0m，而地势低洼的中部农业区田面高程仅为 27.0～29.0m，为了防止汛期河水倒灌洼地，农田受淹，需要在农业区与屯头河、农业区与生态整治区交界的地方修建封闭圩堤，使农业区形成一个相对封闭的灌排体系，一方面防止客水倒灌，另一方面使洼地不受外围地表水串排的干扰。研究区圩堤断面如图 7-2 所示。新建圩堤为黏土坝，上顶宽 6m，底宽 12m，高

2m，迎水坡采用 20cm 厚预制混凝土空心砖铺筑，迎水坡、背水坡均种植草皮，新建圩堤横断面如图 7-3 所示。

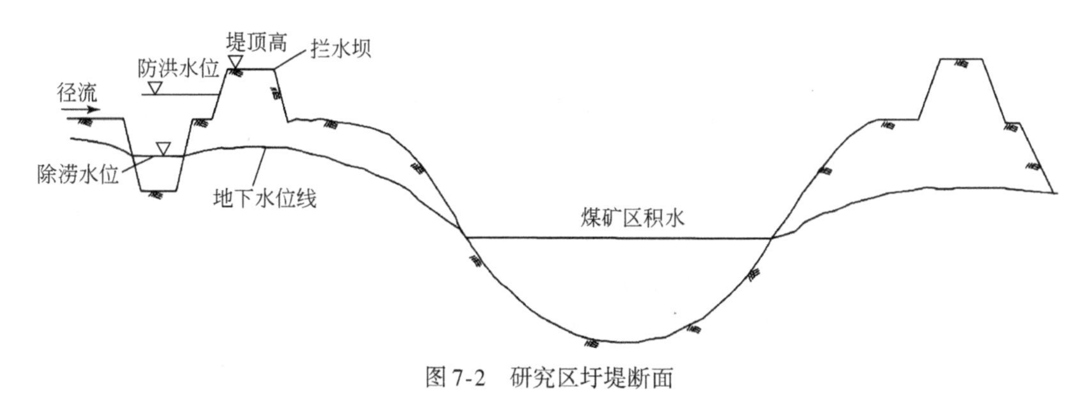

图 7-2　研究区圩堤断面

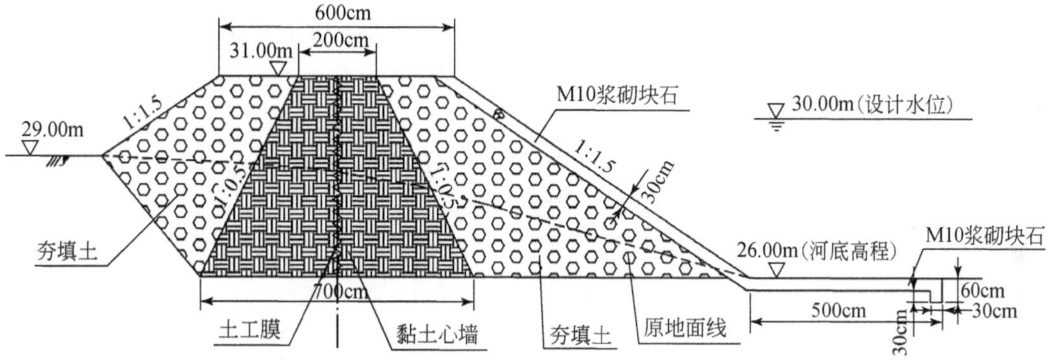

图 7-3　新建圩堤横断面

按农业区的地形因素及河流分布，通过新建圩堤将研究区划分为若干小型圩区，分别对不同小型圩区内的排水系统进行统筹规划。通过新建圩堤控制自然水资源循环对农业生产的不利因素；修建闸门和灌排泵站调控研究区与周边流域的水资源交换，使区域内农田水分总量始终处于平衡状态，有效控制和利用水资源。

7.2.3.2　抗塌陷技术

对于工矿区农田水利设施的整治与修复，抗塌陷是其重要的指标。井工煤矿开采势必引起地表塌陷，损毁地表农田水利设施，严重影响区域水循环，限制高优农业发展。因此，从渠道和建筑物抗塌陷技术方面进行研究，预防地表塌陷引起的农田水利设施塌陷问题。

(1) 渠道抗塌陷设计

A. 材料方面

工矿区受损农田渠道的砌筑在防渗漏、塌陷方面具有很大的作用。研究区渠道抗塌陷所用的主要材料是混凝土，为了实现渠道的抗塌陷功能，需要控制混凝土的施工温度，对混凝土进行养护，控制外加剂的品种和参量，确保混凝土收缩和膨胀相抵消。在浇筑方便、构件截面适当、配筋率不变的情况下，钢筋直径越细、间距越小，对预防开缝越有利。

1）混凝土温度控制，混凝土浇筑对温度有一定的要求，要根据不同的季节设计浇筑温度。例如，如果混凝土浇筑时间是在10月，那么浇筑温度就要低于30℃。混凝土在修整抹面后，用麻袋覆盖，以防止白天和夜晚的温度急骤变化而产生贯穿裂缝，并且要保持表面温度，减少表面蒸发。

2）混凝土材料的选择：为防止产生早期裂缝，应合理选用水化热低、干缩性小的普通硅酸盐水泥。在工程中，要多次对到达现场的水泥进行抽样，送往徐州市建设工程质量局检测中心检验，结果要满足要求；还要控制好现场材料的级配、水灰比、用水量，要求施工单位严格按照设计施工配合比施工。整个工程全部采用碎石、砂和自来水，对表面有泥土等杂质的碎石进行清洗，对干燥的碎石也要浇水湿润，以减少材料中的杂质对混凝土质量的影响。

3）施工方法和施工工艺的控制：应严格控制基层的标高及平整度，按照设计要求用水准仪对场地内挖填土的标高进行严格控制，并用碾压机对场地进行压实，使其压实质量达到规定的数值，确保厚度均匀，强度均匀。混凝土在浇筑过程中，用人工摊铺，严禁抛掷，并用铁锹反扣，从而防止混凝土拌和物的离析。在施工过程中，施工单位需将混凝土均匀摊铺，不允许工作面参差不齐，影响振捣，对混凝土的振捣须均匀有序地进行，不能杂乱无章的随意振捣，不允许出现过振或漏振现象，从而导致混凝土强度不均匀。在混凝土振捣密实后，再用平板振动器纵横交错地振捣，最后用振动梁托平。

B. 结构方面

渠道的抗塌陷还要从结构方面来考虑，主要通过对伸缩缝和砂垫层等进行设计来实现渠道的抗塌陷功能。

1）伸缩缝的间距。伸缩缝的间距与基础、气候、衬砌厚度、混凝土标号及施工等因素有关。结合研究区的气候条件，农田水利工程渠道混凝土预制板衬砌横向缝的间距均为5m，纵向不设缝。

2）伸缩缝的缝宽。伸缩缝的缝宽要满足三个条件：一是满足由于温度变化混凝土伸缩的要求；二是满足当温度升高时填料不被挤出；三是满足当温度下降时填料不被拉断。缝宽按式（7-2）~式（7-4）计算，最后采用大值。计算出的缝宽，需满足施工最小尺寸要求，据此，得出渠道伸缩缝的缝宽。

$$K_{1a}\ (t_{\max}-t_0)\ L \leqslant b_{\varepsilon_c} \tag{7-2}$$

$$K_{2a}\ (t_0-t_{\min})\ L \leqslant b_{\varepsilon_p} \tag{7-3}$$

$$K_3 \varepsilon_{zc} L \leqslant b_p \tag{7-4}$$

式中，b为缝宽（cm）；L为缝的间距（$L=500$cm）；a为混凝土线膨胀系数（$A=0.000\,01$）；t_0为施工时的温度；$t_{\max}$为当地最高气温；$t_{\min}$为当地最低气温；ε_c为当气温是$t_{\max}$时，填料的压缩系数，一般取0.10；ε_p为当气温是$t_{\min}$时，填料的延伸系数，一般取0.15。ε_{zc}为混凝土的干缩系数，一般取0.0004。K_1、K_2、K_3为安全系数（$K_1=1$，$K_2=K_3=2$）。

3）伸缩缝的缝形。采用矩形，如图 7-4 所示。

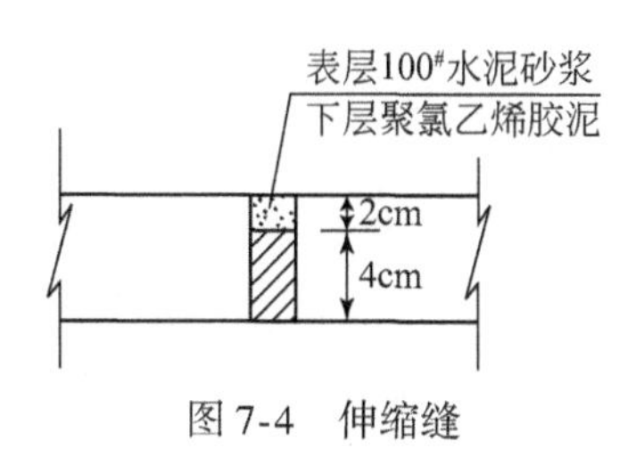

图 7-4　伸缩缝

（2）建筑物抗塌陷设计

A. 基础设计

工矿区建筑物基础出现塌陷一般有以下几种情况。

1）局部缓慢下沉。建筑物在使用过程中某一部位逐渐出现裂缝，而其他部位均未出现裂缝。这种裂缝的出现，主要原因是基础下部有软弱土层，如生活垃圾坑等，施工时未进行处理，建筑物建成使用后，因地基与基础局部承载力低，受压而产生较大的变形，使局部发生缓慢下沉。

2）新基础旁有沟槽，引起局部下沉。这种情况一般出现在基础边角因受水长期浸泡，软土层较深或相邻两建筑物较近，开挖建筑物基槽较深，超过施工验收规范要求时，造成邻近建筑物一端局部基础侧向变形、滑移，产生裂缝。

3）局部突然坍塌。由于采煤形成地下空隙，建筑物建成后，因空隙上部土体仍有一定骨架作用，建筑物本身有一定完整性，暂时未出现问题。但是，一旦地基与基础遇水浸泡或地面局部堆积荷载过大，就会使空隙体上的土层发生突然塌落，基础随之下沉，使局部墙体开裂、破坏。

建筑物一旦施工完毕，如果出现基础局部塌陷问题，处理起来将会很困难，同时，还会造成一定的经济损失，所以应以预防为主。根据多年来的工作实践，应注意以下事项。

1）地质勘查单位在勘察时，应根据规范要求合理布置钻点，地质勘查报告应具有工程地质代表性，设计单位对异常土质要选定合适的基础技术处理方案。

2）地槽开挖前，施工单位要根据施工区域内建筑物的地质勘查报告，详细编制施工组织设计，应包括对原有地下管线和其他障碍的降水处理方案，指导施工。

3）在开挖过程中，如发现基底土质与工程地质勘查报告不符或出现异常情况时，施工单位要及时通知有关单位进行现场处理。

4）地槽核验时必须查清地下空隙、洞穴、旧河道、杂填土坑等的位置、埋深、大小、数量等情况。尤其是对地表坍塌发育地段的工程，必须采用钻探、钎探、洛阳铲等方法进行勘察，均匀布置探点，对重要柱基或设备基础探点还应适当加密。施工和建设单位应对检查情况做好隐蔽工程验收记录。

5）对处于土洞多且深的地段，做好地面水排除和地下水的降水处理。在建筑场地和地基与基础范围内，做好地表水的截流、防渗堵漏等工作，使地表水不渗入土层。深基坑或地下水位较高，采取降水措施时，应考虑到对相邻建筑物的影响。

6）对杂填土层、古墓、土洞的处理，应由地质、设计单位制定技术处理方案。施工单位处理完毕经有关单位人员验收符合要求后，方可进行下一道工序施工。

具体地上水工建筑设计可采取以下方案：在基坑内灌入水分，使其得到充分的自行压实，然后在上面用较干的土进行夯实。在夯实层上面加 80cm 砂夹土，以增加强度。砂夹土上面铺 30cm 干卵石。同时为了防止水大量的渗入，上面再铺上 30cm 三合土。上、下游边坡最好在 6m 以上，避免大量的水渗入基坑内。为了避免填方工程较大的塌陷，最好填挖方下部设计一层砂夹土（其成分为砂砾 60%，黄土 40%），以增加强度，减少裂缝，并在填挖方接头处设计上砌层。

B. 结构设计

结构缝的设置：结构缝的位置和缝宽的选定要适当，构造要合理。可以把伸缩缝、沉降缝和抗震缝合并设置。按照设计规范要求设置伸缩缝，但应考虑高温、冬期、长期暴露在大气中的建筑物，承受反复的温差，骤冷骤热，反复的干湿作用，结构内部不断产生裂缝和裂缝扩展等因素。当结构体型突变或者设置的伸缩缝间距偏大，超出规范要求时，应采取有效的防开裂措施，如增大配筋率、通长配筋、设置后浇带、改善混凝土级配等。

1）钢筋的合理增配构造：尽量避免结构断面突变产生应力集中，在易产生应力集中的薄弱环节采取加强措施，适当增加附加筋，以增强其抗裂能力。从设计上说，构造钢筋结构设计经常忽略结构约束性质，从而产生构造性裂缝。配筋不但要满足结构承载的要求，还要满足混凝土正常使用的要求，合理增配构造钢筋有利于提高抗裂能力。

2）保护层厚度的加大：适当加大保护层厚度，可以提高保护层的质量以及密实性，降低其渗透性，予以阻止或者延缓混凝土的碳化速度，提高劈裂强度。地下结构保护层厚，要加钢丝网；楼板要布设设备管，也要适当增加楼板厚度。

3）加设次梁减少裂缝：在现代设计中，现浇板的宽度越来越大，长度越来越长，而现浇板的厚度却不能太大，如果在现浇板下面的适当部位增加次梁，就可以增加现浇板的刚度，减少现浇板的挠曲变形，从而达到不出现危害性裂缝的目的。没有条件设置次梁时，可以在易裂的边缘部位设置暗梁，提高该部位的配筋率，从而提高混凝土的极限拉伸，有效地防止裂缝的产生。

7.2.3.3 生态化透水性排水沟

作为普通排水沟衬砌材料的混凝土，由于透水性能较差，无法最大限度的实现快速排水的目的，同时考虑到研究区有大量因煤炭开采而伴生的固体废弃物，如煤矸石和粉煤灰，在掌握当地煤矸石和粉煤灰性质的基础上，开发以煤矸石代替部分碎石、以粉煤灰代替部分水泥的混凝土材料，这种混凝土用于衬砌排水沟，透水性较好，具有较高的强度，在废物利用和环境保护等方面具有显著的经济效益和社会效益。研究以煤矸石代替碎石、粉煤灰代替水泥为主要组成的透水性排水沟的混凝土衬砌材料，通过混凝土渗透试验、混凝土抗压试验和室内模拟排水沟试验测试出最佳混凝土配合比。

(1) 混凝土渗透试验

A. 试验材料

水泥：水泥是透水性混凝土的重要组成材料，与透水性混凝土的强度息息相关。农田排水沟透水性煤矸石混凝土衬砌材料试验供试水泥采用河北钻牌水泥有限公司生产的PO42.5级普通硅酸盐水泥。

粗集料：试验所选用的粗集料级配是影响混凝土透水性能的一个重要指标。如果粗集料的粒径太大，在其他比例一定的情况下，混凝土的强度会减小，透水系数增大；相反，如果粗集料粒径减小，混凝土的强度会增强，透水性能也会随着减弱。此次试验供试粗集料为碎石，连续级配，级配范围为5～15mm。完全干燥，略有含泥量，可忽略不计。

细集料：为保证透水性混凝土强度够大，试验采用黄砂、中砂作为细集料。

粉煤灰：水泥在水化过程中产生的$Ca(OH)_2$会对混凝土的性能产生不利影响，而加入粉煤灰能中和$Ca(OH)_2$，进而改良这种现象。因此，在透水性混凝土中加入少量的粉煤灰，不仅能起到代替部分水泥的作用，变废为宝，降低混凝土造价，而且还能改善混凝土的性能，提高混凝土质量。试验采用徐州贾汪发电厂的粉煤灰，需水量比为0.95，密度为$2.2kg/m^3$，细度≤12%。

煤矸石：煤矸石来自徐州贾汪矿区（粒径≤30mm），且均为未燃煤矸石。

外加剂：试验采用的是AE-d萘系高效减水剂，其主要性能指标见表7-2。

表7-2 萘系高效减水剂主要性能指标

外观	pH	净浆流动/mm	减水率/%	抗压强度比/%	腐蚀	28天收缩比/%
黄褐色粉状物	7～9	≥235	18～25	≥150	无腐蚀	125

B. 设计方案

试验在普通砂浆配合比的基础上，以煤矸石代替部分碎石的质量（代替率为25%和30%），以粉煤灰替代部分水泥的质量（代替率为10%和15%），水灰比为0.31，经过配试得到透水性混凝土配合比方案见表7-3，试验共设置5个处理，包含1个空白对照处理。

表7-3 透水性混凝土配合比方案

试验处理	煤矸石替代碎石量/%	粉煤灰替代水泥量/%	水灰比	水/(kg/m^3)	水泥/(kg/m^3)	砂子/(kg/m^3)	碎石/(kg/m^3)
处理1	—	—	0.31	0.15	0.5	1.25	1.54
处理2	25	10	0.31	0.15	0.45	1.25	1.15
处理3	25	15	0.31	0.15	0.42	1.25	1.15
处理4	30	10	0.31	0.15	0.45	1.25	1.08
处理5	30	15	0.31	0.15	0.42	1.25	1.08

C. 试验装置

混凝土渗透试验的装置主要包括三部分：马氏瓶、不透水圆柱形套筒和底座。马氏瓶一侧有直径为 10mm 的出水口，与不透水圆柱形套筒相连，用于控制不透水套筒混凝土上方的水面高程，另一侧有通气管，与外界相通，使瓶内水压受大气压迫，但需要注意一点，马氏瓶的放水口的高度应与需要保持的水面高度一致；不透水圆柱形套筒为高 250mm，直径 150mm 的两端不封闭直筒圆柱，在圆柱一侧距底端 180mm 处开一个直径为 10mm 的放水口且与马氏瓶相连，在套筒底端制作高为 100mm 的封闭混凝土试块，使水只能通过渗透下溢；底座为 150mm 透水圆柱形套筒，一侧开口用于计量排出混凝土下渗的水量，如图 7-5 和图 7-6 所示。

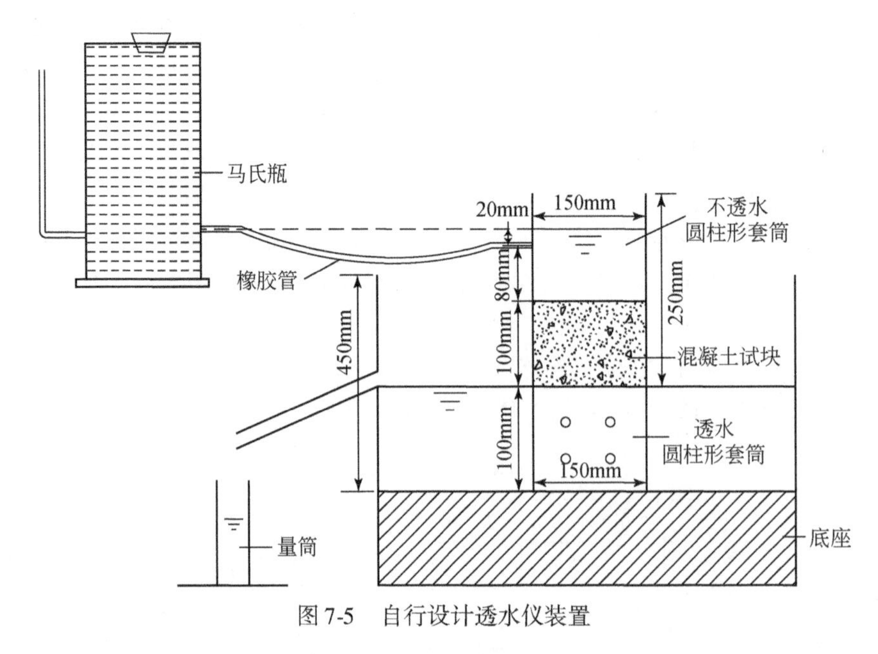

图 7-5　自行设计透水仪装置

图 7-6　自行设计透水仪实物

D. 试验过程

试块制作：根据表 7-3 设计 5 个不同处理配合各组试验材料，用电子天平称取，精确到 0.01g，分开放置。透水性混凝土渗透试验采用普通搅拌法进行拌制，先将称量好的粗集料、水泥和外加剂充分翻拌 120s，直至完全混合均匀，将已经称量好的所需水量的一半倒入拌和的混合物内，充分翻拌，并徐徐加入剩余的水，直到拌和均匀为止。紧接着采用三层法插捣试验模块，具体步骤如下：第一次将已拌和好的部分混合物倒入不透水圆柱形套筒内，高度为试件模具高度的 1/3，即 30mm 处，当新拌混凝土铺满试件模具高度的 1/3 处时，快速插捣 20 次；第二次再倒入已拌和好的混合物至 60mm 处，插捣 25 次；第三次将混合物充填至 100mm 处，插捣 30 次，并在插捣过程中加入混合物直到 100mm。试件成型后，用塑料薄膜覆盖表面，以防止水分散失，养护 7 天，在养护过程中，加入相同质量的水养护混凝土试块。透水性混凝土渗透试验的试件最终在不透水圆柱形套筒内成型，尺寸规格为底面直径 150mm、高 100mm 的圆柱体。

透水系数测试：混凝土透水系数是反映透水性混凝土透水性能的定量参数。而对于透水性混凝土透水性能的测试，采用日本混凝土工学会推荐的大孔混凝土透水性试验方法，该方法主要参考《土壤饱和渗透率的试验方法》。试验时采用定水头的方法，通过马氏瓶与不透水圆柱形套筒进行连接，控制混凝土上方的水头高度为 100mm，在单位时间内，水量渗透过混凝土流入底座并从出水口流出，用量筒对单位时间内流出的水量进行统计，混凝土的透水系数按式（7-5）进行计算：

$$T=\frac{M}{AH\ (t_2-t_1)} \tag{7-5}$$

式中，T 为透水性混凝土的透水系数（cm/s）；M 为从时间 t_1 到 t_2 透过混凝土的总水量（cm^3）；H 为混凝土试件的厚度（cm）；A 为混凝土上方与水面接触的面积（cm^2）；t_2-t_1 为统计透水量的测定时间（s）。

图 7-7 为 5 组处理混凝土入渗率，从图中可以看出，利用煤矸石代替部分碎石、粉煤灰代替部分水泥研制的混凝土入渗率得到了有效提高，且随着煤矸石代替碎石和粉煤灰代替水泥的比例增大，透水率增大，如处理 5 的透水率最大，处理 1 的透水率最小。说明利用煤矸石和粉煤灰代替碎石和水泥制作排水沟混凝土具有可行性。

（2）混凝土抗压强度

混凝土抗压强度试验试块的制作与渗透试验试块制作的步骤一致，只是渗透试验是在圆柱套筒内制作试块，而抗压试验是在高强度立方体塑料模具内制作。步骤也是先采用普通搅拌法进行拌制，然后用分三层插捣法对混凝土试块（100mm×100mm×100mm）进行插捣成型（图 7-8），5 组处理每组 3 个，共 15 个试块，按照混凝土养护标准进行养护，养护标准龄期 28 天，养护过程分为以下两个部分。

1）试件成型后立即用不透水的塑料薄膜覆盖表面。

2）采用标准养护的试件，在温度为 20℃的环境中静置两昼夜，然后编号、拆模。拆模后放入相对湿度为 95% 以上的标准养护室中养护。试件彼此间隔，且保持试件表面潮湿。

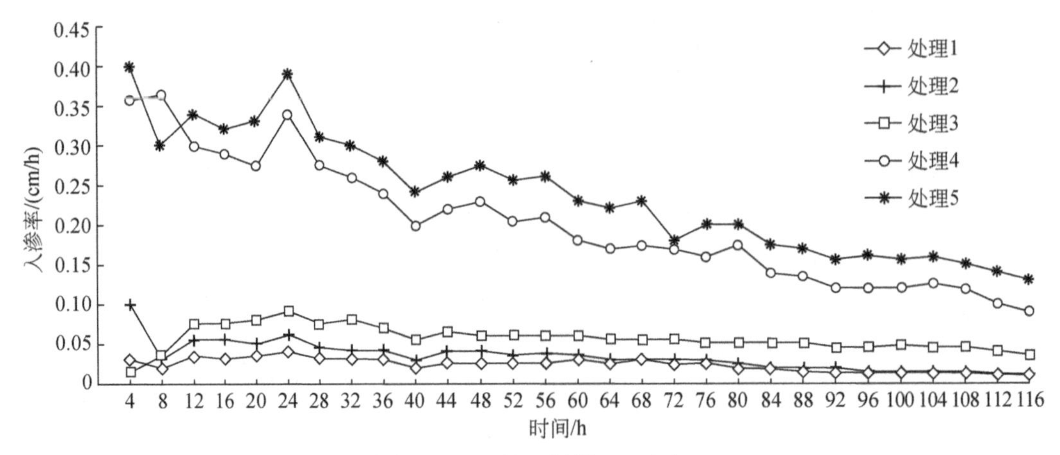

图 7-7　5 组处理混凝土入渗率

图 7-8　混凝土试块成型

透水性混凝土的抗压强度根据《普通混凝土力学性能试验方法标准》进行测定，在微机控制的全自动压力试验机上对 5 组煤矸石混凝土抗压强度进行测定，如图 7-9 所示。

图 7-9　抗压测试

在进行抗压强度测算时，取每组 3 个处理试件测算值的算数平均值作为该组试件的抗压强度值，同时当 1 个处理试件中强度的最大值或最小值与中间值之差超过中间值的 15% 时，取中间值作为该组试件的抗压强度值。

从图 7-10 中可以看出，当透水性混凝土中的煤矸石和粉煤灰含量增加时，混凝土的抗压强度呈先减小后增大的趋势，处理 1 的抗压强度最大，达到 20.68MPa，当含量继续增大时，透水性混凝土的抗压强度开始降低，最小的是处理 5，为 12.03MPa，符合混凝土抗压强度标准。透水性混凝土的抗压强度之所以降低，是因为当煤矸石和粉煤灰含量最佳时，骨料表面包裹了一层完整的胶结层，胶结层的强度越高，透水性混凝土的抗压强度越大；当含量继续增加时，水泥浆的流动度就过大，振动成型时，一部分浆体流到试块的底部，使试件底部孔隙堵塞更加严重，但增强了试块底部骨料间的黏结，这样就形成底部较密实、上部疏松的不均匀结构，骨料间的黏结强度减弱，致使透水性混凝土抗压强度降低。

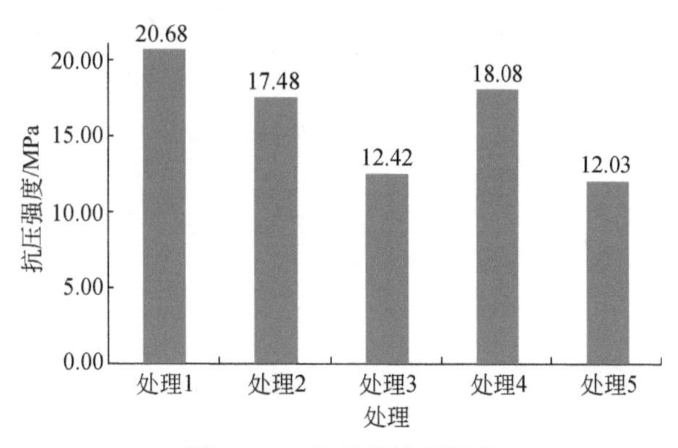

图 7-10　5 组处理抗压强度

(3) 室内模拟农田排水沟

在对透水性混凝土的透水性能及抗压强度分析的基础上，选取处理 5 的混凝土配合比，在室内进行农田排水沟模拟试验（图 7-11 和图 7-12），对按处理 5 配合比的煤矸石混凝土衬砌的排水沟进行排渍系数测试。将搅拌好的混凝土掺合料现浇到排水沟模具的底部和坡形护边，将混凝土面层进行抹光收面，及时对排水沟模具混凝土边沿进行收边。排水沟模具的底宽 14cm，顶宽 66cm，沟深 26cm，边坡比 1∶1，浇筑的混凝土板厚度为 8cm。初凝后应立即覆盖塑料薄膜进行养护，环境平均温度为 10℃以上时每天浇水两次，自然养护 28 天，带模养护到混凝土硬固后拆模。

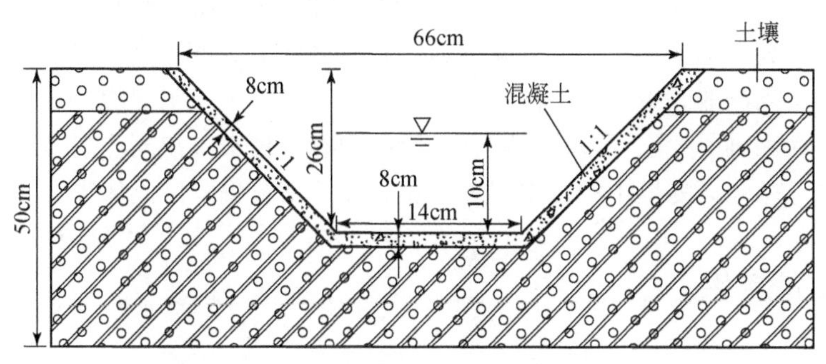

图 7-11　室内模拟田间排水沟断面

透水率的测量用定水头法，即用马氏瓶向排水沟两侧注水，并使排水沟内外的水位差维持在 14cm，水通过煤矸石、粉煤灰等掺合料配置的混凝土后进入排水沟，当排水沟水位达到设计水位 10cm 时，水从出水管排出，这时启动秒表计计量从出水管排出的水量。

从图 7-13 中可以看出，排水沟的透水系数在经过前 24h 的起伏期后，逐渐趋于平缓，

图 7-12 处理 5 室内模拟田间排水沟试验

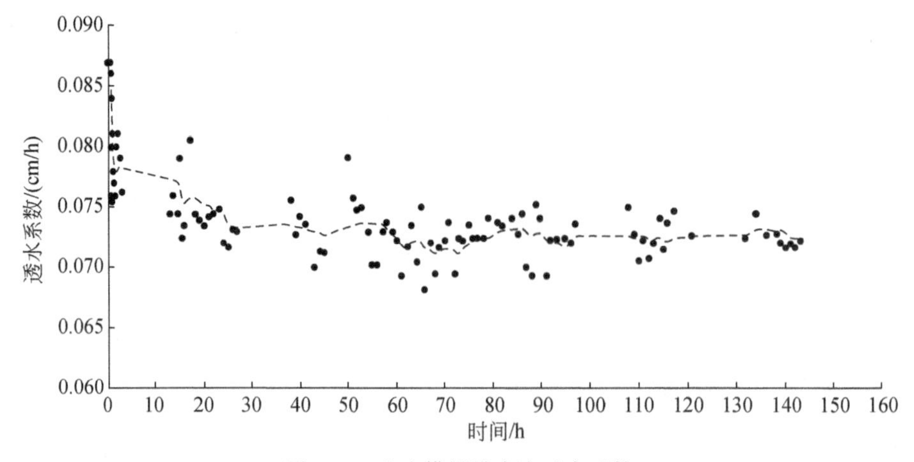

图 7-13 室内模拟排水沟透水系数

在 0.07 ~ 0.075cm/h 浮动。计算得出处理 5 配合比的煤矸石混凝土衬砌后排水沟的透水系数为 0.072cm/h，符合高潜水位采煤塌陷区的排渍要求。

处理 5 配合比所得的高潜水位采煤塌陷区农田排水沟混凝土材料具有以下优点：透水性较好，具有较高的强度，在固体废弃物利用和环境保护等方面具有显著的经济效益与社会效益，符合国家产业政策，易于推广和实施。针对高潜水位采煤塌陷区潜水位上升、固体废弃物处置利用难、生态环境差等问题，使用生态型排水沟混凝土材料不仅有效地解决了高潜水位采煤塌陷区复垦中的排水问题，还提高了采煤塌陷区固体废弃物利用水平。

7.2.4 研究结果

(1) 工矿区受损农田水循环调控

开矿扰动了区域内的农田水循环系统，打破了原有的天然水循环平衡模式，使矿区内的水资源时空分布不均衡。研究区可按土地复垦后的功能划分为高优农业区和生态整治区两部分。在功能分区划分的基础上进行地表水、地下水和土壤水的修复。地表水源的控制主要依靠修建圩堤、水闸、灌溉泵站、排涝泵站和修复渠道实现。地下水位控制则主要是通过在研究区开挖排水来实现。土壤水修复则主要利用矿区的煤矸石、粉煤灰、湖泥等表土替代物进行土壤填充，促进土壤水分在土壤中的有效运移。

(2) 受损农田水利设施修复与再利用技术

按农业区的地形因素及河流分布，通过新建圩堤将研究区划分为 7 个小型圩区，分别对 7 个小型圩区内的排水系统进行统筹规划。通过新建圩堤控制自然水资源循环对农业生产的不利因素，使塌陷区内的农田水分总量始终处于平衡状态，有效地控制和利用水资源，每一个小型圩区呈现一个灌得顺、排得畅的相对封闭的农业区；由于地表的不稳定性，农田水利设施等基础设施很容易造成塌陷，带来经济、环境损失，可采用抗塌陷技术对灌溉渠道、排水沟、建筑物等进行工程设计。研究以煤矸石代替碎石、粉煤灰代替水泥为主要组成的透水性排水沟的混凝土衬砌材料，发现最佳混凝土配合比为：煤矸石替代 30% 碎石量，粉煤灰替代 15% 水泥量。这种配合比的煤矸石、粉煤灰混凝土既能满足排水沟的强度要求，又具有良好透水功能。按照这种配合比配置的混凝土用于室内排水沟的模拟试验，计算得出处理 5 配合比的煤矸石混凝土衬砌后排水沟的透水系数为 0.072cm/h，符合高潜水位采煤塌陷区的排渍要求。

7.3 灌排渠系等线性工程和构筑物的优化布局与设计技术

灌排渠系等线性工程和构筑物的优化布局与设计技术的研究主要体现在灌溉渠系的优化布局与设计技术、排水沟的优化布局与设计技术、地上构筑物的优化布局与设计技术三方面内容。其一，运用经济学原理，构建低压输水管道管径优化设计模型，推导出灌溉管径进行优化计算的目标函数，将实际数据代入建立的优化设计模型，完成基于管径的灌溉管网优化设计。其二，塌陷区农田排水沟的挖深、排水沟间距都对地下水位的埋深有很大影响，沟距相同，排水沟的挖深会对地下水位的升降幅度和地下水的流速产生影响，在排水沟挖深相同的情况下，沟距越大，地下水位的降幅就越低。因此采用达西公式计算地下水渗流速度，同时计算排水系统的排涝模数、设计流量、沟深、排水沟断面设计等相关参数，完成设计和组建各级排水系统，实现塌陷区农田排水沟水位梯级调控。其三，根据常规规划布局原理及相关理论，进行包括灌溉泵站工程、排涝泵站工程在内的地上构筑物工程的优化布局。

7.3.1 灌溉渠系的优化布局与设计技术

(1) 低压输水管道管径优化设计模型

低压输水管道灌溉系统主要由取水工程和管道工程组成，两者互相联系，共同作用，决定管道输水灌溉系统效率的优化结果。结合研究区的设计情况，进行基于机泵加压续灌条件下的低压输水管道灌溉管网管径的优化模型研究，在灌溉泵站机泵加压输水管道灌溉系统中，灌溉管网中各级管道的设计流量都为定值。

低压输水管道灌溉工程复垦投资主要包括两个方面：土地复垦整理投资和管道年运行费。当灌溉管网布置形式（树状管网）及管材（PVC 管道）都选定后，管径的大小成为灌溉管网优化设计的主要决定因素。当管径减小时，整个管网的整理投资费用降低，但管道内水流速度增大，相应的管网系统的水头损失也增大，导致管道能耗费用增加，系统运行管理费用也随之增加；反之，当管径增大时，整个管网的整理投资费用增加，但管道内水流速度减小，相应的管网系统的水头损失也减小，导致管道能耗费用降低，系统运行管理费用也随之降低。针对此种情况，在满足农作物灌水要求的基础上，通过不同的管径组合，必有一种管径组合的经济最优，使管网系统的复垦整理投资费用和年费用最小，以此为管网系统优化设计目标。

在满足田间作物灌水设计要求的前提下，以干管和支管的管径为决策变量，以灌溉管网折算的单位长度管道年费用最小为目标，建立目标函数，主要有静态法和动态法两种形式。不考虑货币的时间周期价值，而直接采用管网投资回收期长短作为评估设计方案经济效果优劣的依据，此方法称为静态法。静态法计算简单，但有一缺陷，即没有全面考虑投资方案在整个投资寿命期内的现金流量大小和发生的时间长短。动态法则引入利率，对货币的时间价值也进行了计算，使优化模型更切合实际，其具体计算见式（7-6）和式（7-7）：

$$\mathrm{Min}G = aF + C_{\mathrm{E}} \tag{7-6}$$

$$a = \frac{i\ (1+i_{\mathrm{d}})^{r}}{(1+i_{\mathrm{d}})^{r}-1} \tag{7-7}$$

式中，G 为灌溉管网系统的年费用（元）；F 为灌溉管道的整理投资费（元）；C_{E} 为管网系统的年能耗费（元）；a 为均付因子；i_{d} 为资金折现率；r 为管道的经济寿命期。

（2）单位长度管道整理投资费

低压管道输水灌溉管网系统中单位长度管道的土地复垦整理投资费主要包括管材、管件的购买费及运输费和管网系统的安装施工费。低压输水管道的整理投资费可以通过灌溉管网的不同布置方案进行统计分析，也可以根据多年的土地复垦整理工程造价经验按管材单价的百分率进行估算。

在低压管道输水灌溉管网的管材已选定，单价已知的情况下，单位长度管道的综合造价可以用管径表达出来，即

$$F = \sum_{i=1}^{n} C_i L_i \tag{7-8}$$

$$C_i = f(d) = A_1 + B_1 d + C_1 d^2 \tag{7-9}$$

式中，C_i为第 i 管段的整理投资费（元/m）；L_i为第 i 管段的长度（m）；n 为管网系统中管段数；d 为管道直径（cm）；A_1、B_1、C_1 为公式拟合系数。

（3）年运行费

低压管道输水灌溉管网系统的年运行费 C_{R} 主要包括管网系统的年能耗费 C_{E}、维修费 C_{U} 和管理费 C_{M}。在已经选取的低压管道输水灌溉管网系统，维修费和管理费对管径的影响力很小，一般情况下可以不予考虑。管网系统的年能耗费 C_{E} 可以按下式计算：

$$C_{\mathrm{R}} = C_{\mathrm{E}} + C_{\mathrm{U}} + C_{\mathrm{M}} \tag{7-10}$$

$$C_{\mathrm{E}} = \frac{E_{\mathrm{C}} \times T_{\mathrm{Y}} \times Q \times H}{0.102\eta \times 3600} \tag{7-11}$$

$$T_Y = \frac{A \times m \times n_I}{Q \times \eta_C} \tag{7-12}$$

式中，E_C为电价［元/(kw·h)］；Q 为管道流量（m^3/h）；T_Y 为灌水延续时间（h）；A 为单井控制灌溉面积（hm^2）；m 为净灌水定额（m^3/hm^2）；n_I 为年灌水次数；H 为水泵工作扬程（m）；η_C 为灌溉水利用系数；η 为水泵效率。

在不同的灌溉系统中水泵平均工作扬程 H 可通过式（7-13）进行计算：

$$H = H_0 + h = H_0 + \beta h_f \tag{7-13}$$

式中，H_0 为水泵工作扬程（m）；h 为管网的水头损失（m）；β 为考虑局部水头损失的系数，一般取 1.1；h_f为各管段沿程水头损失（m）。

由水力学可知，我国管道灌溉目前的圆管沿程水头损失的一般计算公式为布拉休斯公式：

$$h_f = f \frac{L}{d^b} Q^\lambda \tag{7-14}$$

式中，f 为管道摩擦系数；λ 为流量指数，与摩擦损失有关；b 为管径指数。

布拉休斯公式中对于塑料管材 f、λ、b 的值可按表 7-4 选用。

表 7-4　塑料管材水头损失计算系数

管道	管道直径 d/mm	f	λ	b
硬塑料管	>8	0.948×10^5	1.77	4.77
		1.032×10^5	1.75	4.75
微灌用聚乙烯管	≤8	1.216×10^5	1.69	4.69
		3.575×10^5	1	4

将式（7-11）~式（7-13）代入式（7-10），管网系统的年能耗费 C_E 可简化为

$$C_E = \frac{1.1 E_C \times A \times m \times n_I \times f \times Q^\lambda}{367.2 \eta \times \eta_C \times d^b} + \frac{E_C \times A \times m \times n_I \times H_0}{367.2 \eta \times \eta_C} \tag{7-15}$$

令 $C_0 = \frac{1.1 E_C \times A \times m \times n_I \times Q^\lambda}{367.2 \eta \times \eta_C}$，代入式（7-15），而对于某个确定的管灌系统，$\frac{E_C \times A \times m \times n_I \times H_0}{367.2 \eta \times \eta_C}$是固定值 K，简化可得

$$C_E = C_0 \times f \times d^{-b} + K \tag{7-16}$$

求单位长度管道整理投资函数和能耗费用函数的公共解即可求得目标函数的最优经济管径。

（4）压力约束条件

低压输水管道灌溉管网在对管径进行优化设计时，除要分析经济因素外，还要考虑管网灌溉压力等约束条件，为保证灌溉管网的每个给水栓都能够达到设计的标准流量，优化方程还应满足：

$$E_s + H - \sum_{i=1}^{L_j} \beta f \frac{Q^m}{d_i^b} L_i - E_j - H_j^{\min} \geqslant 0 \tag{7-17}$$

式中，E_s 为水源水面高程（m）；H 为水泵工作扬程（m）；L_i、L_j分别为从泵站到 i、j 节点经过的管段数（m/s）；E_j为 j 节点的地面高程（m）；$H_j^{\min}$ 为 j 节点允许最低水压（m）。

本研究建立了低压管道输水灌溉管网优化设计模型，推导出灌溉管径进行优化计算的目标函数，将实际数据代入建立的优化设计模型，并进行求解，提高了工程设计的效率和精度。

7.3.2 排水沟的优化布局与设计技术

农田排水是农田水利工程的重要组成部分，农田灌溉和排水共同促进农业的发展。在农田水利工程中，农田排水沟是一项重要的工程措施，在农业的生产发展过程中，需要修建合理有效的各级排水沟，快速地排出农田内多余的水分，使农田处于适宜的水分状况，避免影响农作物的生长。

(1) 塌陷区农田排水沟水位梯级调控

高潜水位平原采煤塌陷区地表塌陷，地面积水严重，地下水位偏高，为了及时排除过多的地表水和地下水，净化周边水环境，在遵循“分区排水，排灌结合”原则的基础上，建立沟深网密的排水系统，沟沟相通，达到快速排水的效果。

在矿区复垦施工过程中，通过理顺矿区内的灌排系统，控制人工水循环，设置支、斗、农、毛四级排水沟，农田内多余的水分按毛沟→农沟→斗沟逐级排放，最终汇入塌陷区外河。在农田水循环的过程中，对垂直于等高线方向上的排水系统进行层层拦蓄，在高程不同断面建立蓄水区，形成排水沟、生态湖和外河三个梯级层面，在不同梯级层面上进行排水与蓄水相结合的调控手段，达到减轻洼地排涝的压力。在采煤塌陷区的排水系统中，构建农田排水沟和外河控制调控模式，排水沟水位在垂直等高线上按照农田排水沟、生态湖、外河的级差进行控制。当圩区水位超过农作物生长的地下临界水位时，应关闭控制闸，多余水分排入生态湖或开启排涝泵站强排到外河；当圩区缺水时，应当打开控制闸补水，确保圩区内梯级调控的积水既能灌溉待用又能有效控制地下水位，不至于影响农作物的生长，从而在塌陷区内形成立体的拦、蓄、灌、排农田水资源梯级调控体系。

选取研究区内规划农沟进行梯级调控简单介绍，农沟汇入斗沟后，在圩堤上建立排涝泵站和控制闸，当圩区缺水时，打开控制闸补水，汛期时打开排涝泵站进行强排，强排至一支渠，最终由排涝泵站汇入屯头河，如图 7-14 所示。

研究区属于高潜水位采煤塌陷区，其农田排水不同于普通平原地区的地方在于部分潜水位高于排水沟内的水面高程，这就需要排水沟透水、降水，达到快速排干的目的。所以本研究针对性地提出排水沟的设计，兼顾生态环境，建立沟深网密的排水系统，沟沟相通，在宏观调控区域水资源的基础上，对地下水位控制。

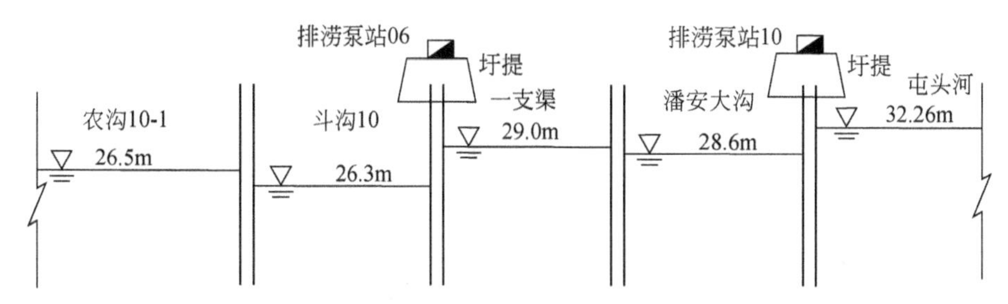

图 7-14　规划排水沟梯级调控断面

塌陷区内的农田排水沟的挖深、间距都对地下水位的埋深有着很大影响，排水沟间距相同，排水沟的挖深会对地下水位的升降幅度和地下水的流速产生影响；在排水沟挖深相同的情况下，排水沟间距越大，地下水位的降幅越低。

塌陷区内属于同一土壤层的渗流系数为一定值。在排水沟深度一定的情况下，地下水渗流速度与渗径长度成反比，地下水渗径长度越大，地下水的渗流速度就越小，地下水量也会越少，导致地下潜水位相对抬升进而影响农作物的生长。塌陷区内建立沟深网密的农田排水系统可降低田外沟之间的地下水浸润曲线，缩短地下水流渗径长度和周期，加快渗流速度，增大地下水的渗透量，有效发挥降渍、降低土壤水分的作用，改善农田土壤环境。

（2）排水沟设计

高优农业区的排水系统分为斗、农、毛三级，农田内的灌溉剩水或田面积水按毛沟→农沟→斗沟逐级排放，最终汇入塌陷区外的排水支沟，利用排水大沟尾部排涝泵站强行排入外河。根据《江苏省土地开发整理工程建设标准》，并结合研究区的自然条件、洪涝灾害的状况及影响，确定排涝设计标准，五年一遇，日降水量 180mm，两天排出不受涝。研究区的排涝模数采用平均排除法进行计算：

$$q=\frac{R}{86.4t} \tag{7-18}$$

$$R=P-h_{田蓄}-E \tag{7-19}$$

式中，q 为设计排涝模数 $[m^3/(km^2 \cdot s)]$；R 为设计径流深（mm）；t 为规定排涝时间（天），$t=2$ 天；P 为设计一日暴雨量（mm），取 $P=180$mm；$h_{田蓄}$为水田滞蓄水深（mm），取 50mm；E 为历时为 t 的水田田间日蒸发量，取为 12.0mm/d。

农田排水沟的设计流量是根据排水沟的控制排水面积进行计算的，如式（7-20）所示：

$$Q_{排}=q\times A_{排} \tag{7-20}$$

式中，$Q_{排}$ 为排水沟的设计流量（m^3/s）；$A_{排}$ 为排水沟控制面积（km^2）。

计算出排水沟的流量后，需根据地面高程及潜水位的高度等确定沟的深度。如果排水沟开挖深度不够则无法实现农田内的排涝、降渍要求；如果排水沟开挖深度过深则导致投资过大，以及耕地的浪费。排水沟沟深的设计可按式（7-21）进行计算：

$$D=\Delta H+\Delta h+S \tag{7-21}$$

式中，D 为排水沟的深度（m）；ΔH 为作物要求的地下水埋深，取 1.0m；Δh 为地下水位与排水沟水位之差（m）；S 为排水沟中的水深，取 0.2m。

排水沟的断面设计参数采用均匀流公式计算。研究区属平原地区，农沟的布设主要考虑地形条件、道路的位置及渠道的布置，农沟的间距为 160～200m，排水沟的断面参数见表 7-5。

表 7-5　排水沟的断面参数

排水沟	设计流量/(m^3/s)	比降	沟底宽/m	沟顶宽/m	沟深/m	边坡
毛沟	0.023	0.000 50	0.3	1.1	0.8	1∶0.5
农沟	0.093	0.000 50	1.0	5.5	1.5	1∶1.5
斗沟	0.742	0.000 02	2.0	12.0	2.5	1∶2

7.3.3　地上构筑物的优化布局与设计技术

地上构筑物的优化布局与设计不仅有助于形成完善的农田灌溉排水体系，还可以提高供水体系的水资源利用率，减少农田旱涝灾害的发生。

（1）灌溉泵站工程优化布局

农业区的灌溉水源主要为西引粮河和东引粮河。为保证灌溉水源能流到田间，在适当位置规划灌溉泵站从原有河道及水面中提水至斗一级灌溉管道，进而输水至农一级灌溉管道进行灌溉。在整个研究区内，新建 10 座灌溉泵站，铺设总长度达 583m 的干管和 1620m 的支管。

（2）排涝泵站工程优化布局

依据排水系统的规划设计，结合当地的地形及水源分布，以及新建圩堤，对相关排水泵站进行优化布局。

7.3.4　研究结果

（1）灌溉渠系的优化布局与设计

以输水管网的干管和支管的管径为决策变量，以折算单位长度的管道整理投资费和年能耗费最小作为目标，建立低压输水管道灌溉管网管径优化模型。选取研究区的一个典型田块，对田块内的干管和支管管径进行优化设计，计算后得出的经济干管管径为 400mm，支管管径为 200mm，相比较原设计方案，节约土地复垦整理投资费 330 609 元，节约率达 22%，有效地提高了灌溉工程设计的效率和精度。

(2) 排水沟的优化布局与设计

高潜水位采煤塌陷区通过建立沟深网密，沟沟相通的排水系统，将农田内多余的水分按毛沟→农沟→斗沟进行逐级排放，同时对排水沟的水位在垂直等高线上按照一定级差进行梯级调控，在塌陷区内形成立体的拦、蓄、灌、排农田水资源调控体系。

(3) 地上构筑物的优化布局与设计

地上构筑物是农田水利设施的重要组成部分，具有特定功能或辅助主要设施的作用。在灌排渠系设计完成后，根据灌排管网的布局、流量和管径以及当地水文数据等，利用农田水利学相关模型和原理，确定泵站布局，设计泵站流量、扬程、机型。同时遵循农田水利学基本原理，按照生产生活需要，对桥涵、控制阀、放水阀和镇墩等地上构筑物进行优化布局与设计。

7.4 工矿区受损农田水利设施整治与修复效果

通过对研究区农田水利设施的整治与修复，优化了土地利用结构、改善了农田基础设施条件、增加了耕地面积、提升了工矿区农田地表水利用效率。本章应用农田水利学相关原理和知识，对此次整理在改善农田地表水利用方面的效果进行定量分析。

7.4.1 优化了土地利用结构

徐州市贾汪区潘安采煤塌陷综合整治研究区位于徐州市贾汪区西南部，主要为原权台矿和旗山矿地下采煤塌陷区域。研究区位于贾汪区大吴镇、青山泉镇两镇境内，涉及六个行政村以及部分国有宗地。

研究区总面积为 1266.78hm，扣除不参与整治的徐贾快速通道 13.48 hm^2、小南湖片区的村庄 1.12 hm^2 （共 14.60 hm^2），项目建设规模为 1252.18 hm^2。其中潘安片区总面积为 1174.35 hm^2，扣除不参与整治的徐贾快速通道 13.48 hm^2，潘安片区建设规模为 1160.87 hm^2；小南湖片区总面积为 92.43 hm^2，扣除不参与整治的村庄 1.12 hm^2，小南湖片区建设规模为 91.31 hm^2。

潘安片区地籍台账中的土地利用现状地类面积与项目实际勘测的实地情况有所差异，为了使项目规划建立在与实地相符的图件、数据资料基础上，准确计算工程量和投资规模，本研究利用二次调查航片和实地补充测量成果，对潘安片区土地利用现状图件、数据进行土地分类调整，主要调整内容是将研究区塌陷耕地、塌陷晒谷场等用地和塌陷建设用地调整为坑塘水面，调整结果作为实际勘测图件、数据。按实地情况进行现状地类面积统计，通过对调整前后的数据比较，耕地减少 297.4 hm^2，晒谷场等用地减少 4.88 hm^2，建设用地减少 81.79 hm^2，坑塘水面增加 384.07 hm^2。实际勘测数据与地籍台账数据调整情况分析比较见表 7-6。

表 7-6　潘安片区土地利用现状数据调整情况分析比较

一级地类	二级地类	三级地类	实际勘测数据		地籍台账数据		勘测-地籍的差值/hm²
			面积/hm²	比例/%	面积/hm²	比例/%	
农用地	耕地	灌溉水田			18.93	1.63	-18.93
		旱地	274.64	23.66	553.11	47.65	-278.47
	园地	果园	0.18	0.02	0.18	0.02	
	林地	有林地	2.16	0.19	2.16	0.19	
	其他农用地	农村道路	42.07	3.62	42.07	3.62	
		坑塘水面	623.53	53.70	239.46	20.62	384.07
		农田水利用地	54.89	4.73	54.89	4.73	
		田坎	0.21	0.02	0.21	0.02	
		晒谷场等用地			4.88	0.42	-4.88
建设用地	居民点及独立工矿用地	建制镇	4.06	0.35	17.17	1.48	-13.11
		农村居民点	31.54	2.72	46.86	4.04	-15.32
		独立工矿用地	87.78	7.56	140.97	12.14	-53.19
		特殊用地	0.93	0.08	1.10	0.09	-0.17
	水利设施用地	水工建筑用地	12.57	1.08	12.57	1.08	
未利用地	未利用土地	荒草地	0.35	0.03	0.35	0.03	
	其他土地	河流水面	25.96	2.24	25.96	2.24	
合计			1160.87	100.00	1160.87	100.00	0

小南湖片区由于采煤塌陷后形成了一个完整的水面，地籍图件、数据与实地情况一致，未对小南湖片区进行实际勘测现状与地籍台账现状分析。

截至2010年，贾汪区约2800hm²的塌陷地已经稳沉，具有进行土地复垦的条件，是徐州市贾汪区规划近期土地复垦的重点区域；有50.60hm²土地由于受到煤炭开采影响而正在塌陷，它们将在3～5年内稳沉，是徐州市贾汪区规划远期的复垦对象；原土地平整，水利设施配套齐全的良田，因塌陷而被破坏，地面高低不平，农作物旱涝不保，甚至大片田块成了坑塘水面。

研究区塌陷地总面积为561.08hm²，其中塌陷耕地面积为297.55hm²，其他农用地为182.73hm²，居民点及独立工矿用地为80.80hm²。

7.4.2　改善了农田基础设施条件

研究区北部与屯头河相邻，屯头河全长为9.8km，河底宽为25～44m，流域面积为259.5km²，设计流量为169m³/s，最高水位为32.26m（潘安大沟处），正常水位为28.5m。区内耕地目前处于“抢种”状态，仅在枯水季节地势较高区域种植玉米、小麦等旱作物。

农业区地势低洼，农业区田面高程为27.0～29.0m，生态湖防洪设计水位为30.0m。

研究区主要排涝通道为北部的屯头河，屯头河最高水位为32.26m（潘安大沟处），潘安大沟（研究区排涝最终通道）的排涝设计水位为26.0m，无法实现涝水自排，内涝严重。

针对采煤塌陷地实际情况，按照“因地制宜，综合利用”原则实施整治，将研究区规划为高优农业区、浅水种植区、深水生态湖区和生态景观岛。另外，研究区采用低压管道输水灌溉，分干管、支管两级灌溉管道，设计新建干管5263m、新建支管25 482m、新建灌溉泵站10座；排涝设计标准为日降水量180mm，两天排出不受涝，设计新建斗沟9494m、新建农沟29 438m、新建排涝泵站10座、新建排涝闸2座、新建圩堤19 523m、新建护岸6923m。

（1）潘安片区

根据贾汪区城市总体规划及涉及乡镇的村镇规划，结合研究区的地形特征和采煤塌陷地沉降幅度，遵循“宜农则农、宜居则居、宜生态则生态”原则，将研究区分为现代高优农业区、生态整治区两大功能区。对塌陷深度小于1.5m的区域，原则上划归高优农业区；对塌陷深度大于1.5m不适合充填的集中连片水面划归生态整治区，构建水域生态系统。在高优农业区利用灌溉泵站提水，采用低压管道灌溉；在规划小型游船通行的排水通道，排水沟规划采用浆砌块石护砌；在其他位置，排水沟采用土质梯形断面。

（2）小南湖片区

重点在于生态整治。将片区内的水库水面整形扩大，并根据贾汪区城市防洪规划，在区内配套水利基础设施，使该片区形成一个生态湖区。为保证生态湖的水不漫入农业区，在农业区内新建圩堤，形成小型圩区；新建排涝泵站，将区内涝水强排入屯头河，治理区内洪涝灾害；对低洼地，部分改造成浅水种植区；其余部分通过土地平整、农田水利、道路和林网的综合建设，恢复或改造成耕地。

通过对塌陷地进行整治，有效地改善了农田基础设施条件。

7.4.3 增加了耕地面积

项目建设规模为1252.18hm^2，项目实施后可新增耕地38.61hm^2，新增耕地率为3.08%。新增耕地来源途径较多，如通过对果园的整理，增加耕地0.12hm^2；通过对有林地的整理，增加耕地0.12hm^2；通过对农村道路的整理，增加耕地7.14hm^2；通过对坑塘水面的整理，增加耕地207.24hm^2；通过对废弃农田水利用地的整理，增加耕地39.73hm^2；通过对田坎的整理，增加耕地0.21hm^2；通过对废弃晒谷场等用地的整理，增加耕地4.88hm^2；通过对闲置城市用地的复垦，增加耕地10.47hm^2；通过对闲置建制镇用地的复垦，增加耕地12.41hm^2；通过对废弃农村居民点的复垦，增加耕地3.98hm^2；通过对废弃独立工矿用地的复垦，增加耕地54.36hm^2；通过对荒草地的整治开发，增加耕地0.73hm^2，通过对河流水面的整治开发，增加耕地11.59hm^2。另外，工程实施后，特殊用地（生态景观用地）增加32.56hm^2，水库水面增加11.60hm^2，水工建筑用地增加8.82hm^2，湖泊水面增加261.39hm^2。研究区整治前后各地类面积变化情况见表7-7。

表 7-7　研究区整治前后各地类面积变化情况

一级地类	二级地类	三级地类	整治前		整治后		面积增减/hm^2
			面积/hm^2	比例/%	面积/hm^2	比例/%	
农用地	耕地	灌溉水田	18.93	1.51	614.71	49.09	595.78
		旱地	557.17	44.50			-557.17
	园地	果园	0.18	0.01	0.06		-0.12
		其他园地	0.81	0.06	0.81	0.06	0.00
	林地	有林地	2.32	0.19	2.20	0.18	-0.12
	其他农用地	农村道路	43.48	3.47	36.34	2.90	-7.14
		坑塘水面	250.85	20.04	43.61	3.50	-207.24
		农田水利用地	55.39	4.42	15.66	1.25	-39.73
		田坎	0.21	0.02			-0.21
		晒谷场等用地	4.88	0.39			-4.88
建设用地	居民点及独立工矿用地	城市	18.78	1.50	8.31	0.66	-10.47
		建制镇	17.17	1.37	4.76	0.38	-12.41
		农村居民点	46.86	3.74	42.88	3.42	-3.98
		独立工矿用地	149.41	11.93	95.05	7.59	-54.36
		特殊用地	1.10	0.09	33.66	2.69	32.56
	水利设施用地	水库水面	41.91	3.35	53.51	4.27	11.60
		水工建筑用地	13.06	1.04	21.88	1.75	8.82
未利用地	未利用土地	荒草地	0.73	0.06			-0.73
	其他土地	河流水面	28.94	2.31	17.35	1.39	-11.59
		湖泊水面			261.39	20.87	261.39
合计			1252.18	100.00	1252.18	100.00	0

7.4.4　提升了农田地表水利用效率

参考灌溉水利用系数计算原理，对工矿区农田地表水利用效率进行评估，计算公式如下：

$$\eta_{表}=A_{农}\ m_{净}/Q_{渠} \tag{7-22}$$

式中，$\eta_{表}$ 为工矿区农田地表水利用效率；$A_{农}$ 为各农用地类面积（hm^2）；$m_{净}$ 为净灌水定额（m^3/hm^2）；$Q_{渠}$ 为灌溉渠系总供水量（m^3）。

7.4.4.1　农田水利设施整治与修复前的地表水利用效率分析

(1) 需水量预测

研究区需水量主要为农业灌溉用水、生态用水和居民生活用水。生态用水是指维持研究区生态水面正常水位所需水量，主要考虑地下渗漏、水面蒸发和水体流动的影响。由于研究区各村村民生活用水均由所属乡镇统一供应，本次规划不予考虑。

(2) 农作物品种及面积

研究区灌溉水田以水稻-小麦轮作为主，旱地种植小麦，采用低压管道输水方式，项目实施前旱地面积为 557.17hm^2。

(3) 灌溉保证率选取

研究区地处北亚热带和暖温带过渡带，为湿润半湿润季风气候区，四季分明，气候温和，光照充足，具备综合发展农业生产的优越条件，当地农作物以小麦和水稻为主。根据《江苏省土地开发整理工程建设标准》，研究区属于黄泛平原工程类型区，结合当地长期的耕作经验和灌溉条件，为确保农作物高产稳产，灌溉保证率取 85%。

(4) 农业用水量的确定

1）灌溉用水量。研究区整治前，灌溉水田为 18.93hm^2（种植水稻），旱地为 557.17hm^2（种植小麦）。根据研究区当地长期的耕作经验和灌溉条件，确定水稻的灌溉净定额为 7500m^3/hm^2，小麦的灌溉净定额为 2000m^3/hm^2。经估算，灌溉水利用系数取 0.85。

经计算，项目建成后，研究区农业每年总需水量约为 147.8 万 m^3，见表 7-8。

表 7-8 整治与修复前研究区（P=85%）灌溉需水量计算成果

灌溉保证率	P=85%	
作物种类	水稻	小麦
灌溉净定额/(m^3/hm^2)	7500	2000
灌溉水利用系数	0.85	0.85
灌溉毛定额/(m^3/hm^2)	8824	2353
种植面积/hm^2	18.93	557.17
需水量/万 m^3	16.70	131.10
需水量合计/万 m^3	152.26	

2）生态用水量的确定。整治前，研究区的水库水面为 41.91hm^2，根据贾汪区水土保持，植被生长的传统经验，生态用水每公顷为 0.8 万 m^3（含水面蒸发量），经计算，生态需水量约为 33.53 万 m^3。

综上所述，研究区年需水量为 181.33 万 m^3。

(5) 可供水量分析

1）本地径流利用主要是指对研究区内降雨径流的利用，根据《江苏省水文手册》，研究区平水年、中等干旱年、特大干旱年降雨径流系数分别按 0.5、0.4、0.3 计。研究区总面积为 1266.78hm^2，其典型干旱年（P=85%）的降雨量为 652.4mm，降雨径流系数取 0.35，因此研究区的地表径流可用量为

$$Q_1 = 1266.78 \times 10\,000 \times 652.4 \div 1000 \times 0.35 \approx 289.26 \text{ 万 m}^3$$

2）研究区灌溉客水水源主要有生态湖，该水源独立服务于研究区，生态湖水源源头

为屯头河。

生态湖（可供水库库容为41.91万m^3）可向研究区供水量计算如下：

$$\begin{aligned}\text{水库供水量}&=\text{水库库容}\times\text{水库复蓄系数}\\&=41.91\times2.5\\&\approx104.78\text{万 m}^3\end{aligned}$$

故研究区内可供总水量=289.26+104.78=394.04万m^3。

（6）整理前工矿区农田地表水利用效率

$$\eta_{\text{前}}=181.33\div394.04\times100\%\approx46.02\%$$

7.4.4.2 农田水利设施整治与修复后的地表水利用效率分析

研究区经综合整治后，耕地面积由576.1hm^2（其中灌溉水田为18.93hm^2、旱地为557.17hm^2）增加到614.71hm^2（全部为灌溉水田），净增耕地面积为38.61hm^2。通过综合整治，不但增加了研究区的耕地面积，而且明显提高了耕地的质量。

（1）农业用水量的确定

1）灌溉用水量。研究区整治后，灌溉水田为614.71hm^2。根据研究区当地长期的耕作经验和灌溉条件，确定水稻的灌溉净定额为7500m^3/hm^2。

经计算，项目建成后，研究区农业每年总需水量约为542.39万m^3。

2）生态用水量的确定。整治后，研究区的水库水面为53.51hm^2，根据贾汪区水土保持，植被生长的传统经验，生态用水每公顷为0.8万m^3（含水面蒸发量），经计算，生态需水量约为42.81万m^3。

综上所述，研究区年需水量为585.20万m^3。

（2）可供水量分析

1）与整治前一样研究区的地表径流可用量为289.26万m^3。

2）研究区灌溉客水水源主要有生态湖，该水源独立服务于研究区，生态湖水源头为屯头河。

生态湖（可供水库库容为53.51万m^3）可向研究区供水量计算如下：

$$\begin{aligned}\text{水库供水量}&=\text{水库库容}\times\text{水库复蓄系数}\\&=53.51\times2.5\\&\approx133.78\text{万 m}^3\end{aligned}$$

3）新建7座灌溉泵站从原有河道中提水（原有河道常年水位为27.5m，流量为40m^3/s），灌溉泵站的设计流量为0.26m^3/s，控制面积约为1300亩，按照灌水天数10天，一天向研究区供水12h，灌溉水利用系数为0.85，则研究区的客水量为

$$Q_2=0.26\times7\times3600\times12\times10\times0.85\approx66.83\text{万 m}^3$$

4）由浅水种植承包户和生态整治区管理处自备35套流动泵与柴油机从原有河道中提水（原有河道常年水位为27.5m，流量为40m^3/s），流动泵的设计流量为0.12m^3/s，按照灌水天数30天，一天供水12h，灌溉水利用系数为0.85，则研究区的客水量为

$$Q_3=0.12\times35\times3600\times12\times30\times0.85\approx462.67\text{万 m}^3$$

故研究区内可供总水量为 952.54 万 m^3。

(3) 整理后工矿区农田地表水利用效率

$$\eta_{后}=585.20\div952.54\times100\%\approx61.44\%$$

7.4.4.3 农田水利设施整治与修复前后的地表水利用效率对比分析

通过对农田水利设施整治与修复前后工矿区农田地表水利用的供需量变化分析，得出工矿区受损农田地表水利用效率的差值：61.44%−46.02%=15.42%，实现了项目初步设计预定指标，地表水资源利用率超过10%。所采用的受损农田水利设施整治与修复技术能够有效优化农田水利设施布局，提高农田水利用效率，为工矿区农田水利设施整治与修复提供技术支撑。

7.5 本章小结

集成了工矿塌陷区水系修复与农田水分循环调控技术，在功能分区划分的基础上形成了地表水、地下水和土壤水联合修复方案。地表水主要依靠修建圩堤、水闸、灌溉泵站、排涝泵站和修复渠道实现。地下水位主要通过开挖排水沟实现降渍、排水。土壤水修复利用煤矸石、粉煤灰、湖泥等表土替代物进行土壤填充，促进土壤水分在土壤中的有效运移。研发与集成了受损农田水利设施修复与再利用技术，包括圩堤建造技术、抗塌陷技术和透水型混凝土排水技术。提出了以煤矸石代替碎石、粉煤灰代替水泥为主要组成的透水性排水沟的混凝土衬砌材料，其中最佳混凝土配合比为：煤矸石替代30%碎石量，粉煤灰替代15%水泥量。

提出了灌排渠系等线性工程和构筑物的优化布局与设计技术。建立了低压输水管道灌溉管网管径优化模型；提出了毛沟→农沟→斗沟梯级排水调控方案。研究区通过工矿区受损农田水利设施整治与修复，使工矿区农田地表水利用效率提高了15.42%，表明工矿区受损农田水利设施整治与修复技术能够大大提高研究区地表水的利用率。

第8章 工矿区受损农田质量等级提升关键技术研究

工矿区受损农田损毁类型除了占用外，塌陷、挖损、污染等均可通过一定的工程技术措施加以修复利用。其质量等级提升的影响因素既有地区分异，又有共性特征。结合工矿区土地利用变化的驱动机制和土地外在损毁机理，构建压力-状态-响应（press-station-response，PSR）分析框架，提出了提升工矿区受损农田质量的技术方法，并将对应技术归并整合，完成对提升耕地质量等级和生产能力的工程修复集成技术的研究。具体研究思路如图8-1所示。

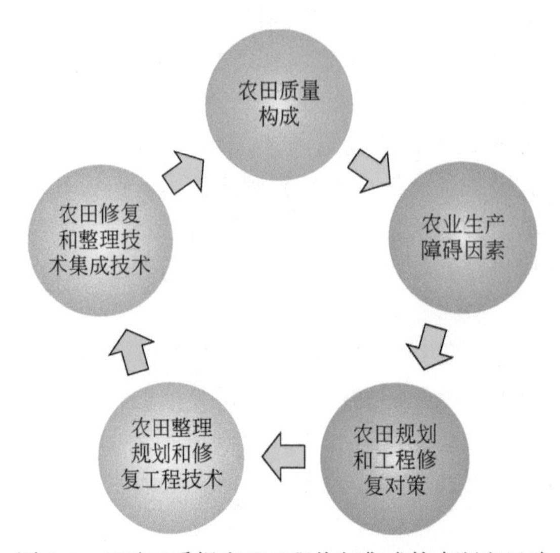

图8-1 工矿区受损农田工程修复集成技术研究思路

8.1 耕地质量等级提升影响因素分析

农用地分等是针对农用地的自然和经济两方面属性及其在社会经济活动中的地位与作用，综合评定、划分农用地等级的过程。农用地分等方法采取的是逐级修正的方法，即以农用地的气候生产力为基础，乘以依据农用地的土壤、地形等质量因素计算出来的自然质量分获得农用地的自然质量等指数，自然质量等指数再乘以土地利用系数获得农用地利用等指数，农用地利用等指数再乘以土地经济系数获得农用地经济等指数。可以看出，农用地等级评定着眼于耕地的持续利用和管理，根据耕地相对稳定的，对生产力具有重要影响的因素，且因素在特定地域具有异质性，并相对保持独立发生作用的一系列耕地属性，综合评定耕地质量的优劣并划分等级。耕地质量等级评定还应考虑选取因素资料收集的现实可能性，所选因素尽可能利用已有的土地资源调查成果或科学试验可取得资料的因素，而且是野外直接可观测调查到的自然属性和农业生产状况。

8.1.1 耕地质量等级影响一般因素分析

通过大量查阅农用地分等文献，发现引用较多的指标为表层土壤质地（引用率100%）、土壤有机质含量（引用率100%）、剖面构型（引用率77%）、排水条件（引用率70%）、灌溉保证率（引用率83%）、地形坡度（引用率93%）、有效土层厚度（引用率70%）、盐渍化程度（引用率43%）、pH（引用率60%）、地表岩石露头度（引用率37%）。同时根据《农用地分等规程》，将耕地质量等级的因素汇总，见表8-1，这些因素能够反映资源管理的要求，稳定且对耕地质量等级具有持久的影响力。研究耕地质量等级提升问题，必须识别耕地质量等级的有关因素。

表8-1 耕地质量等级的影响因素

指标类别	因素
地形地貌	地形坡度、地表岩石露头度
土壤	有效土层厚度、表层土壤质地、剖面构型、土壤有机质含量、pH、障碍层距地表深度、盐渍化程度、土壤侵蚀、土壤砾石含量
环境健康状况	土壤污染状况，包括重金属污染物（汞、镉、砷、铜、铅、铬、锌、镍）含量、农药残留、灌溉水源水质、微量元素（氟、碘、硒）含量
基础设施条件	排水条件、灌溉保证率、灌溉水源、田块平整度、田块大小、田块形状、田间供电、田间道路通达度、林网化程度
土地利用状况	耕作制度、经营规模、利用集约度、人均耕地、种植制度

8.1.2 耕地质量等级特定的影响因素分析

我国幅员辽阔，气候差异明显，地貌类型多样，在实际的耕地质量等级评定过程中，各省（自治区、直辖市）会根据实际选择差异性的指标。统计2004年各省（自治区、直辖市）分等工作成果，发现其中还存在地方指标。例如，灌溉水源水质为山东采用，灌溉条件为安徽采用，基础肥力、耕层厚度、排涝为浙江采用，地表塌陷程度为山西采用，等等。通过对比《农用地分等规程》中推荐的分等因素和各省（自治区、直辖市）最终的分等指标集，部分地区增加的农用地分等指标见表8-2。

表 8-2　部分地区增加的农用地分等指标

地区	增加指标	建议
北京	土壤砾石含量	选择此指标的为北部和西部山地区，砾石含量较高，因此选择此指标是必要的
山东	灌溉水源水质	山东的灌溉水源来自地下水，因此灌溉水源水质对农用地质量影响较大，因此选择此指标是必要的
安徽	土壤污染状况、灌溉条件	土壤污染状况、灌溉条件对农用地质量影响较大，且这两个指标容易量化，可保留此指标
江苏	土壤侵蚀程度	土壤侵蚀主要影响耕地面积和土壤肥力与质量，建议取消此指标
浙江	地下水位、土壤基础肥力、海拔	地下水位对耕地盐渍化有影响，浙江地形起伏变化明显，海拔对耕地质量有影响。土壤基础肥力是指在不施肥的条件下，土壤所具有的生产力，此指标用于评价农用地自然质量分与光温生产潜力有一定的冲突，且其影响因子包括有机质、全氮、水解氮、速效磷、速效钾、阳离子交换量、pH。与有机质含量指标重复，建议取消土壤基础肥力
山西	土壤污染状况、地表塌陷程度	山西耕地存在土壤污染状况和地表塌陷情况，这两个指标有必要保留
陕西	土壤侵蚀程度	土壤侵蚀主要影响耕地面积和土壤肥力与质量，建议取消此指标
河南	土壤砾石含量	选择此指标的为山地丘陵区，砾石含量较高，因此选择此指标是必要的
湖北	土壤污染状况、地下水埋深、土壤侵蚀程度	土壤侵蚀主要影响耕地面积和土壤肥力与质量，建议取消此指标。土壤污染状况、地下水埋深为平原区选取的指标，该区降水不均，易受干旱威胁，且有污染情况，因此保留这两个指标
四川	海拔	四川地处四川盆地区向青藏高原区和云贵高原区的过渡带内，地貌类型以山地为主，海拔高差超过 7000m，巨大的海拔差异是引起气候、植被、土壤和土地利用的根本区别，成为农用地利用的限制因素，可保留此指标
重庆	海拔、梯地状况	重庆地形起伏变化明显，且有梯田分布，可保留此指标
广西	地下水埋深	地下水位对耕地盐渍化有影响，广西没有选择土壤盐渍化这个指标，因此可保留地下水埋深
广东	地形、地下水位	广东地形起伏变化明显，选择地形指标是必要的。地下水位对耕地盐渍化有影响，广东没有选择土壤盐渍化这个指标，因此可保留地下水位
福建	全盐量、海拔、土壤侵蚀程度	选择全盐量的区域为滨海围垦区，全盐量影响耕地质量，因此需要保留此指标。海拔适用于丘陵山地区，福建地势变化较大，因此需要保留此指标。土壤侵蚀主要影响耕地面积和土壤肥力与质量，建议取消此指标
贵州	海拔	贵州地形起伏变化明显，选择地形指标是必要的
海南	灌溉水源	海南缺少淡水资源，因此灌溉水源直接影响耕地质量，保留此指标
内蒙古	土壤侵蚀程度	土壤侵蚀主要影响耕地面积和土壤肥力与质量，建议取消此指标

续表

地区	增加指标	建议
宁夏	土壤侵蚀程度、土壤类型	建议舍去土壤类型指标，土壤类型基本不会改变，且已有有机质、表层土壤质地、剖面构型这几个指标。土壤侵蚀主要影响耕地面积和土壤肥力与质量，建议取消此指标
青海	土壤砾石含量	青海地貌多样，地形复杂，土壤砾石含量较高，因此选择此指标是必要的
西藏	海拔	海拔对于西藏耕地质量有绝对影响，可保留此指标
新疆	全氮含量、林网化程度、年降水量、水热吻合程度	全氮含量和有机质含量指标高度相关，建议取消此指标。林网化程度为定级指标，建议取消此指标。水热吻合程度、年降水量与光温生产潜力有重复，不适宜用作评价自然质量的因素，建议取消这两个指标

8.2 采煤塌陷区耕地质量等级主要影响因素

采煤塌陷区耕地包括未受采煤活动影响的耕地、塌陷耕地和整治后的耕地。本研究重点讨论塌陷耕地和整治的耕地质量主要影响因素。

采煤活动往往造成自然地形、水文、肥力和环境条件的恶化，如引起土壤土层错乱、压实、淹水、养分。这些问题的出现与地形水文、耕地土体构型、土壤容重、土壤孔隙度和土壤含水量等物理性质，以及土壤养分含量、重金属含量等化学性质的剧烈变化是密切相关的。而对塌陷耕地整治的过程即是改善这些不利于作物生长的土壤及环境条件的过程。本研究对国内外大量采煤塌陷的耕地和采煤塌陷区整治的耕地质量评价指标进行统计及频度分析（图 8-2 和图 8-3），在此基础上对影响采煤塌陷区耕地质量的主要因素进行研究。

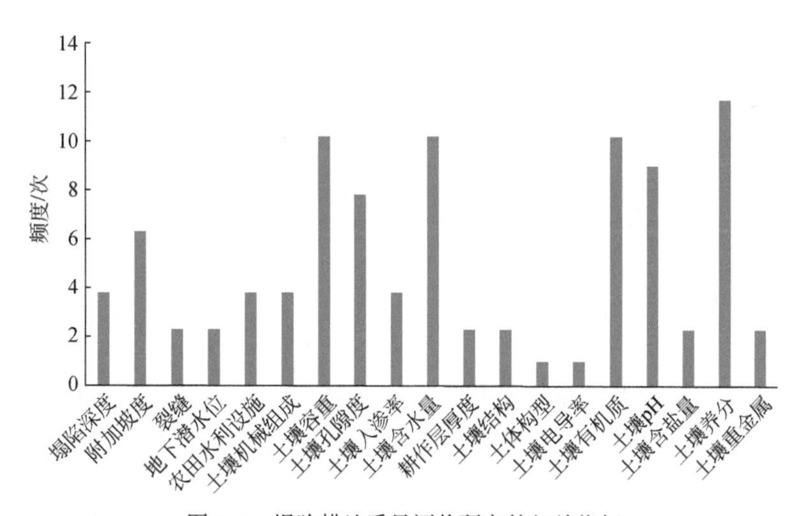

图 8-2　塌陷耕地质量评价研究的相关指标

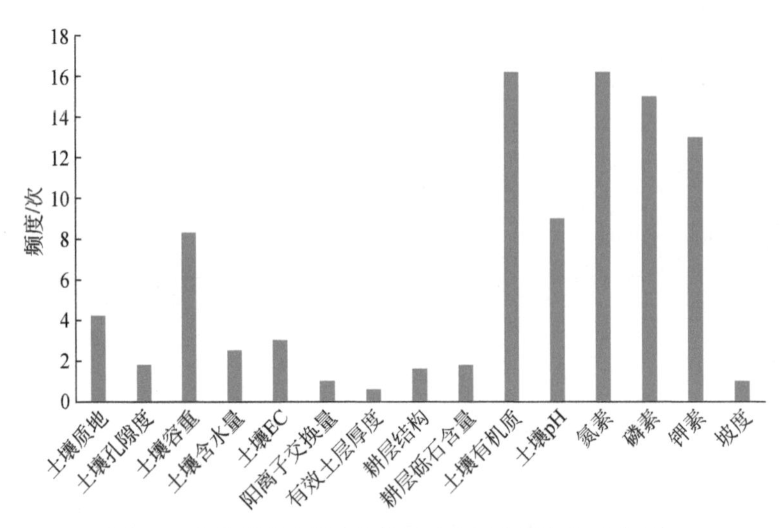

图 8-3　采煤塌陷区整治的耕地质量评价研究的相关指标

在采煤塌陷对耕地质量影响的相关研究中，土壤养分含量、土壤有机质、土壤容重、土壤 pH、土壤孔隙度及地形条件的变化是关注较多的指标；而采煤塌陷区整治的耕地质量相关研究中，土壤有机质、土壤养分含量、土壤 pH、土壤容重是关注较多的指标。因此，本文在重视对影响区域耕地质量主要影响因素的同时，还要对土壤容重、土壤含水量、土壤孔隙度、土壤养分含量等土壤性质予以充分的关注。另外，采煤塌陷地进行充填土体重构时所利用的固体废弃物往往存在重金属含量较高的问题，可能会对耕地土壤造成潜在的污染。因此有必要对采煤塌陷区耕地土壤重金属含量情况进行分析。

8.2.1　地形水文

8.2.1.1　地形坡度

地形坡度对耕地质量的影响，主要表现在水土流失与农田基础设施条件、耕作条件等方面。塌陷后地表起伏越大，坡度越陡，土壤侵蚀作用越强，水土流失量就会越多。除此之外，坡度较大时不利于农田水利化和机械化。例如，坡度超过 8°时不利于机械化耕作，超过 17°则难以机耕。

8.2.1.2　地下水条件

地下水位的埋藏深浅及矿化度大小是决定土壤是否会盐渍化和沼泽化的重要因素，它们影响耕地土壤的理化性状及改良的难易程度。其中，浅层地下水与自然降水和地表水关系密切，是耕地的重要灌溉水源之一。耕地受采煤活动影响发生塌陷后，地下水位会相对抬升。整治后由于田面的抬升以及区内水系的修复，地下水位会相对下降。

8.2.2 耕地的土壤条件

塌陷耕地和整治的耕地质量除与影响区域耕地质量的主要土壤性质有关外，还需要关注土体构型、土壤障碍层次、土壤容重、土壤孔隙度、土壤含水量、阳离子交换量、土壤养分含量、土壤重金属含量等发生剧烈变化的性质。

8.2.2.1 土体构型

土体构型是指土体内不同质地土层的排列组合，它着重强调了土壤物理状况与土壤肥力的关系。良好的土体构型一方面能够对土壤水、肥、气、热条件及水盐的运移状态起到很好的调节作用，另一方面有助于日常耕作，是耕地生产力高低的重要影响因素。一般来说，高产稳产耕地的土体构型表现为土层深厚、无障碍层次。

采煤塌陷对耕地土壤条件的破坏始于土体构型。当耕地受采煤活动影响塌陷后，地表产生的附加坡度与裂缝使得表层土壤养分及水分不断流失，造成耕作层逐渐浅薄甚至被完全剥蚀；另外，地表变形过程引发的土层垮落、翻转错动，导致土壤剖面原来的质地层次组合错乱。耕层变浅和剖面质地层次的错乱，导致耕地原土体构型破坏，从而引发作物立地条件、肥力条件的破坏。

相应的，对塌陷耕地的整治始于土体重构（耕地土体构型的重建），即将人工制品（粉煤灰、煤矸石、建筑垃圾等）或人工搬运物质（湖泥、外源土等）充当土壤物理介质，人为地输入土体，构成特殊的剖面层次（图 8-4）。这些特殊的剖面层次与上覆土层共同构成整治耕地特殊的人为土体构型。

图 8-4 人为土体构型

充填物料从左至右依次为建筑垃圾、粉煤灰、煤矸石、湖泥

8.2.2.2 土壤障碍层次

土壤障碍层次一般是指在耕层以下出现白浆层、石灰姜石层、黏土磐层和铁磐层等阻碍植物根系伸展或影响水分渗透的层次，是在土壤发生过程中形成的。如果采煤塌陷区原状耕地土体内存在障碍层次，塌陷后由于土体构型的破坏，原有的障碍层次埋深变浅，对作物生长的阻碍作用更大。

在对塌陷耕地进行充填土体重构时，人为地将粉煤灰、煤矸石、建筑垃圾等固体废弃物输入土体，形成特殊的剖面层次。其中，煤矸石和建筑垃圾等呈块状结构、大小不一，土体重构时为防止充填后引发地表不均匀下沉，往往采用分层压实充填的方法。这样就在土体内形成一个坚硬的、通透性极差的层次，可称之为工业废物技术硬层（industrial waste technic hard layer）。如果该层出现在土体 1m 以内，可能会阻碍植物根系伸展、影响水分渗透，构成影响作物生长的人工障碍层次。

8.2.2.3 土壤容重

土壤容重是指单位容积土体的干重量，对土壤透气性、土壤持水性能、土壤养分的运移有重要影响。一般来说，土壤容重小意味着土壤疏松多孔且结构良好，反之则意味着土壤紧实及结构性差，不利于耕作且限制作物根系延伸；砂土容重较大，黏土容重较小，壤土则介于两者之间。

8.2.2.4 土壤孔隙度

土壤孔隙度是指单位体积土壤中孔隙所占的百分率，其大小与土壤的质地、结构以及有机质含量有关、对土壤的水热交换能力以及土壤肥力等有着重要影响，是土壤重要的物理性质之一。孔隙度良好的土壤能够同时满足作物对水和空气的要求，有利于养分状况的调节和植物根系的伸展。

8.2.2.5 土壤含水量

土壤含水量是指土壤所含水分的重量。土壤水分是土壤液相组成部分，是作物生长发育所需水分的主要来源，其丰缺程度直接影响作物生长与产量。俗语“水多则涝、水少则旱，有收无收在于水”体现出水分在农业生长中所起的重要作用。除此之外，水分在土壤肥力形成过程中也发挥了重要的作用，它不仅影响土壤养分的运移，还影响土壤养分的分布。土壤压实及土壤孔隙度减少会形成水分入渗的限制层，同时制约养分在土体内的运移，不能满足作物根系对水分、养分的需求。

8.2.2.6 阳离子交换量

阳离子交换量是指土壤吸附和交换阳离子的容量，它起到储存和释放速效养分两方面的作用，并与土壤溶液保持着动态平衡，是土壤保肥、供肥能力和酸碱缓冲能力的重要标志。交换量大的土壤，保肥性能好、施肥淋失量小，表现出良好的稳肥性。阳离子交换量主要受有机质、黏粒、矿物类型及 pH 等因素的影响，是衡量土壤肥力水平和指导合理施肥的重要依据。

8.2.2.7 土壤氮素含量

氮素是构成耕地土壤肥力的重要物质基础之一，它为作物生长发育提供必需的营养，在耕地增产方面发挥了重要作用。土壤全氮水平可以反映出土壤的氮素状态、总储量以及土壤供氮的潜力；碱解氮则可以反映出土壤近期的氮素供应情况。土壤中氮素的总储量、状态及有效性与作物的生长状态和产量在某种条件下呈正相关。

8.2.2.8 土壤磷素含量

土壤磷素是作物生长所必需的、不可替代的大量营养元素之一，具有重要的营养生理功能。土壤全磷含量可以反映出土壤磷素的总储量，但并不能说明土壤的磷素供应情况；土壤有效磷含量则可以用来衡量土壤磷素供应水平，它与土壤全磷含量之间的关系比较复杂。

8.2.2.9 土壤钾素含量

钾素能够提高作物对氮元素的吸收和利用，增强作物抵抗干旱、冷冻、盐渍化、病虫害的能力。土壤钾素主要来源于土壤中含钾矿物和通过作物残体、施肥等归还土壤的钾素。土壤全钾含量对土壤钾素供应潜力及区域钾肥分配决策的制定具有重要的意义；速效钾可以直接被作物体吸收利用，是反映土壤钾素有效性高低的标志之一。

8.2.2.10 土壤重金属含量

采煤塌陷区耕地受矿区存放的固体废弃物随地形变化迁移，或是整治过程中采用固体废弃物进行充填土体重构等影响，土壤中重金属含量可能超过背景含量、超出自身净化能力，造成现存的或潜在的土壤质量退化，农产品安全受威胁及生态环境恶化。采煤塌陷区常见和利用的固体废弃物有粉煤灰、煤矸石、湖泥、建筑垃圾等，涉及的重金属元素主要有 Cd、Cr、Zn、Cu、Hg、Pb、As 等。

8.2.3 耕地的基础设施条件

塌陷后地形水文的变化会破坏附着于地表的农田水利设施、生产道路和防护林网的完好性，影响其正常使用。当塌陷程度较深时，地下潜水位的相对抬升及地表的季节性积水会导致这些农田基础设施无法发挥作用。塌陷耕地的农田水利设施易遭损坏，渠道出现断裂、灌溉排水不通畅，不具备作物正常生长所需要的灌排条件。

8.2.4 工矿区受损农田质量等级提升影响因素筛选

结合工矿区土地利用变化的驱动机制，以及土地外在损毁机理，构建压力-状态-响应分析框架，明确工矿区受损农田存在的质量提升问题，并探讨各种损毁问题影响下耕地质量的因素表征状态，进而提出提升工矿区受损农田质量的技术方法，即对现有问题的响应和行动（表 8-3）。

表 8-3　工矿区受损农田质量等级提升影响因素遴选

压力	状态	响应
工矿区受损农田质量提升问题	受损农田质量等级限制因素	技术方法需求
损毁农田整理过程中，土层错乱导致土壤有机质含量的下降	土壤有机质含量	土地平整施工中表土剥离和次序堆放技术
水系错乱产生的渍水或地下水位过高问题	土壤盐渍化程度	田块标高差异设计技术、渠系修复技术和设计方法
采矿废水废渣导致的水土气污染、土壤酸化	土壤酸化	化学改良方法、灌排体系布局和设计技术
采矿业产生的固体废物、废水、废气等	土壤污染状况	化学改良方法、客土改良法、灌排布局设计技术
采矿引起的耕层塌陷、挖损、压占	土层厚度	土地平整技术（挖深垫浅）、土体重构技术、客土
田面塌陷、挖损及地表倾斜导致的地表物质粗化	表层土壤质地	客土技术、施肥技术、耕作技术
矿产开发导致田面破损、破碎化	田块规模、破碎化程度	土地平整技术
采矿导致土层断裂，造成水循环不畅，坪塘、灌溉水渠损毁严重，无法蓄水输水	灌溉保证率	排灌系统规划技术、农田设施修复技术
采矿废水废渣导致的水土气污染、水质恶化	灌溉水源水质	化学改良、排灌系统规划技术
灌排水循环系统损坏，积水严重，河流水无法自排	排水条件	排灌系统规划技术
采矿导致田面不整、损毁等	田间道路	道路修复和建设技术
田面塌陷、挖损和裂缝等	田块平整	土体重构、土地平整技术
田面倾斜、塌陷	田块坡度	土地平整技术

8.3　工矿区受损农田质量等级提升工程修复实验设计

我国工矿区类型多样，分布广泛，加之不同工矿区对农田的挖损、压占、污染、塌陷等影响情况差异悬殊，难以尽述其质量等级提升有关技术和方法。因此，本研究针对采煤塌陷地受损农田的损毁特点，以及质量等级提升的具体技术需求，构建具有塌陷区特色的农田质量等级提升技术体系分析框架。该框架首先分析了耕地质量组成要素，即影响耕地根系伸扎、肥力供应、环境安全和生产条件等；其次分析了采煤塌陷导致的农田土壤压实、土体破坏、养分流失、排灌不畅等障碍；最后进行工矿区耕地质量等级提升集成技术的研究，主要包括表土保护与利用技术、土体重构技术、水系修复技术、农地保育和利用技术及土地整治工程技术。

8.3.1 表土保护与利用技术

表土保护与利用技术包括表土剥离技术、表土存储技术和表土再利用技术。

8.3.1.1 表土剥离技术

(1) 前期调查与规划

对采煤塌陷区耕地表土资源的利用，需通过实地调查以确定可利用的数量及质量。优质的剥离区土壤肥沃、熟化程度高，剥离后的表土具有重要实用价值，而劣质的剥离区不仅土壤质量差，浪费人力物力的同时剥离的实际效用也不大。因此，需要进行专业的土壤调查，利用土壤图、全国第二次土壤普查等资料，结合实地土壤样品采集及测试分析来明确区内土壤类型、土壤质地、土壤 pH、土壤容重及土壤养分贫瘠状况等划分取土区域。表土剥离的厚度与取土区土层厚度及耕层厚度密切相关。需要通过多点法实地挖掘土壤剖面，测定土壤耕层厚度来确定表土剥离的深度。具体指标及测量方法见表 8-4。

表 8-4 表土利用前期调查指标及测量方法

测试指标	允许范围	测量方法
土壤质地	中壤、轻壤、砂壤	激光粒度仪法
耕层厚度	≥15cm	多点法挖掘剖面实地测量
土壤 pH	6.5 ~ 8.5	pH 酸度计电位法
土壤含盐量	≤0.2	电导率仪法
土壤容重	≤1.3	田间速测
有机质含量	≥12g/kg	重铬酸钾-硫酸氧化法
有效磷含量	≥22mg/kg	0.5mol/ L $NaHCO_3$ 浸提，钼锑抗比色法
速效钾含量	≥120mg/kg	1mol/L NH_4OAc 浸提，火焰光度法

(2) 剥离时机的确定

表土剥离是对土壤原有状态的干扰，如果过早剥离而又不能及时地回覆利用，势必会占据大量的临时堆放场地。同时，存储时间过长易造成表土堆压实、养分流失，导致土壤质量下降。因此，需要选择合适的时间及方法剥离一定厚度、面积的表土。在此过程中，尽量减少对土壤结构等性状的破坏对于保持表土质量起到关键作用。客观条件允许的情况下，表土剥离及回覆尽量遵循“边剥边覆”的原则，合理地确定表土采集的速度（表土剥离总量/工期）与表土利用速度（可利用表土总量/工期）。尽量选择在雨后或者先泼洒矿区生活用水再进行剥离，以避免大量扬尘破坏矿区环境（梁登，2010）。

(3) 剥离方法与步骤

首先，修建进入取土区和取土区内部的临时道路，对取土区土壤表层实施清理，包括清理杂草、农作物根茬等；其次，根据表土剥离方案确定取土区范围和剥离厚度，严格按照土体不同层次分别进行剥离，要保证先单独剥离取土区肥沃的耕作层土壤，再剥离B层（心土层）或C层（底土层）土壤物质；最后，在取土完成后，对取土区进行迹地清理，包括采用机械压实或人工夯实的方式对地表松散的土层进行处理，对施工过程中铲除的表层杂草进行挖坑填埋，对新修的道路遗留下的废弃物进行清理或填埋，以及对施工废弃物清理等。

8.3.1.2 表土存储技术

将表土存放地划分成若干小区，每个小区用来存放剥离的相同层次的土壤物质。将剥离的表土通过卡车运至存放地相应的小区并直接倾倒，经小型推土机形成分散堆状表土场。分散堆状表土场恰好使土壤能够保持通气透水性，同时对大型暴雨能够起到分散径流的作用，可以将表土质量保持在较高水平。在用地规模不受限制的情况下，表土分散存储的规模应设计为直径2～3m，高1m，形状近似锥形。最后将各分散土堆覆盖塑料布或土工编织物，一方面防止产生扬尘，另一方面用来预防雨水的冲刷。土堆的坡脚用沙袋码放堆置，防止土体滑坡。如果表土剥离的时间与回覆利用时间差较大，可向各分散土堆扬撒部分草籽以防止土壤养分及水分流失。

8.3.1.3 表土再利用技术

(1) 表土回覆方式

对于全部覆土区，采用平面均匀覆土方式，即按照设计的覆土厚度，由施工人员操纵机械将相应数量的表土搬运至拟回覆的地块上，在其表面均匀覆盖并进行平整，以达到耕作的要求。采用这一方式可确保覆土区覆土厚度基本一致，仅需对局部地块进行调整，以利于农作物生长。对欲整治为垄作耕地的区域，需要采用带（条）状覆土方式，即按照植株行向的两侧一定距离内进行覆土或直接对“垄”进行加高或改良。

(2) 回覆厚度

新整治的农田在第一次浇灌后会出现不同程度的下沉，所以覆土时需考虑增加一定的厚度。一般来说，设计覆土厚度≤0.5m，需加厚5%；设计覆土厚度在0.5～1.0m，需加厚10%；设计覆土厚度≥1.0m，需加厚15%（叶艳妹，2011）。

8.3.2 土体重构技术

土体重构技术包括充填物料优选技术、隔离层设计技术、覆土厚度设计技术。当工矿区土方量不能满足耕地整治的需求时，需利用工矿区固体废弃物进行充填土体重构。一般来说，采用充填法进行土体重构对土壤的扰动最大，对采煤塌陷区耕地质量的影响更为显著。针对重构土壤普遍存在的土层混乱、养分不足、盐渍化、重金属污染以及有效土层厚度不足等突出问题，为了达到重构适宜作物生长的良好土体构型、提升作物产量和耕地质量水平的目的，本研究根据作物生长机理，利用潘安采煤塌陷区的土壤以及煤矸石、粉煤灰和湖泥等工矿区固体废弃物进行土柱模拟种植试验，并进行土体重构相关技术研究。试验前对试验材料重金属含量进行检测，根据内梅罗法测得数据，可知用于试验的试验材料均未达到被污染程度。其中，煤矸石、湖泥污染程度为安全，粉煤灰处于警戒线。

8.3.2.1 充填物料优选技术

进行土体重构时，采用不同的充填物料重构的土壤剖面对作物生长的影响各异，对土壤环境条件及农作物品质的作用也各有不同。试验选用徐淮地区标准耕作制度中的指定作物——大豆来进行模拟种植试验。土柱试验一设计如图 8-5 所示，试验相关数据如图 8-6 和表 8-5、表 8-6 所示。通过土柱试验一可以得出，针对大豆的生长，重构土壤的适宜性高低依次为湖泥充填重构的土壤、粉煤灰充填重构的土壤、煤矸石充填重构的土壤。

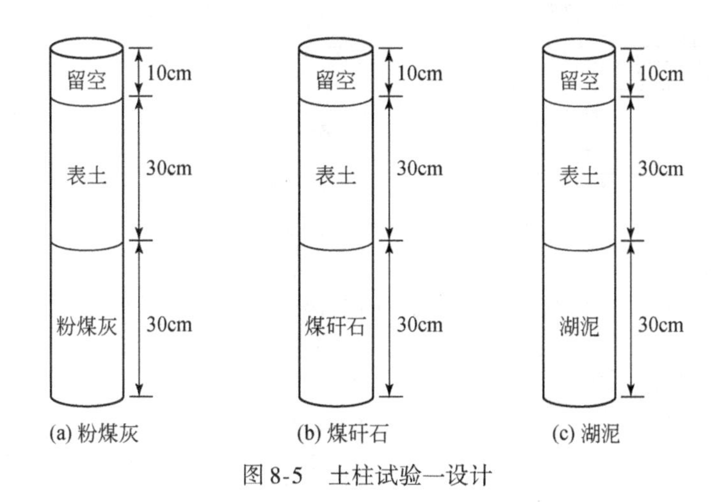

图 8-5 土柱试验一设计

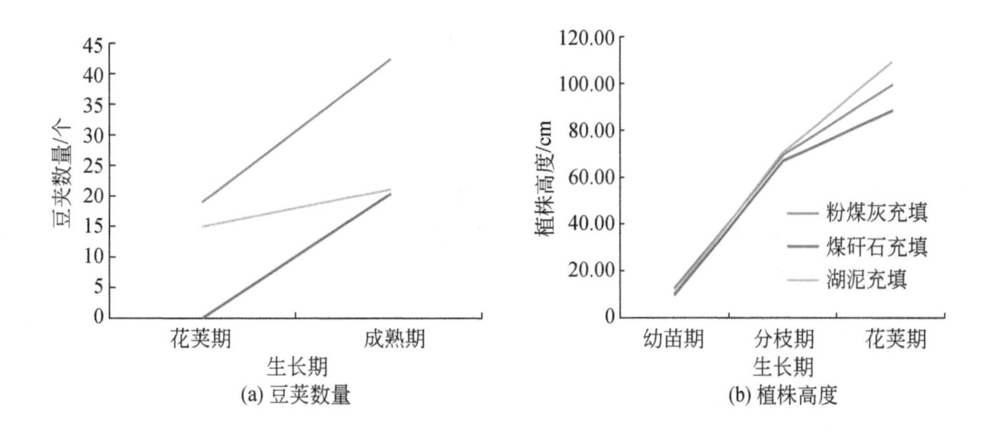

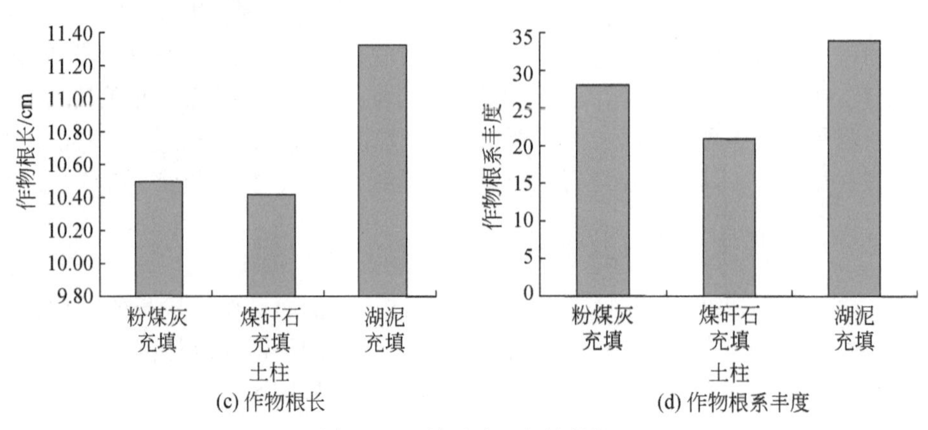

(c) 作物根长 (d) 作物根系丰度

图 8-6 土柱试验一相关数据

表 8-5 试验材料重金属含量 (单位：μg/g)

材料	Zn	Cu	Cr	F	Pb	Hg	As	Cd
粉煤灰	81.1	44.5	73.4	383	44.2	0.538	8.07	0.128
煤矸石	79.2	29.2	74.6	475	35.7	0.142	7.04	0.068
湖泥	72.3	32.3	87.4	577	95.1	0.058	21.53	0.072

表 8-6 试验一各土柱土壤重金属含量

土柱	土层厚度/cm	Zn/(μg/g)	Cu/(μg/g)	Cr/(μg/g)	F/(μg/g)	Pb/(μg/g)	Hg/(μg/g)	As/(μg/g)	Cd/(μg/g)
粉煤灰充填	0～15	64.56	26.54	81.93	460.33	27.18	0.22	12.77	0.099
	16～30	69.61	26.08	122.70	500.00	28.80	0.04	9.14	0.102
煤矸石充填	0～15	67.91	26.63	75.72	355.00	30.02	0.24	8.20	0.121
	16～30	67.96	26.17	109.89	413.67	27.18	0.05	9.07	0.091
湖泥充填	0～15	69.05	28.77	82.71	428.33	67.64	0.19	14.94	0.131
	16～30	72.36	32.57	90.08	516.67	87.46	0.06	21.88	0.059

8.3.2.2 隔离层设计技术

采用充填法进行土体重构时，往往存在土壤水分不足及重金属污染的状况，这是制约作物生长发育的两个重要因素。合理的设置黏土层能够起到保持土壤水分、隔离重金属污染以及抑制土壤盐渍化的作用。本研究以充填物粉煤灰为例，探索黏土层在塌陷耕地土体重构中的作用。土柱试验二设计如图 8-7 所示，试验相关数据如图 8-8 和表 8-7、表 8-8 所示。结果表明：利用粉煤灰充填进行土体重构时，设置黏土层后植株的各项生长指标，以及土壤 pH、土壤含水量和土壤养分含量等指标总体上优于未设置黏土层的处理。另外，本试验中各处理的土壤及植株、果实中重金属元素含量均很小，未造成污染（表 8-9）。

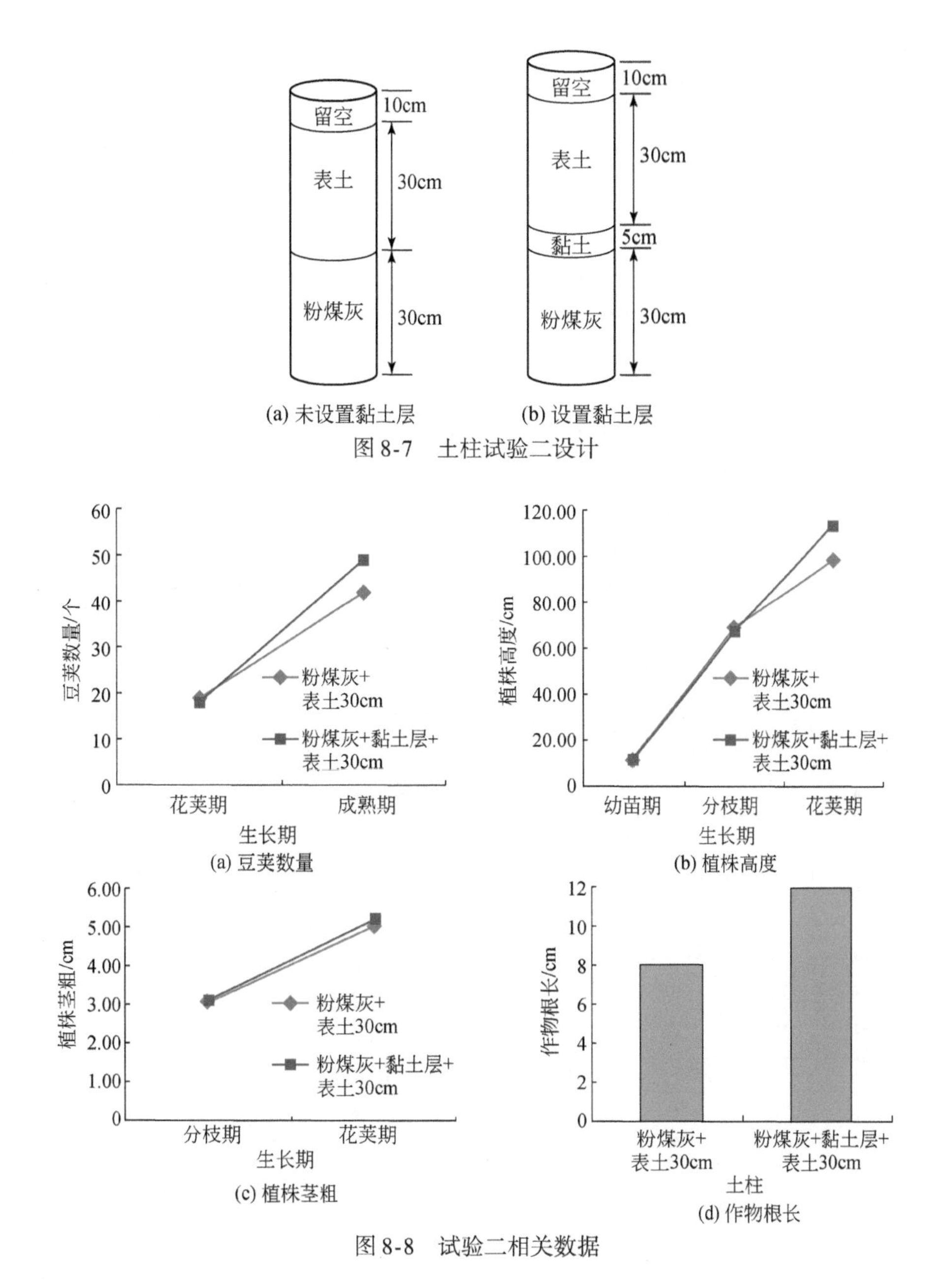

图 8-7 土柱试验二设计

图 8-8 试验二相关数据

表 8-7 试验二各土柱表层（0～15cm）土壤性质

设计	土柱序号	pH	有机质/(g/kg)	全氮/(g/kg)	全磷/(g/kg)	全钾/(g/kg)	碱解氮/(mg/kg)	有效磷/(mg/kg)	速效钾/(mg/kg)
粉煤灰+表土 30cm	1	8.5	22.9	1.01	0.69	19.80	80	18.70	144
	2	8.5	23.2	1.09	0.71	18.90	82	19.90	161
	3	8.6	21.5	1.12	0.73	19.10	91	26.20	169
	平均	8.5	22.5	1.07	0.71	19.27	84	21.60	158

续表

设计	土柱序号	pH	有机质/(g/kg)	全氮/(g/kg)	全磷/(g/kg)	全钾/(g/kg)	碱解氮/(mg/kg)	有效磷/(mg/kg)	速效钾/(mg/kg)
粉煤灰+黏土层+表土 30cm	4	8.2	21.7	1.13	0.76	18.80	72	37.40	174
	5	8.2	22.8	1.13	0.75	19.40	88	45.20	186
	6	8.1	24.2	1.20	0.79	19.10	93	49.10	223
	平均	8.2	22.9	1.15	0.77	19.10	84	43.90	194

表 8-8 试验二各土柱表层土壤重金属含量 (单位：μg/g)

设计	土柱序号	Zn	Cu	Cr	Pb	Hg	As	Cd
对照	土壤	62.395	24.498	66.398	32.039	0.268	7.080	0.079
粉煤灰+表土 30cm	1	66.972	24.498	75.717	22.330	0.389	8.230	0.106
	2	60.488	30.066	94.355	32.039	0.020	22.380	0.092
	3	66.209	25.055	75.717	27.184	0.238	7.700	0.100
	平均值	64.556	26.540	81.930	27.184	0.216	12.770	0.099
粉煤灰+黏土+表土 30cm	4	66.590	24.498	75.717	24.757	0.311	7.390	0.072
	5	68.879	26.169	78.047	22.330	0.324	7.430	0.104
	6	71.930	26.726	75.717	32.039	0.245	7.320	0.095
	平均值	69.133	25.798	76.494	26.375	0.293	7.380	0.090

表 8-9 试验二各土柱植株及果实重金属含量 (单位：μg/g)

设计	土柱	Zn	Cu	Cr	Pb	Hg	As	Cd
粉煤灰+表土 30cm	1	14.266	3.965	1.625	1.552	0.008	0.290	0.033
	2	11.972	4.261	2.622	1.983	0.012	0.330	0.031
	3	20.703	4.215	1.748	1.609	0.010	0.260	0.031
	平均	15.647	4.147	1.998	1.715	0.010	0.293	0.032
	果实	35.595	15.851	<1.00	0.330	0.001	0.032	0.007
粉煤灰+黏土层+表土 30cm	4	10.138	5.360	2.128	1.983	0.009	0.200	0.032
	5	14.633	4.123	2.611	1.983	0.009	0.270	0.031
	6	13.609	4.765	1.694	1.897	0.007	0.210	0.029
	平均	12.793	4.749	2.144	1.954	0.008	0.227	0.031
	果实	35.496	10.170	<1.00	0.336	0.004	0.017	0.006

8.3.2.3 覆土厚度设计技术

耕地表层优质的土壤富含有机质、养分和微生物等，是作物生长发育的最好基质。而各地区不同的作物生长适宜的土层厚度也不尽相同。塌陷耕地整治中要保障重构土壤具有适宜作物生长的生产力水平，必须要保证一定的覆土厚度，从而有利于表层土壤的水分保持及作物根系的下扎。通过对作物生长过程的观测以及相关试验数据的分析来研究充填土体重构的合理覆土厚度。土柱试验三设计如图 8-9 所示，试验相关数据如图 8-10 和表 8-10所示。

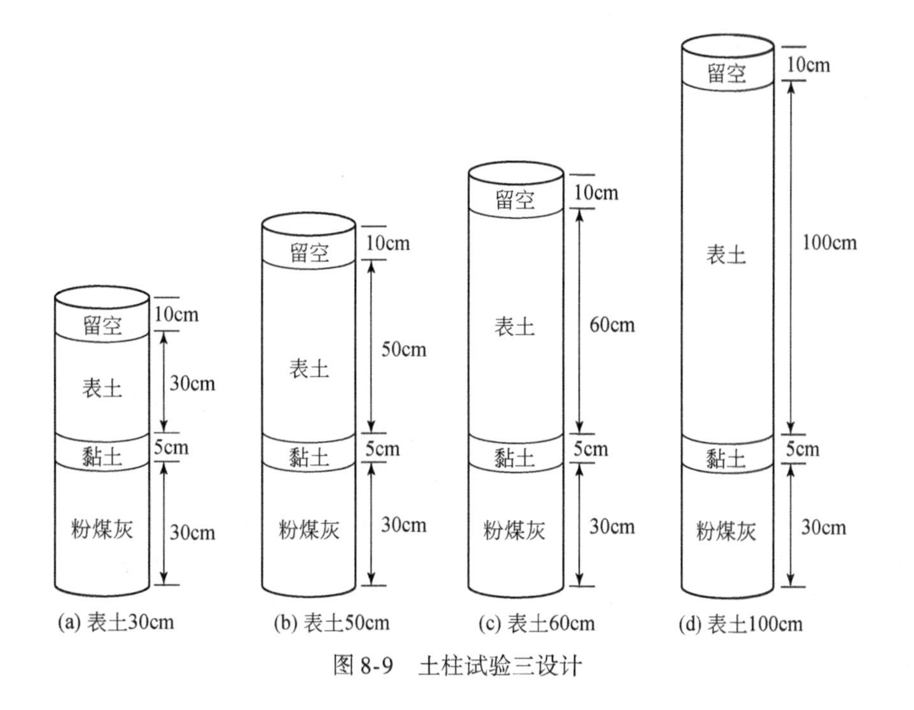

图 8-9 土柱试验三设计

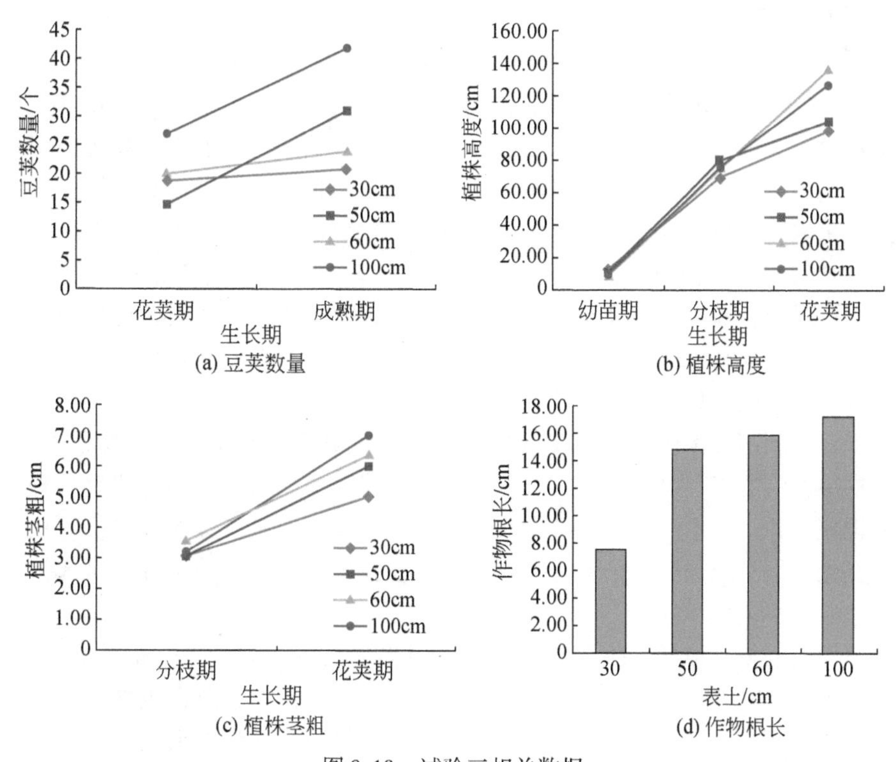

图 8-10 试验三相关数据

表 8-10　试验三各土柱表层土壤性质

覆土厚度/cm	有机质/(g/kg)	全氮/(g/kg)	全磷/(g/kg)	全钾/(g/kg)	碱解氮/(mg/kg)	有效磷/(mg/kg)	速效钾/(mg/kg)	pH
30	18.97	1.09	0.73	19.45	81.00	31.75	172.00	8.6
50	19.28	1.17	0.78	19.47	91.23	40.79	189.33	8.1
60	19.40	1.02	0.79	19.40	92.67	41.00	189.67	8.2
100	22.20	1.09	0.83	19.51	90.00	44.77	192.00	8.1

试验结果表明，在同等条件下，作物的生长状况随着覆土厚度的增加而有所改善。其中，覆土 100cm 作物生长状况最好，覆土 30cm 作物生长状况最差。覆土 50cm 和 60cm 对作物生长影响的差异性不明显，且与覆土 100cm 作物生长状况接近。考虑到当地主要农作物小麦、玉米和大豆的根系分布情况，结合高潜水位地区农田排水降渍的实际需要，贾汪区塌陷耕地采用粉煤灰充填土体重构时，50cm 是较为经济合理的覆土厚度。

综合分析上述试验结果，可以得出不同充填物料重构的土壤对大豆生长的适宜性：优质外源土>湖泥>粉煤灰>煤矸石>建筑垃圾；覆土厚度：30cm<50 cm≤60cm<100cm。由此得出不同土体重构方法的排序：充填土壤>湖泥覆土 50cm>粉煤灰覆土 50cm>煤矸石覆土 50cm。

8.3.3　其他技术

水系修复技术包括地表水调控技术、地下水位控制技术、土壤水修复技术。根据塌陷区周边水系分布及地表水损毁情况，通过合理规划排水系统，对地表水系进行疏通，依靠修建圩堤、水闸、灌溉泵站和排涝泵站实现地表水系的自排或强排。对于塌陷后潜水位较高的地区，采取开挖排水明沟或布设排水暗管的方式实现降渍、排水。通过合理布局沟深、沟距以及暗管间距和埋深，科学控制地下水埋深与地下水升降幅度和速度。利用土壤、粉煤灰、煤矸石和建筑垃圾混合充填材料或设置隔离层，改善充填介质材料，增加土壤的有效保水性，提高土壤的通气性和透水性，营造作物的自然生长环境，实现土壤水修复。具体技术研究内容见第 7 章，此处不再赘述。

农地保育和利用技术包括施肥及管护技术、种植制度调整技术、灌溉方式调整技术。在工矿区耕地整治的工程措施结束后，剧烈的人为扰动，导致土壤层次错乱，理化性质不良，肥力较差，并且由于充填物料的特性仍然存在土壤重金属污染的隐患。应该采取措施加速土壤熟化、消除或缓解污染，为农作物的生长发育创造适宜的条件。具体技术内容见 8.4 节，此处不再赘述。

土地整治工程技术包括田块平整技术、农田水利工程技术等。田面平整要便于机耕，发挥机械效率；灌水方便均匀，节约用水；有利于压盐、排水，改良土壤并满足作物高产稳定所需水分的要求。旱作区由农渠控制的田块内，纵横方向没有反坡；田面横向不设计坡度；田面纵坡方向设计与自然坡降一致，坡度的大小与灌水方向和土质情况有关。沟灌田的坡降一般为 1/1000 ~ 1/250，横向坡度要小，一般不要超过纵坡的 1/3。与人工操纵的土地平整方法相比，激光平地机感应系统的灵敏度比肉眼判断和手动操作要精确 20 ~ 50 倍，平整的精确度可高达±2cm。在表土回覆田面后利用激光平地机进行田面平整，具体操作步骤包括架设激光发射器；利用激光技术测量地形地势；精密平地作业。有关农田水利工程技术等其他具体技术性内容见土地整治相关标准及施工指南，此处不再赘述。

8.3.4 研究结果

工矿区农田损毁后，恢复农田形态和质量，再生利用是检验工程修复成效的关键，也是技术难点。基于农用地分等技术，从影响农田质量的因素入手，依托土地整治工程，融合土体重构技术、表土保护与利用技术、水系修复技术，辅以农地保育和利用技术，形成受损农田质量等级提升集成技术体系，如图 8-11 所示，该技术体系集成表土保护与利用技术、土体重构技术、水系修复技术、农地保育和利用技术、土地整治工程技术 5 项一级技术和 14 项二级技术。

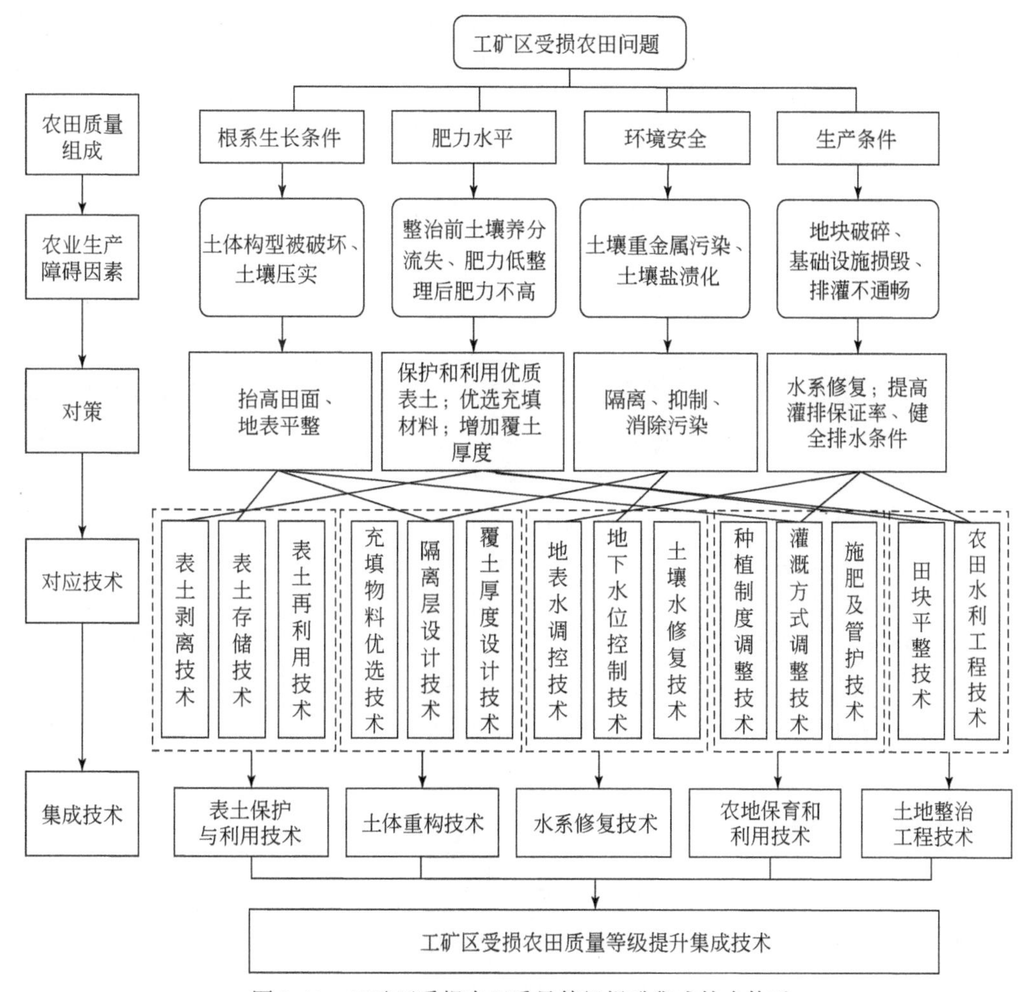

图 8-11 工矿区受损农田质量等级提升集成技术体系

8.4 工矿区受损农地保育和利用技术

8.4.1 研究方法

工矿区受损农田整治类型分区中，东北、蒙东山地平原区，黄淮海平原区，长江中下游平原区，西北干旱区和黄土高原区这五大矿区与农田交错分布，本研究具体讨论这五大矿区的农地保育和利用技术。通过查阅大量文献资料，整合这五大矿区的受损农田修复所面临的问题，分析影响这五大矿区一般耕地质量的因素，并根据矿区所处地理位置的自然条件等，从种植制度、灌溉技术和施肥技术三方面提出解决方案，力求通过搭配合适的种植模式与灌溉施肥技术以提升受损农田质量等级（图 8-12）。

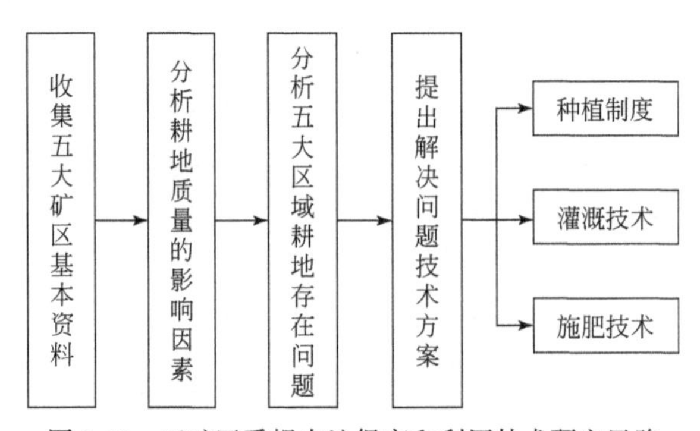

图 8-12　工矿区受损农地保育和利用技术研究思路

理论基础：①系统论。种植制度、灌溉技术、施肥技术都是受损农田质量等级提升的关键要素，缺一不可。以徐州矿区为例，影响受损农田质量等级的因素有耕层土壤厚度、土壤障碍层次、表土质地、有机质含量、土壤 pH、灌溉保证率、排水条件、盐渍化程度和侵蚀强度。这些因素相互联系，共同决定着农田的质量等级。②控制论。为提高矿区受损农田质量等级，必须在规划确定之后，首要任务就是在实施过程中跟踪和控制项目规划的实现。项目目标一经确定，项目规划必须随之具体化为各项计划以及任务、职责的分工和详细的工作流程，项目管理也就进入了控制周期。③信息论。项目主要是对示范区数据库建设的需求调研与分析，了解示范区农田修复工作过程中所涉及的数据类型、作用以及对信息化过程中的作用进行分析，提取建库的内容和形式。

8.4.2 研究过程

工矿区在生产开采过程中对区域的景观效果、生态环境及耕地质量都会造成较大的破坏。工矿生产活动对生态环境的影响则是在土壤资源、土体构型、土壤水分运移、土壤养分运移方面造成破坏。按照“一一对应”原则，针对工矿区地表下沉、农田毁坏严重、生态环境恶化等突出问题，应用问题导向型方法进行东北、蒙东山地平原区、黄淮海平原区、长江中下游平原区、西北干旱区、黄土高原区五大工矿区农田灌溉技术、种植制度、施肥技术研究。各区域工矿区受损农田灌溉技术、种植制度、施肥技术见表 8-11 ~ 表 8-13。

表 8-11　工矿区受损农田灌溉技术研究

区域	工矿区受损农田问题	工矿区受损农田灌溉技术
东北、蒙东山地平原区	肥力下降，黑土、黑钙土的土壤浅薄，土质疏松，抗侵蚀能力较差。土壤物理性质发生明显变化，土壤容重增加，保水通气能力下降	渠井结合灌溉方式：渠井结合可有效降低地下水位，提高作物产量。降低地下水位，增大土壤蓄水能力，也能减轻解除涝渍旱碱灾害
		水稻控制灌溉技术包括浅晒浅灌、间歇灌、湿润灌、控灌
黄淮海平原区	由于黄淮海平原区土壤富水条件好，地下水位高，多煤层开采形成了深度大、范围广的塌陷积水分布区。 在高潜水位区域其耕地破坏的主要特征是塌陷地表积水	集雨补灌技术包括雨水集流技术、雨水储存技术和雨水高效利用技术。雨水集流技术是指利用自然和人工营造集流面，把降雨径流收集到特定场所。雨水储存技术是指修筑水窖等工程设施，储存收集雨水
长江中下游平原区	土壤裸露，降雨时易产生径流，造成稻田表层肥沃土壤随雨水冲蚀、水土流失，严重的水土流失导致耕地减少，土地退化，泥沙淤积，加剧洪涝灾害	喷灌指将灌溉水通过由喷灌设备组成的喷灌系统
		地面移动软管灌溉：水泵接移动软管，人工手持软管浇灌
		渠灌指利用沟渠引地表水进行灌溉
西北干旱区	干旱少雨、生态环境十分脆弱，水土流失、土地荒漠化以及土壤盐碱化等环境问题日益严重。自然降水最短缺、沙漠面积分布最大、水土流失最严重	膜下滴灌将滴灌技术与传统覆膜技术结合，可减少蒸发量，适合干旱缺水地区
		畦灌采用水平畦田灌溉、波涌灌溉等高效节水灌溉技术
		地下滴灌通过地埋毛管上的灌水器把水肥混合液渗入土壤，借助毛细管作用灌水
		微灌主要有滴灌、微喷灌、小管出流灌和渗灌四种
黄土高原区	土壤沙化严重，农业生产以旱作为主。黄土高原地区生态条件差异大，农业生产地域分异性强，各区域的耕作制度差别十分显著。采矿造成大量的耕地塌陷、压占，使得耕地很长时间内不能使用，土质裸露，植被稀少	自压喷灌依据梯田的坡度差产生的压力，通过阀门控制管道中水的喷洒
		滴灌利用安装在末级管道（毛管）上的滴头，或与毛管制成一体的滴灌带将压力水以水滴状湿润土壤
		畦灌采用水平畦田灌溉、波涌灌溉等高效节水灌溉技术
		膜下灌和膜上灌

表 8-12　工矿区受损农田种植制度研究

区域	一般农田种植制度方面存在问题	工矿区损毁农田问题	主要种植模式
东北、蒙东山地平原区	土壤有机质下降、土壤侵蚀现象日趋严重、耕层变薄、土壤肥力下降	地面大面积塌陷；露天开采破坏地表；开采废物污染土壤；煤矸石等废物堆积压占土地	玉米连作、大豆连作、玉米-大豆轮作

续表

区域	一般农田种植制度方面存在问题	工矿区损毁农田问题	主要种植模式
黄淮海平原区	水、肥有限，资源利用效率低下	地面大面积塌陷；露天开采破坏地表；开采废物污染土壤；煤矸石等废物堆积压占土地	一年两熟制的冬小麦-夏玉米、春棉花单作，两年三熟制的春玉米
长江中下游平原区	季节性干旱	地面大面积塌陷	早稻和双季晚稻连作、中稻或一季晚稻、油菜－蔬菜、油菜－棉花/花生
西北干旱区	降水资源短缺、旱灾频发、土壤侵蚀严重	实际矿区涉及的塌陷耕地很少	日光温室蔬菜、玉米/豌豆、制种玉米、小麦/玉米、大田玉米、马铃薯、小麦+玉米套种
黄土高原区	气候类型多样、地貌特征复杂、水土流失严重	地面大面积塌陷；露天开采破坏地表；开采废物污染土壤；煤矸石等废物堆积压占土地	小麦/谷子/荞麦/油菜+苜蓿-苜蓿-小麦，油菜-小麦-晚秋/-春作物-小麦-晚秋-春作物，小麦+玉米-油菜-玉米，小麦-玉米-春作物，瓜类（地膜)-秋菜-菜豆

表 8-13　工矿区受损农田施肥技术研究

区域	农田肥力问题	培肥工程	培肥技术
东北、蒙东山地平原区	土地重用轻养，掠夺式经营，土壤结构变差，有机质减少，土壤耕层也越来越浅，犁底层加厚，导致土壤生产能力下降	浅翻深松的耕作措施，加厚耕层；平衡施肥；增施有机肥和绿肥；秸秆还田	平衡施肥：根据对土壤样品测定结果进行全面综合的土壤肥力状况评价，提出相应作物的合理施肥方案，不仅可以对大量元素进行推荐施肥，也可以对中微量元素进行定量化推荐施肥
			增施有机肥：做到因土施肥。对于高肥力土壤，可考虑适当减少有机肥施用量，一般 15 ~ 30 t/hm^2 即可。对于低肥力土壤，如白浆土、盐碱土等，应增加底肥的用量，后期合理追肥，应考虑适当增加有机肥用量，一般应在 22.5 ~ 37.5 t/hm^2
			增施绿肥，根茬翻压
			秸秆还田：根茬全部留地，机械灭茬，耙入土中
黄淮海平原区	土壤沙化、酸化和盐渍化现象严重，土壤保肥能力低、肥效流失严重。各灌区土壤耕层中微量元素含量较低且地域变幅大	优化灌溉、生物覆盖等土壤次生盐渍化；防控措施；有机肥施用；深耕深翻等农艺措施，缓解土壤板结趋势	机械化秸秆直接还田技术：利用秸秆粉碎机将小麦秸秆就地粉碎，均匀抛洒在地表，采用耕作或少耕、免耕等配套技术设施。 秸秆还田时要适时施加一定量的氮肥，防止与苗争氮，同时及时灌溉，防止与苗争水
			绿肥施用技术：直接翻耕，翻耕前将绿肥切短，稍暴晒，让其萎蔫，然后翻耕

续表

区域	农田肥力问题	培肥工程	培肥技术
长江中下游平原区	土壤有机质含量不高，土壤中氮素、有效磷含量较低，有机肥用量少，氮肥偏多且前期施用比例大，硫、锌等中微量元素缺乏时有发生	增施有机肥和绿肥；秸秆还田；水旱轮作；平衡施肥	稻草还田技术：直接还田（将稻草人工或机械切碎成 20～25cm 长，均匀撒在田里，每公顷稻草还田量为 3000～3750kg，每公顷配施尿素 5～6kg）
			绿肥与石灰的配施技术：在肥力中等的稻田，绿肥用量在 15.0～22.5t/hm^2 时施用石灰有一定的增产效应；绿肥与化肥配施技术：可在绿肥生长期进行
			轮作技术：采用肥-稻-稻和油-稻-稻两年一次轮作
			平衡施肥技术：根据区域实际情况，平衡施用化学肥料，弥补土壤养分的不足，协调作物所需养分
西北干旱区	土壤 pH 呈弱碱性，水分含量低，不利于肥料有效性的发挥。土壤有机质含量低，冬小麦生长季节降水少，春季追肥难，有机肥施用不足	秸秆还田；配施有机肥料和绿肥	秸秆还田：作物收获后，将秸秆进行粉碎，翻压入土，深度最好在 25～30cm；秸秆直接还田后，要配施化肥，防止与作物争肥的发生，一般每还田秸秆 100kg，配施 1.6kg 氮肥（尿素）；适时浇水，加快秸秆腐解
			增施有机肥：犁地前撒施作基肥，深翻入土，一般田施 15～30t/hm^2；当玉米长到拔节期或抽雄前期追施，穴施在离根 10cm 处，结合中耕覆土，施 15t/hm^2 左右。冬小麦越冬时施用 15～22.5 t/hm^2。 施用绿肥：适时收割或翻压，先将绿肥茎叶切成 10～20cm 长，随后翻耕入土壤中，一般入土 10～20cm 深
黄土高原区	土壤有机质含量较低，呈中性至弱碱性；光照足，气温高，蒸发量大，降水量少而分布不匀；旱地、水土流失严重，土壤贫瘠	深耕蓄水，在夏季作物收获后，立即进行深耕晒垡，打破犁底层，蓄积雨水；肥料深施，将肥料施入土壤深层15～20cm 处	秸秆还田技术：采用覆盖、堆沤和留高茬方式还田。例如，小麦机收后，将收割机吐出的麦秸摊匀，用拖拉机牵引旋耕机进行旋耕作业，使麦秸被打碎，并均匀覆盖地表。小麦播种前 2～3 周结合施基肥耕翻入土，增施氮肥
			推广肥料深施：将传统的春施肥改为秋施肥，最好结合秋季最后一次耕翻施入，也可以结合播前最后一次犁地将有机肥或化肥施入犁沟内

基于五大矿区完成受损农田质量等级提升的农艺技术研究，对研究区不同重构技术下的农艺技术进行研究。重构技术分为非充填重构和充填重构。非充填重构分三方面考虑，分别为梯田法、挖深垫浅与土地平整、泥浆泵重构的土壤。梯田法复垦后利用喷灌技术进行节水；挖深垫浅与土地平整过程使用微灌、滴灌、低压管道输水灌溉等技术以提高节水效果，针对可能造成土壤压实的问题，可通过深翻浅松，合理轮作倒茬来解决；对于泥浆泵重构的土壤，可采用渠灌技术，同时通过深耕耙耱，疏松生土，增加土壤孔隙度。充填重构有四种充填方式，分别为粉煤灰充填、煤矸石充填、湖泥充填和垃圾充填。其中粉煤

灰充填一般使用喷灌的灌溉技术，同时配以秸秆还田、增施有机肥来快速提高土壤有机质水平，并通过种植绿肥来改善保水性能差的问题；煤矸石充填一般采用微灌的灌溉技术，同时配以增施有机肥和深翻浅松与合理轮作倒茬来提高耕地质量；湖泥充填一般也采用微灌的灌溉技术，同时采用客土法或深耕深翻的方式对土壤进行改良，还可增施有机肥来改善土壤；垃圾充填一般采用畦灌的灌溉技术，包括水平畦田灌溉、波涌灌溉等高效节水灌溉技术，同时可以施用酸性肥料定向中和碱性，也可通过化学改良和增施有机肥来改良土壤。

8.4.3 研究结果

研究针对工矿区受损农田存在的问题，基于系统论、控制论、信息论等理论，得到合适的解决方案。通过查询相关文献资料，整理分析出影响五大矿区一般耕地质量的因素，进而分析工矿区受损农田修复存在的问题，并从种植制度、灌溉技术和施肥技术三方面对解决这些问题提出了方案。同时根据不同的矿区重构设计，提出相适应的农艺配套技术，并在此基础上构建了工矿区受损农田修复的农艺设计技术体系。

8.5 本章小结

本章讨论总结了塌陷耕地和整治的耕地质量主要影响因素，针对采煤塌陷区耕地土体构型被破坏、土壤压实，养分不足、土壤盐渍化，存在土壤污染潜在威胁，以及灌排不畅等主要农业生产障碍因素和等级提升的具体技术需求，提出包括表土保护与利用技术、土体重构技术、水系修复技术以及重构土壤后期培肥技术等相应的耕地等级提升技术。

第9章 工矿区受损耕地质量等级提升评价

9.1 受损农田整治与农用地分等的关系

1）农用地分等是衡量农田整治效果的重要标准，即农田整治后的耕地质量等级较整治前究竟是提高了还是降低了，提高了多少，降低了多少，可以对整治后的等级进行重新评定，整治效果一目了然。

2）农用地分等为农田整治指明了努力的方向，即在开展整治工作前，首先对整治区内的农用地分等成果进行分析，明确区域耕地自然质量差异，找到限制耕地质量的因素及限制程度，从而明确农田整治的重点，挖掘区域内耕地质量的潜力。

3）农田整治是实现耕地质量等级提高的重要途径，农田整治在短期内影响的主要是自然质量等别，可以迅速改善农用地的自然质量因素指标，从而提高自然质量等别，在长期内还将影响区域内耕地的利用水平和经济水平。

9.2 采煤塌陷区受损农田整治等级提升目标分析

9.2.1 确定受损农田整治的分等因素提升目标

采煤塌陷区受损农田整治通过田、水、路、林的综合优化配置，能够改善耕地质量分等因素的指标状态，但有的因素因为整治工程措施指标值会发生显著变化，而有的因素则不能直接体现出来。采煤塌陷区受损农田整治等级提升的基础性工作就是要分析确定整治工程实施后，分等评价因素能够达到的最低状态，如果低于该状态，受损农田整治耕地质量等级提升的潜力发挥不出来。

在参考国家和地方土地整治相关标准的基础上，综合考虑地方实际，与受损现状相比较，确定可以改善耕地质量分等因素的具体目标值。

9.2.2 受损农田整治种植制度改变对耕地等级的影响

采煤塌陷区受损农田整治对区内种植制度的影响集中体现在季节性积水农田，本研究以江苏省级二级区徐淮平原区为例，说明种植制度（主要是指熟制）改变对受损农田质量等级的影响。

徐淮平原区的作物熟制为一年两熟，本研究以小麦-玉米轮作一年两熟为例。小麦-玉米一年两熟的情况下，分等单元的自然质量等指数由式（9-1）来计算：

$$R_i = \sum \alpha_{ij} \cdot C_{Lij} \cdot \beta_j \tag{9-1}$$

式中，R_i 为第 i 个分等单元的耕地自然质量等指数；α_{ij} 为第 i 个分等单元第 j 种指定作物的光温（气候）生产潜力指数；C_{Lij} 为第 i 个分等单元第 j 种指定作物的耕地自然质量分值；β_j 为第 j 种指定作物的产量比系数。

由式（9-1）可以看出，分等单元的自然质量等指数为小麦和玉米两种指定作物的自然质量等指数之和。在季节性积水区，在枯水期可以种植一季小麦，而在雨季来临后，田面整体积水而无法耕种。因此，分等单元的自然质量等指数就损失了指定作物玉米的自然质量等指数的贡献，这对分等单元的自然质量等指数的影响是巨大的，进而影响分等单元的利用等指数和经济等指数，最终将导致季节性积水区的耕地质量等级出现大幅度的下降。

通过采煤塌陷区受损农田整治，将抬高季节性积水区的田面高程，恢复为小麦-玉米一年两熟，从而可以大幅度提升区内受损农田的耕地质量等级。

9.3 确定研究区耕地质量原分等成果

江苏省以2000年为基期，于2002年在全国率先完成了农用地分等工作，形成了江苏省农用地分等成果，建立了覆盖全省的农用地等级体系。依据《省政府办公厅转发省国土资源厅关于开展全省耕地质量等级成果补充完善工作意见的通知》（苏政办发〔2012〕114号），贾汪区以2011年土地利用变更调查成果为基础，完成了耕地质量等级成果补充完善工作，工作重点是耕地地类变更和数据精度的提高，并补充调查了引起耕地质量变化的影响因素。

根据贾汪区耕地质量等级成果补充完善的工作报告和技术报告，虽然在进行本次耕地质量成果补充完善时，并未更新耕地质量等级有关的自然因素指标值，但对比以2000年为基期的原农用地分等成果，发现以2011年为基期的农用地分等成果已发生了较大变化。原因主要有以下几方面：①两次评价对象不同，上一轮以农用地为评价对象，本次以耕地为评价对象；②两次评价的精度不同，上一轮以徐州市1：10万现状图为底图，本次以贾汪区1：5000现状图为底图；③两次评价标准不同，主要体现在二级指标区划分、自然质量因素权重及质量分值、区域最高单产和区域最高“产量-成本”指数。

对研究区而言，贾汪区耕地质量等级成果补充完善工作主要体现了研究区耕地质量等级数据精度的提升，自然因素分值主要通过收集相关部门的资料，然后叠加到分等单元的属性中，数据来源比较宏观，数据与以2000年基期的分等工作相比更新不大，研究区内由采煤塌陷引起的耕地质量等级受损并没有很好地体现。

因此，本研究将贾汪区耕地质量等级成果补充完善工作形成的研究区耕地质量等级确定为原分等成果，并以此为基础，通过调查分析研究区内采煤塌陷对耕地质量等级的影响，以期找到土地整治的重点努力方向，因地制宜地做好耕地质量等级提升规划设计、施工组织和后期管护措施，切实做到提高采煤塌陷区受损农田整治的耕地质量等级。

9.4 研究区耕地质量原分等成果分析

在开展采煤塌陷影响研究区耕地质量等级变化时，首先要对研究区耕地质量原分等成果进行详细分析，只有这样才能更好地掌握研究区耕地质量分等的技术方法和参数确定，以便为现状受损等级的评定和提升等级的评定奠定良好的基础，保证评价方法的一致性，增强评价结果的可比性。

9.4.1 分等单元及参数体系确定

9.4.1.1 分等单元划分

分等单元划分采用“地块法”，将贾汪区2011年土地利用现状变更调查图上的耕地图斑作为分等单元，最终确定584个分等单元，总面积为573.42 hm^2。研究区的耕地质量原分等成果是以研究区界线对贾汪区耕地质量等级成果补充完善工作形成的数据库中分离出来的，在MapGIS工程裁剪的过程中不可避免地在边界处形成了一些碎图斑，这些碎图斑面积极小，没有研究的必要，故舍弃。

9.4.1.2 确定二级指标区

依据《农用地质量分等规程》，江苏省分属黄淮海平原区和长江中下游平原区两个一级指标区，黄淮平原区、江淮平原区和沿江平原区三个二级指标区。江苏省根据自身农用地利用特点和农业区划，在全国农业耕作制度和分等指标区基础上进行了调整和细分，划分了太湖平原区、宁镇扬丘陵区、沿江平原区、沿海平原区、里下河平原区和徐淮平原区六个二级指标区。

研究区所处的贾汪区均属于徐淮平原区。

9.4.1.3 标准耕作制度

依据《江苏省耕地质量等级成果补充完善技术方案》，贾汪区属于徐淮平原区，其标准耕作制度为一年两熟的小麦-水稻或小麦-玉米轮作耕作制度。

研究区为小麦-玉米轮作耕作制度。

9.4.1.4 指定作物与基准作物

指定作物为小麦、水稻和玉米，基准作物为水稻。

9.4.1.5 气候生产潜力

依据《江苏省耕地质量等级成果补充完善技术方案》，确定贾汪区气候生产潜力指数，其中冬小麦为1172kg/亩，夏玉米为2253kg/亩，一季稻为2032kg/亩。

9.4.1.6 产量比系数

贾汪区耕地质量等级成果补充完善工作的产量比系数，水稻、小麦和玉米产量比系数使用江苏省统一产量比系数，基准作物水稻产量比系数为1.0，指定作物小麦产量比系数为1.3，指定作物玉米产量比系数为0.8。

9.4.2 分等因素及指标权重

依据《农用地质量分等规程》《江苏省耕地质量等级成果补充完善技术方案》，贾汪区属于国家二级指标区黄淮海平原区、江苏省二级指标区徐淮平原区，其参评指标有9个，分别为土壤pH、表层土壤质地、土壤有机质含量、耕层土壤厚度、障碍层距地表深度、土壤盐渍化程度、灌溉保证率、排水条件、土壤侵蚀程度。

9.4.2.1 分等因素及数据来源

（1）土壤pH

土壤pH，即土壤酸碱度，决定着土壤的植物生长环境质量，是土壤质量的重要反映。土壤pH是一个典型的适度指标，土壤pH过高或过低，都会对植物产生不利影响甚至毒害作用，直接影响植物的正常生长发育。土壤pH对作物生长的影响是多方面的，大致归结为对作物自身的影响，以及对外部环境的影响。一方面，各种作物生长都有适宜的pH范围，当土壤pH与之相匹配时就有助于作物的生长；另一方面，土壤pH的变化直接影响土壤养分元素的存在状态及有效性，在土壤肥力形成及耕地质量演变过程中起重要作用，直接影响耕地的作物生产能力。

数据来源于农业部门测土配方施肥及地力监测数据，通过GIS空间叠加分析，根据农业部门测土配方施肥及地力监测数据调查的土壤pH对分等单元进行数据赋值。

（2）表层土壤质地

土壤质地是土壤较为稳定的自然属性，它是指土壤不同机械组成所产生的特性而划分的土壤类别名称，主要取决于土壤矿物质颗粒的粗细比例，质地分为壤土、黏土、砂土和砾质土等。表层土壤质地一般是指耕层土壤的质地，它直接影响土壤的透气性、透水性和保水保肥性，对农业生产影响很大。不同作物对表层土壤质地的要求也不一样，如水稻比较适合生长在偏黏、重质土壤中，而小麦却适合生长在质地中等或略偏砂土壤中，在实际生产中，表层土壤质地常作为认土、用土和改土的重要依据。

数据来源于全国第二次土壤普查数据，通用GIS空间叠加分析，分等单元跨多个土壤类型时，取面积占比较大的土壤类型的质地。

（3）土壤有机质含量

土壤有机质是指土壤中含碳的有机化合物，其主要来源于植物残体、土壤动物和微生物残体、排泄物和分泌物、人工施加的有机肥料和微生物制剂等。土壤有机质是土壤固相的重要组成部分，含量虽少，但它与土壤肥力有着密切的关系，是衡量土壤肥力高低的重要标志。其主要作用有：提高土壤养分的有效性；改善土壤物理性质；提高土壤保蓄性和供给性能；刺激植物生长；清除某些农药残毒和重金属的污染；改善土壤热量状况。土壤有机质含量一般是指耕层土壤有机质含量。

数据来源于农业部门测土配方施肥及地力监测数据，通过 GIS 空间叠加分析，根据农业部门测土配方施肥及地力监测数据调查的土壤有机质含量对分等单元进行数据赋值。

（4）耕层土壤厚度

耕层是指经常受耕作、施肥、灌溉影响变化较大的表层土壤，其结构良好，疏松易耕，养分丰富。耕作层的厚薄和肥力状况反映了人类生产生活对土壤熟化的影响程度。

数据来源于农业部门测土配方施肥及地力监测数据，通过 GIS 空间叠加分析，根据农业部门测土配方施肥及地力监测数据调查的耕层土壤厚度对分等单元进行属性赋值。

（5）障碍层距地表深度

土壤障碍层次一般是指在耕层以下出现白浆层、石灰姜石层、黏土磐层和铁磐层等阻碍植物根系伸展或影响水分渗透的层次，如果这些障碍层次在距地表≥90cm 处出现，则不算作障碍层次。

数据来源于全国第二次土壤普查数据，通过 GIS 空间叠加分析，分等单元跨多个土壤类型时，取面积占比较大的土壤类型障碍层数据。

（6）土壤盐渍化程度

土壤盐渍化程度是指 0～20cm 表土层中含盐量程度，土壤盐渍化程度分为无盐化、轻度盐化、中度盐化、重度盐化和超重度盐化 5 个区间（上含下不含）。

无盐化：土壤无盐化，作物没有因盐渍化引起的缺苗断垄现象，表层土壤含盐量<0.2%（易溶盐以氯化物为主）；

轻度盐化：由盐渍化造成的作物缺苗率为 20%～30%，表层土壤含盐量为 0.2%～0.4%（易溶盐以氯化物为主）；

中度盐化：由盐渍化造成的作物缺苗率为 30%～50%，表层土壤含盐量为 0.4%～0.6%（易溶盐以氯化物为主）；

重度盐化：由盐渍化造成的作物缺苗率为 50%～60%，表层土壤含盐量 0.6%～1.0%（易溶盐以氯化物为主）；

超重度盐化：由盐渍化造成的作物缺苗率≥60%，表层土壤含盐量≥1.0%（易溶盐以氯化物为主）；

数据来源于农业部门测土配方施肥及地力监测数据，通过 GIS 空间叠加分析，根据农业部门测土配方施肥及地力监测数据调查的土壤盐渍化程度对分等单元进行数据赋值。

（7）灌溉保证率

灌溉保证率是指灌溉用水量在多年灌溉中能够得到充分满足的年数的出现概率，是灌溉工程设计标准的一项重要指标，也是衡量地区农田灌溉能力的标准，以百分率（%）来表示。自然降水不能满足作物生长需求时，就需要通过灌溉为作物补充水分，尤其是在干旱半干旱的缺水地区。因此，有无灌溉条件及灌溉保证率的高低成为影响耕地质量的重要因素，也是耕地稳产高产的重要保障条件之一。

数据来源于实地调查，以行政村为单位展开调查，通过 GIS 空间叠加分析，将行政村图层与分等单元图层叠加，对分等单元灌溉保证率属性赋值。

（8）排水条件

排水条件是指受地形和排水体系共同影响的雨后地表积水情况。地形比较低洼的平原区，雨季不仅会遭受洪涝的危险，还可能受到地下水浸渍的威胁。因此，排水条件的好坏决定了耕地抵御洪水及排除地下水浸渍威胁的能力。尤其在高潜水位地区，排水系统是保证耕地在涝期正常耕作所必需的生产条件。因此，有无排水条件及排水条件的好坏也是影响耕地质量的重要因素。根据《农用地质量分等规程》，排水条件可以分为 4 级。

1 级（优）：有健全的干、支、斗、农排水沟道（包括抽排），无洪涝灾害；

2 级（良）：排水体系（包括抽排）基本健全，丰水年暴雨后有短期洪涝发生，田面积水小于 2 天；

3 级（一般）：排水体系（包括抽排）一般，丰水年大雨后有洪涝发生，田面积水大于等于 2 小于 3 天；

4 级（差）：无排水体系（包括抽排），一般年份在大雨后发生洪涝，田面积水大于等于 3 天。

数据来源于实地调查，以行政村为单位展开调查，通过 GIS 空间叠加分析，将行政村图层与分等单元图层叠加，对分等单元排水条件属性赋值。

（9）土壤侵蚀程度

土壤侵蚀会造成大面积耕地被切割，严重影响地表的连续性及平整度，导致可利用耕地面积锐减。与此同时，土壤资源遭到蚕食与破坏，尤其是肥沃土层的流失造成大量土壤有机质和养分损失，以及土壤通透性等物理性质的恶化，使得土壤肥力和耕地质量迅速下降。另外，严重的土壤侵蚀会使附着地表的农田基础设施遭到破坏，造成巨大的经济损失。

参照《土壤侵蚀分类分级标准》（SL 190—2007），根据对土壤发生层（A 表土层、B 心土层、C 底土层）的侵蚀程度，这里将土壤侵蚀程度分为 4 级。

1 级（无侵蚀），A、B、C 三层剖面保持完整；

2 级（轻度侵蚀），A 层保留厚度大于 1/2，B、C 层完整；

3 级（中度侵蚀），A 层保留厚度大于 1/3，B、C 层完整；

4 级（强度侵蚀）。A 层无保留，B、C 层开始裸露，受到侵蚀。

数据来源于《江苏省志：土壤志》、农业部门耕地地力评价报告，通过 GIS 空间叠加分析，根据农业部门测土配方施肥及地力监测数据调查的土壤侵蚀程度对分等单元进行属性赋值。

9.4.2.2 指标权重确定

根据《农用地质量分等规程》《江苏省耕地质量等级成果补充完善技术方案》，采用德尔菲法确定贾汪区耕地质量分等因素指定作物权重，见表 9-1。

表 9-1　研究区耕地质量分等因素指定作物权重

分等因素	指定作物权重
土壤 pH	0.056
表层土壤质地	0.106
土壤有机质含量	0.174
耕层土壤厚度	0.104
障碍层距地表深度	0.048
土壤盐渍化程度	0.127
灌溉保证率	0.198
排水条件	0.126
土壤侵蚀程度	0.061

9.4.3　分等因素质量分值量化

9.4.3.1　方法概述

通过外业调查和内业分析处理等方式确定各参评因素质量的属性数据，对其进行因素自然质量分值的转换。

分等自然质量参评因素属性指标值与耕地自然质量的关系共有三种情况：一是正向型关系，即因素指标值越大，反映土地质量状况越好，如土壤有机质含量、耕层土壤厚度等；二是逆向型关系，即因素指标值越大，反映土地质量越差，如土壤盐渍化程度、土壤侵蚀程度等；三是适度型关系，即因素指标有一适度值，在此适度值内土地质量最优，大于或小于此适度值，土地质量均由优向劣方向发展，如土壤 pH 为 6.5 ~ 7.5 时，土壤对多数作物生长无限制，土壤 pH 大于 7.5 或小于 6.5 时，土壤对作物限制程度越来越大，生产力逐渐降低。

各自然质量参评因素分值采用百分制相对值方法计算：因素分值与耕地质量优劣成正比；因素分值采用 0 ~ 100 分的封闭区间，相对最优取 100 分，相对最劣取 0 分；因素分值只与分等因素的显著作用区间相对应。

9.4.3.2　分等因素指标值

指定作物自然质量参评因素分值量化标按照《江苏省耕地质量等级成果补充完善技术方案》确定的标准进行，指标值量化区间下含上不含，见表 9-2。

表 9-2 研究区小麦、玉米分等因素及自然质量分值关系

分等因素	自然质量分值												
	100	90	85	80	70	65	60	50	40	30	20	10	0
土壤 pH	6.5~7.5	6~6.5;7.5~8			5~6;8~8.5								4~5;8.5~9.5
表层土壤质地	中壤、轻壤砂壤			重壤、黏土				砂土					
土壤有机质含量/%	≥2.0			1.2~2.0				0.6~1.2					<0.6%
耕层土壤厚度	≥20			15~20				10~15			<10		
障碍层距地表深度	60~90							30~60			<30		
土壤盐渍化程度/%	<0.2			0.2~0.4			0.4~0.6		0.6~1.0			≥1.0	
灌溉保证率/%	≥95	85~95		70~85			50~70			<50			
排水条件	1 级			2 级			3 级		4 级				
土壤侵蚀程度	1 级		2 级			3 级			4 级				

9.4.3.3 分等因素质量分值量化及分析

(1) 土壤 pH

不同土壤类型间 pH 有一定差异，研究区土壤以潮土类黄潮土亚类淤土土属为主，土壤 pH 为 8.3~8.7，整体偏碱性。研究区分等单元土壤 pH 质量分值较差，处于 70 分和 0 两个分值，主要为 0，占总面积的 87.78%，具体见表 9-3。

表 9-3 研究区原分等成果土壤 pH 质量分值面积比例

土壤 pH	分值	面积/hm^2	比例/%
8~8.5	70	70.09	12.22
8.5~9.5	0	503.33	87.78

从空间分布来看，如图 9-1 所示，土壤 pH 质量分值 70 分的耕地主要分布在研究区的

东北部白集村和潘安村的交界处，以及研究区东南角潘安村小部分耕地；其他耕地的土壤pH质量分值为0。

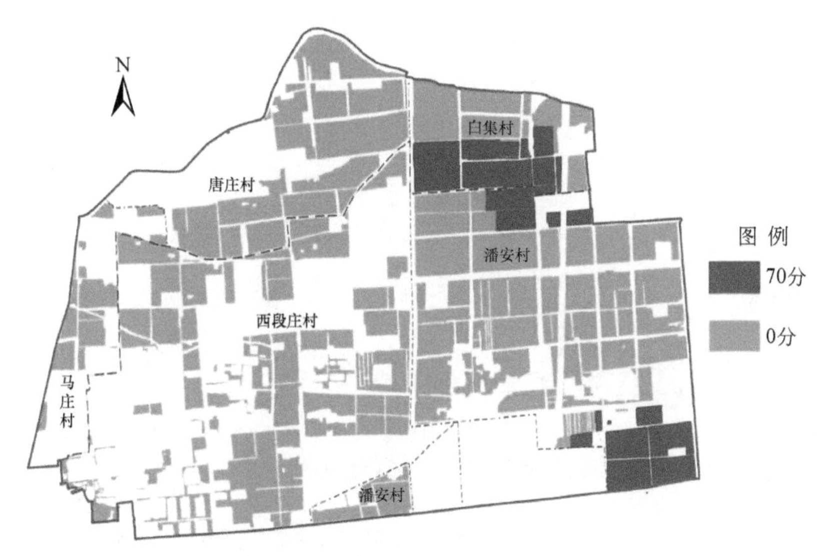

图9-1　研究区原分等成果土壤pH质量分值空间分布
1980年西安坐标系，1985年国家高程基准

(2) 表层土壤质地

研究区分等单元表层土壤质地主要为黏土，占54.67%；其次是重壤，占31.68%；轻壤和中壤所占比例较小。从质量分值来看，研究区表层土壤质地质量分值为100分和80分两个分值，具体见表9-4。

表9-4　研究区原分等成果表层土壤质地质量分值面积比例

表层土壤质地	分值	面积/hm^2	比例/%
轻壤	100	33.15	5.78
中壤	100	45.13	7.87
重壤	80	181.67	31.68
黏土	80	313.47	54.67

从空间分布来看，如图9-2所示，表层土壤质地质量分值100分的耕地主要集中在研究区西部的马庄村，以及西段庄村的西南部；表层土壤质地质量分值80分的耕地遍布研究区各处。

(3) 土壤有机质含量

研究区分等单元土壤有机质含量最大值为2.71%，最小值为1.63%，平均值为2.33%，略高于贾汪区平均水平。从因素质量分值来看，研究区土壤有机质含量质量分值100分的面积比例高达83.63%，质量分值80分的面积比例为16.37%，具体见表9-5。

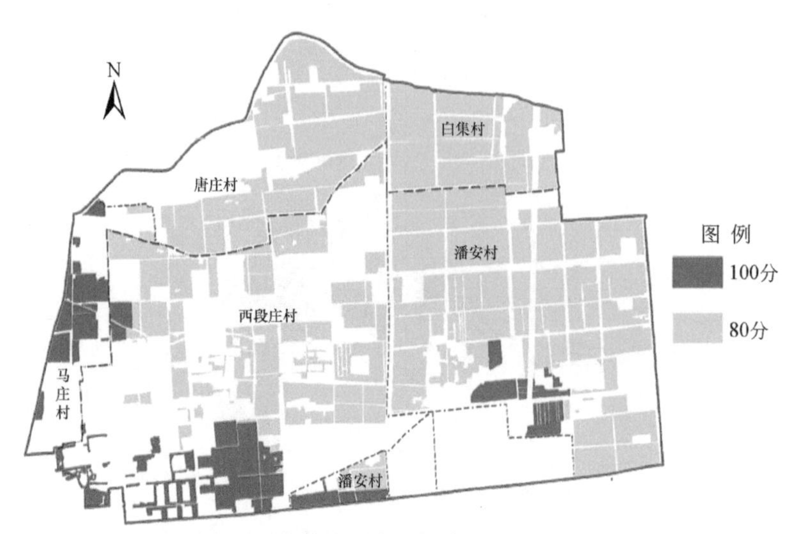

图 9-2 研究区原分等成果表层土壤质地质量分值空间分布
1980 年西安坐标系，1985 年国家高程基准

表 9-5 研究区原分等成果土壤有机质含量质量分值面积比例

土壤有机质含量/%	分值	面积/hm^2	比例/%
≥2.0	100	479.53	83.63
1.2～2.0	80	93.89	16.37

从空间分布来看，如图 9-3 所示，土壤有机质含量质量分值为 80 分的耕地主要集中在研究区北部唐庄村，以及西段庄村西南部的基塘农田；土壤有机质含量质量分值为 100 分的耕地遍布研究区。

图 9-3 研究区原分等成果土壤有机质含量质量分值空间分布
1980 年西安坐标系，1985 年国家高程基准

(4) 耕层土壤厚度

研究区分等单元耕层土壤厚度取值只有两个，即 22cm 和 17cm，其质量分值分别为 100 分和 80 分，说明研究区耕层土壤厚度条件较优，具体见表 9-6。

表 9-6 研究区原分等成果耕层土壤厚度质量分值面积比例

耕层土壤厚度/cm	分值	面积/hm^2	比例/%
≥20	100	524. 84	91. 53
15 ~20	80	48. 58	8. 47

从空间分布上看，如图 9-4 所示，研究区分等单元耕层土壤厚度质量分值大部分为 100 分，占研究区总面积的 91. 53%；其余分等单元耕层土壤厚度质量分值为 80 分，集中分布在研究区西北部的唐庄村。

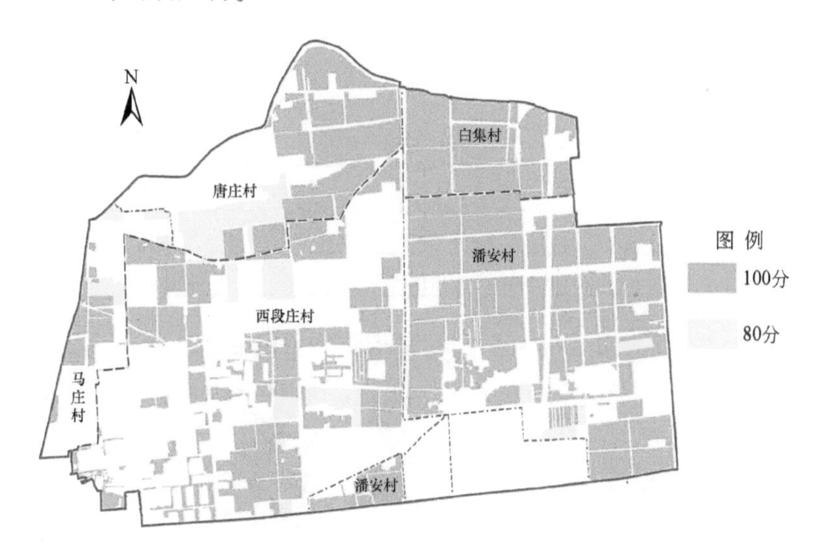

图 9-4 研究区原分等成果耕层土壤厚度质量分值空间分布
1980 年西安坐标系，1985 年国家高程基准

(5) 障碍层距地表深度

研究区全区无障碍层，其质量分值分均为 100 分，具体见表 9-7。

表 9-7 研究区原分等成果障碍层距地表深度质量分值面积比例

障碍层距地表深度/cm	分值	面积/hm^2	比例/%
>90	100	573. 42	100

(6) 土壤盐渍化程度

研究区内分等单元均为无盐化，即作物没有因盐渍化引起的缺苗断垄现象，表层土壤含盐量<0. 2% （易溶盐以氯化物为主），具体见表 9-8。

表 9-8 研究区原分等成果土壤盐渍化程度质量分值面积比例

土壤盐渍化程度	分值	面积/hm^2	比例/%
无盐化	100	573.42	100

(7) 灌溉保证率

研究区分等单元灌溉保证率均取值 70%，具体见表 9-9。

表 9-9 研究区原分等成果灌溉保证率质量分值面积比例

灌溉保证率/%	分值	面积/hm^2	比例/%
70～85	80	573.42	100

(8) 排水条件

研究区分等单元排水条件普遍较差，4 级（差）排水条件面积占 88.05%，对应质量分值为 40 分；3 级（一般）排水条件面积占 11.95%，对应质量分值为 60 分，具体见表 9-10。

表 9-10 研究区原分等成果排水条件质量分值面积比例

排水条件	分值	面积/hm^2	比例/%
3 级（一般）	60	68.55	11.95
4 级（差）	40	504.87	88.05

从空间分布上看，如图 9-5 所示，研究区分等单元排水条件质量分值 60 分的耕地集中在研究区东北角的白集村；其余部分均为 40 分，研究区整体排水条件较差。

图 9-5 研究区原分等成果排水条件质量分值空间分布

1980 年西安坐标系，1985 年国家高程基准

(9) 土壤侵蚀程度

研究区内分等单元土壤侵蚀程度均为 1 级（无侵蚀），即土壤发生层（A 表土层、B 心土层、C 底土层）三层剖面保持完整，具体见表 9-11。

表 9-11　研究区原分等成果土壤侵蚀程度质量分值面积比例

土壤盐渍化程度	分值	面积/hm^2	比例/%
1 级（无侵蚀）	100	573.42	100

9.4.4　耕地自然质量分值计算

各分等单元耕地自然质量分值按因素法进行计算，在各分等因素分值计算的基础上，加权求和得到。耕地自然质量分值的计算公式为

$$C_{Lij} = (\sum W_k \times f_{ijk})/100 \tag{9-2}$$

式中，C_{Lij} 为第 i 个分等单元第 j 种指定作物的耕地自然质量分值；W_k 为分等因素 k 的权重；f_{ijk} 为第 i 个分等单元第 j 种指定作物分等因素 k 的质量分值。

依据式（9-2），根据分等因素质量分值量化结果，分别计算小麦和玉米两种指定作物的自然质量综合分值。

9.4.5　耕地自然质量等指数计算

根据《农用地质量分等规程》，计算耕地的自然质量等指数。

9.4.5.1　指定作物的自然质量等指数

第 j 种指定作物的自然质量等指数由式（9-3）来计算：

$$R_{ij} = \alpha_{ij} \times C_{Lij} \times \beta_j \tag{9-3}$$

式中，R_{ij} 为第 i 个分等单元第 j 种指定作物的自然质量等指数；α_{ij} 为第 i 个分等单位第 j 种指定作物的光温（气候）生产潜力指数；C_{Lij} 为第 i 个分等单元第 j 种指定作物的耕地自然质量分值；β_j 为第 j 种指定作物的产量比系数。

9.4.5.2　分等单元耕地自然质量等指数

分等单元最终的耕地自然质量等指数由式（9-4）计算：

$$R_i = \sum R_{ij} \tag{9-4}$$

式中，R_i 为第 i 个分等单元的耕地自然质量等指数；其他符合的含义同式（9-3）。

9.4.6　耕地自然质量等级划分

根据上述自然质量等指数 R_i 的计算方法，计算研究区各分等单元的自然质量等指数，并

绘制频数直方图，如图9-6所示。由图可以看出，研究区分等单元的自然质量等指数主要分布在2450~2500、2500~2550、2550~2600、2600~2650、2650~2700和2700~2750。

江苏省耕地自然质量等指数等级划分标准见表9-12。

表9-12 江苏省耕地自然质量等指数等级划分标准

指数等级	一等	二等	三等	四等	五等	六等	七等
指数范围	≥3200	3000~3200	2800~3000	2600~2800	2400~2600	2200~2400	<2200

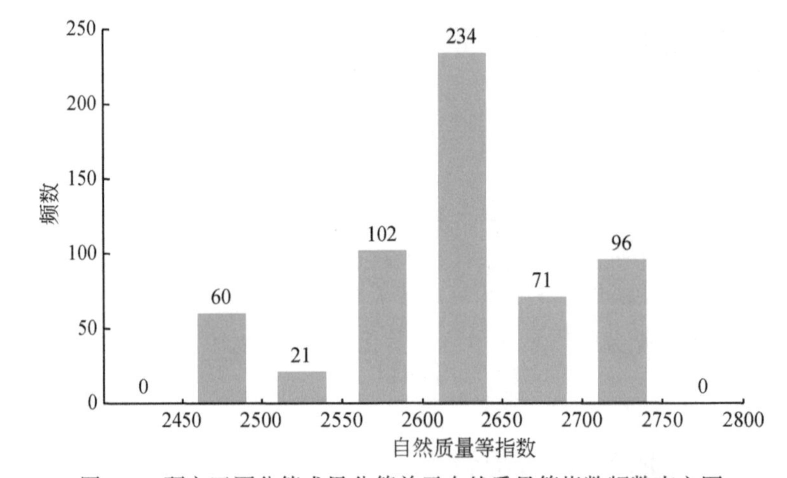

图9-6 研究区原分等成果分等单元自然质量等指数频数直方图

对照图9-6和表9-12可以看出，研究区分等单元的自然质量等指数处于四等和五等两个等级，根据各分等单元的自然质量等指数，统计出研究区四等、五等两个省级自然质量等级各占的分等单元数量和面积比例，见表9-13。

表9-13 研究区原分等成果省级自然质量等级面积比例

省级自然质量等级	分等单元数量/个	面积/hm^2	比例/%
四等	401	356.65	62.20
五等	183	216.77	37.80

从空间分布上看，如图9-7所示，耕地自然质量较优的四等地主要分布在研究区东北部一支渠以北、东引粮河以东的白集村和潘安村部分耕地，研究区中部、南部西段庄村和潘安村二支渠以南的部分，以及研究区西部的马庄村；五等地主要分布在研究区西北部唐庄村和西段庄村与唐庄村的交界地带，以及研究区西南部西段庄村的基塘农田。

从研究区现状采煤塌陷区受损农田的实际情况来看，研究区基准分等成果省级自然质量等级并不能很好地反映研究区的耕地自然质量水平，主要原因是没有考虑季节性积水对耕地自然质量造成的严重影响，以及排水条件对于采煤塌陷区耕地自然质量的重要性。

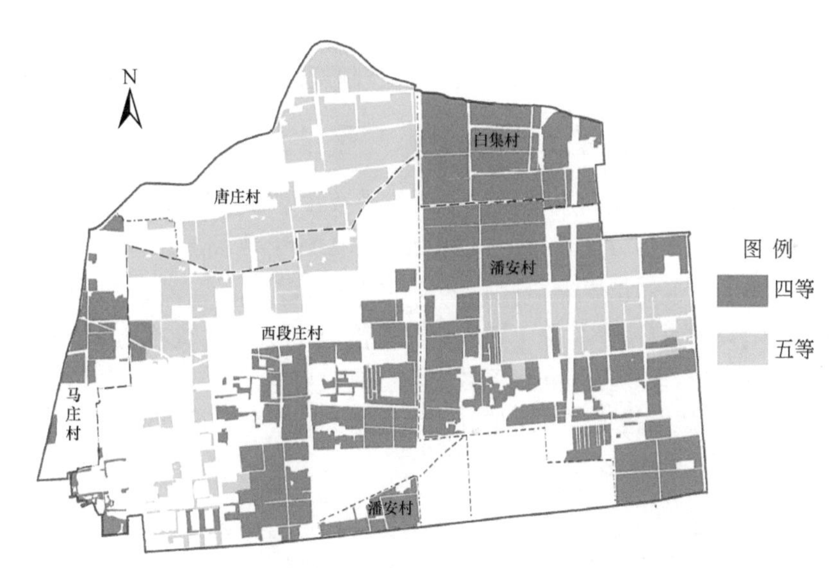

图9-7 研究区原分等成果省级自然质量等级
1980年西安坐标系，1985年国家高程基准

9.4.7 土地利用系数、土地经济系数计算

贾汪区耕地质量等级成果补充完善工作以行政村为单位，按照《江苏省耕地质量等级成果补充完善技术方案》提供的方法和步骤，计算土地利用系数、土地经济系数并划分等值区。为提高分等成果的精度，反映行政村内部土地利用系数、土地经济系数的差异性，土地利用系数、土地经济系数等值区划分可以打破行政村界。

9.4.7.1 行政村土地利用系数、土地经济系数计算

1）土地利用系数计算公式为

$$K_{\mathrm{L}j} = Y_j / Y_{j,\ \max} \tag{9-5}$$

式中，$K_{\mathrm{L}j}$ 为行政村第 j 种指定作物土地利用系数；Y_j 为行政村第 j 种指定作物单产；$Y_{j,\ \max}$ 为第 j 种指定作物在省级二级区内最高单产。

2）土地经济系数计算公式为

$$K_{\mathrm{c}j} = a_j / A_j \tag{9-6}$$

式中，$K_{\mathrm{c}j}$ 为行政村第 j 种指定作物土地经济系数；a_j 为行政村第 j 种指定作物产量-成本指数；A_j 为第 j 种指定作物产量-成本指数在省级二级区内最大值。

9.4.7.2 土地利用系数、土地经济系数等值区初步划分

根据上述计算所得各村的土地利用系数、土地经济系数，分别绘制各村土地利用系数大小排序数轴图和土地经济系数大小排序数轴图，并根据数轴上土地利用系数和土地经济

系数的聚合程度，选择临界点，确定等值区划分标准，然后经实地验证核查，进行必要的综合和处理，得出贾汪区土地利用系数等值区和土地经济系数等值区的初步结果。

9.4.7.3 土地利用系数、土地经济系数等值区修正

以等值区内指定作物土地利用系数、土地经济系数基本一致为原则，参考其他自然、经济条件的差异，对初步划分的土地利用系数等值区和土地经济系数等值区进行边界修订，修订后的等值区需要满足以下条件。

1）等值区内各行政村指定作物土地利用系数值为 $\overline{X}\pm2S$（$\overline{X}$ 为平均值；S 为标准差）。

2）等值区之间指定作物土地利用系数平均值有明显差异。

3）等值区边界两边的指定作物土地利用系数值具有突变特征。

4）等值区原则上不打破乡镇边界。

9.4.7.4 等值区土地利用系数、土地经济系数计算

根据修订后的土地利用系数、土地经济系数等值区，计算各等值区内所含样点土地利用系数的平均值，作为相应等值区土地利用系数值；计算各等值区内所含样点土地经济系数的平均值，作为相应等值区土地经济系数值。等值区土地利用系数、土地经济系数计算公式为

$$K_j = \sum_{i=1}^{m} W_i \times K_{ij} \tag{9-7}$$

式中，K_j 为等值区第 j 种指定作物土地利用系数（土地经济系数）；K_{ij} 为第 i 个行政村第 j 种指定作物土地利用系数（土地经济系数）；m 为等值区内行政村数目；W_i 为第 i 个行政村权重。

9.4.7.5 分等单元土地利用系数、土地经济系数计算

土地利用系数等值区及土地经济系数等值区划分完成后，根据分等单元所在行政村和耕作制度，查找对应的指定作物土地利用系数、土地经济系数等值区，获取相应等值区的土地利用系数、土地经济系数，并对分等单元的土地利用系数、土地经济系数进行统一赋值。

9.4.8 耕地利用质量等级计算

9.4.8.1 利用等指数计算

利用等指数的计算按照式（9-8）计算：

$$Y_i = \sum R_{ij} \times K_{Lj} \tag{9-8}$$

式中，Y_i 为第 i 个分等单元的耕地利用等指数；R_{ij} 为第 i 个分等单元第 j 种指定作物的自然质量等指数；K_{Lj} 为第 j 种指定作物的土地利用系数。

研究区原分等成果省级利用等指数频数直方图如图 9-8 所示。

如图 9-8 所示，研究区原分等成果省级利用等指数分布在 1800 ~ 1900、1900 ~ 2000、

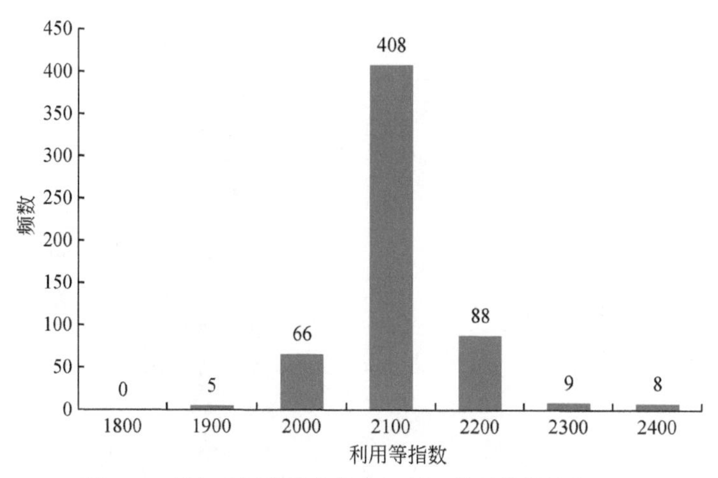

图 9-8 研究区原分等成果省级利用等指数频数直方图

2000～2100、2100～2200、2200～2300、2300～2400 六个区段，集中在 2000～2100，约占分等单元总数的 70%。

9.4.8.2 利用质量等级划分

研究区耕地利用质量等级划分采用江苏省耕地利用等指数等级划分标准，具体见表 9-14。

表 9-14 江苏省耕地利用等指数等级划分标准

指数等级	指数范围	指数等级	指数范围
一等	≥3000	五等	2200～2400
二等	2800～3000	六等	2000～2200
三等	2600～2800	七等	1800～2000
四等	2400～2600	八等	<1800

对照图 9-8 和表 9-15 可以看出，研究区原分等成果分等单元的利用等指数处于五等、六等、七等三个等级，根据各分等单元的利用等指数，统计出研究区五等、六等、七等三个省级利用质量等级各占的分等单元数量和面积比例，主要是六等地，占耕地总面积的 85.13%，具体见表 9-15。

表 9-15 研究区原分等成果省级利用质量等级面积比例

省级利用质量等级	分等单元数量/个	面积/hm^2	比例/%
五等	17	18.93	3.30
六等	496	488.16	85.13
七等	71	66.33	11.57

从空间分布上看，如图 9-9 所示，研究区原分等成果省级利用等级五等地少量分布于西段庄村南部和潘安村东南部；六等地遍布全区；七等地主要集中在研究区西部的马庄村

和东北部的白集村。

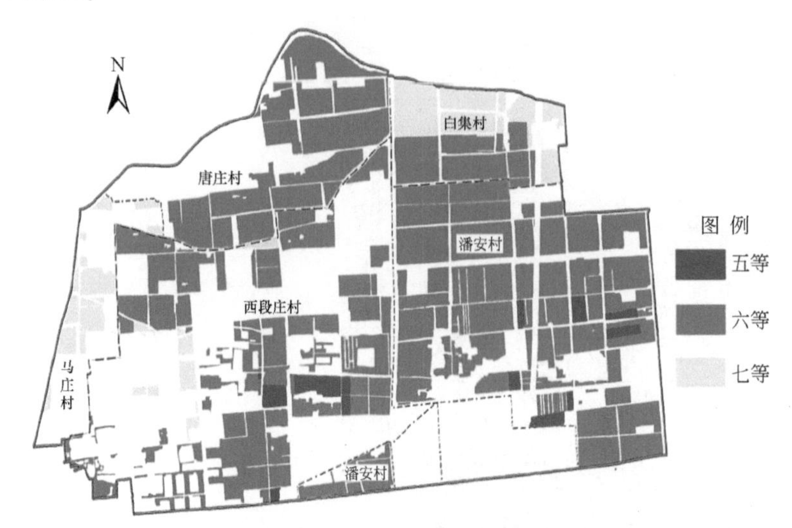

图 9-9 研究区原分等成果省级利用质量等级
1980 年西安坐标系，1985 年国家高程基准

9.4.9 耕地经济质量等级计算

9.4.9.1 经济等指数计算

经济等指数的计算按照式（9-9）计算

$$G_i = \sum Y_{ij} \times K_{cj} \tag{9-9}$$

式中，G_i 为第 i 个分等单元的耕地经济等指数；Y_{ij} 为第 i 个分等单元第 j 种指定作物的利用等指数；K_{cj} 为第 j 种指定作物的土地经济系数。

研究区原分等成果省级经济等指数频数直方图如图 9-10 所示。

9.4.9.2 经济质量等级划分

研究区经济质量等级划分采用江苏省耕地经济等指数等级划分标准，具体见表 9-16。

表 9-16 江苏省耕地经济等指数等级划分标准

指数等级	指数范围	指数等级	指数范围
一等	≥2800	六等	1800～2000
二等	2600～2800	七等	1600～1800
三等	2400～2600	八等	1400～1600
四等	2200～2400	九等	<1400
五等	2000～2200		

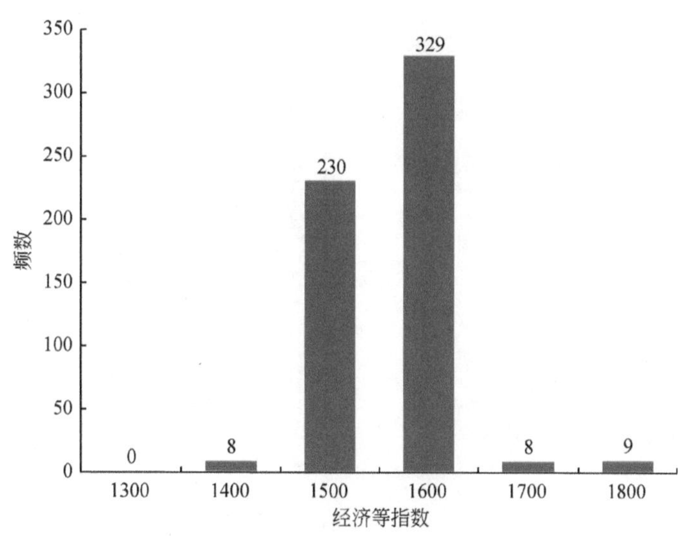

图 9-10　研究区原分等成果省级经济等指数频数直方图

对照图 9-10 和表 9-16 可以看出，研究区原分等成果分等单元的经济等指数处于七等、八等、九等三个等级，根据各分等单元的经济等指数，统计出研究区七等、八等、九等三个省级经济质量等级各占的分等单元数量和面积比例，主要是八等地，占耕地总面积的 96.34%，具体见表 9-17。

表 9-17　研究区原分等成果省级经济质量等级面积比例

省级经济质量等级	分等单元数量/个	面积/hm^2	比例/%
七等	17	18.94	3.30
八等	559	552.43	96.34
九等	8	2.05	0.36

从空间分布上看，如图 9-11 所示，研究区原分等成果省级经济质量等级七等地零星分布于西段庄村南部和潘安村东南部；八等地遍布全区；九等地分布在马庄村北部的少量地块。

9.4.10　省级等别向国家级等别转换

9.4.10.1　国家等指数转换规则

标准粮产量是指把标准耕作制度下各指定作物的产量按其产量比系数折算成基准作物的产量之和。农用地粮食产量是衡量农用地等级高低的重要指标，因此可以通过分析标准粮产量与农用地各等级之间的关系来揭示农用地产量与农用地分等成果之间的关系（安萍莉等，2002）。

在上述各耕地质量等指数计算的基础上，需要按照省级等指数与标准粮产量的回归方程，利用标准粮产量的全国可比性，将分等结果转换为国家级成果，以实现分等全国可比。

根据《中国耕地质量等级调查与评定（江苏卷）》，江苏省耕地自然质量等指数、利用等指数、经济等指数与实际标准粮产量的回归方程分别如下。

图 9-11　研究区原分等成果省级经济质量等级
1980 年西安坐标系，1985 年国家高程基准

1）省级自然质量等指数（X_1）与实际标准粮产量（Y）的回归方程。

$$Y = 0.1936X_1 + 400.1 \quad (R^2 = 0.7110) \tag{9-10}$$

2）省级利用等指数（X_2）与实际标准粮产量（Y）的回归方程。

$$Y = 0.2049X_2 + 451.93 \quad (R^2 = 0.6508) \tag{9-11}$$

3）省级经济等指数（X_3）与实际标准粮产量（Y）的回归方程。

$$Y = 0.1924X_3 + 398.68 \quad (R^2 = 0.9970) \tag{9-12}$$

根据自然资源部土地整治中心应用全国统一的等级划分标准：标准粮实际产量=耕地国家自然质量等指数×0.25；标准粮实际产量=耕地国家利用（经济）等指数×0.5。确定了江苏省耕地质量分等省级等指数向国家级等指数平衡转换的规则为

国家级耕地自然质量等指数=省级耕地自然质量等指数×0.7744+1600.4

国家级耕地利用等指数=省级耕地利用等指数×0.4098+903.86

国家级耕地经济等指数=省级耕地经济等指数×0.3848+797.36

9.4.10.2　国家级等别划分

在省级等指数转换为国家级等指数的基础上，国家一等地，标准粮产量水平低于 50kg/亩；国家二等地，标准粮产量水平在 50～100kg/亩；相邻国家级等别，平均标准粮产量水平差异为 50kg/亩。最终自然资源部土地整治中心确定按照 200 分等间距划分国家级耕地自然质量等级，按照 100 分等间距划分国家级耕地利用质量等级和经济质量等级，全国耕地只有划分为 30 个等级，才能涵盖全国耕地质量的整体水平。

9.4.10.3　省级等别与国家级等别对应关系

通过计算研究区分等单元的国家级等指数，确定其国家级等别，建立省级等别和国家级等别的对应关系，分布形成研究区耕地自然质量等级、利用质量等级和经济质量等级的

省级等别与国家级等别的对应关系，见表 9-18 ~ 表 9-20。

表 9-18　研究区原分等成果省级等别与国家级等别对应关系（自然质量等级）

<table>
<tr><th colspan="4">省级</th><th colspan="4">国家级</th></tr>
<tr><th>自然质量等级</th><th>面积/hm²</th><th>分等单元数量/个</th><th>自然质量等指数</th><th>自然质量等级</th><th>面积/hm²</th><th>分等单元数量/个</th><th>自然质量等指数</th></tr>
<tr><td>七等</td><td></td><td></td><td><2200</td><td rowspan="2">十七等</td><td rowspan="2"></td><td rowspan="2"></td><td rowspan="2">3200 ~ 3400</td></tr>
<tr><td rowspan="2">六等</td><td></td><td></td><td>2200 ~ 2324</td></tr>
<tr><td></td><td></td><td>2324 ~ 2400</td><td>十八等</td><td>214.97</td><td>180</td><td>3400 ~ 3600</td></tr>
<tr><td rowspan="2">五等</td><td>214.97</td><td>180</td><td>2400 ~ 2582</td><td rowspan="4">十九等</td><td rowspan="4">358.45</td><td rowspan="4">404</td><td rowspan="4">3600 ~ 3800</td></tr>
<tr><td>1.8</td><td>3</td><td>2582 ~ 2600</td></tr>
<tr><td rowspan="2">四等</td><td>356.65</td><td>401</td><td>2600 ~ 2800</td></tr>
<tr><td></td><td></td><td>2800 ~ 2841</td></tr>
<tr><td>三等</td><td></td><td></td><td>2841 ~ 3000</td><td rowspan="2">二十等</td><td rowspan="2"></td><td rowspan="2"></td><td rowspan="2">3800 ~ 4000</td></tr>
<tr><td rowspan="2">二等</td><td></td><td></td><td>3000 ~ 3099</td></tr>
<tr><td></td><td></td><td>3099 ~ 3200</td><td rowspan="2">二十一等</td><td rowspan="2"></td><td rowspan="2"></td><td rowspan="2">4000 ~ 4200</td></tr>
<tr><td>一等</td><td></td><td></td><td>≥3200</td></tr>
<tr><td>总计</td><td>573.42</td><td>584</td><td>2454 ~ 2732</td><td>总计</td><td>573.42</td><td>584</td><td>3501 ~ 3716</td></tr>
</table>

表 9-19　研究区原分等成果省级等别与国家级等别对应关系（利用质量等级）

<table>
<tr><th colspan="4">省级</th><th colspan="4">国家级</th></tr>
<tr><th>利用质量等级</th><th>面积/hm²</th><th>分等单元数量/个</th><th>利用等指数</th><th>利用质量等级</th><th>面积/hm²</th><th>分等单元数量/个</th><th>利用等指数</th></tr>
<tr><td>八等</td><td></td><td></td><td><1800</td><td rowspan="2">十七等</td><td rowspan="2">5.39</td><td rowspan="2">8</td><td rowspan="2">1600 ~ 1700</td></tr>
<tr><td rowspan="2">七等</td><td>5.39</td><td>8</td><td>1800 ~ 1943</td></tr>
<tr><td>60.94</td><td>63</td><td>1943 ~ 2000</td><td rowspan="2">十八等</td><td rowspan="2">549.1</td><td rowspan="2">559</td><td rowspan="2">1700 ~ 1800</td></tr>
<tr><td rowspan="2">六等</td><td>488.16</td><td>496</td><td>2000 ~ 2187</td></tr>
<tr><td></td><td></td><td>2187 ~ 2200</td><td rowspan="3">十九等</td><td rowspan="3">18.93</td><td rowspan="3">17</td><td rowspan="3">1800 ~ 1900</td></tr>
<tr><td>五等</td><td>18.93</td><td>17</td><td>2200 ~ 2400</td></tr>
<tr><td rowspan="2">四等</td><td></td><td></td><td>2400 ~ 2431</td></tr>
<tr><td></td><td></td><td>2431 ~ 2600</td><td rowspan="2">二十等</td><td rowspan="2"></td><td rowspan="2"></td><td rowspan="2">1900 ~ 2000</td></tr>
<tr><td rowspan="2">三等</td><td></td><td></td><td>2600 ~ 2675</td></tr>
<tr><td></td><td></td><td>2675 ~ 2800</td><td rowspan="2">二十一等</td><td rowspan="2"></td><td rowspan="2"></td><td rowspan="2">2000 ~ 2100</td></tr>
<tr><td rowspan="2">二等</td><td></td><td></td><td>2800 ~ 2920</td></tr>
<tr><td></td><td></td><td>2920 ~ 3000</td><td rowspan="2">二十二等</td><td rowspan="2"></td><td rowspan="2"></td><td rowspan="2">2100 ~ 2200</td></tr>
<tr><td>一等</td><td></td><td></td><td>≥3000</td></tr>
<tr><td>总计</td><td>573.42</td><td>584</td><td>1875 ~ 2333</td><td>总计</td><td>573.42</td><td>584</td><td>1672 ~ 1860</td></tr>
</table>

表 9-20　研究区省级等别与国家级等别对应关系（经济质量等级）

<table>
<tr><th colspan="4">省级</th><th colspan="4">国家级</th></tr>
<tr><th>经济质量等级</th><th>面积/hm²</th><th>分等单元数量/个</th><th>经济等指数</th><th>经济质量等级</th><th>面积/hm²</th><th>分等单元数量/个</th><th>经济等指数</th></tr>
<tr><td>九等</td><td>2.05</td><td>5</td><td><1400</td><td rowspan="2">十四等</td><td rowspan="2">514.95</td><td rowspan="2">500</td><td rowspan="2">1300～1400</td></tr>
<tr><td rowspan="2">八等</td><td>512.90</td><td>495</td><td>1400～1566</td></tr>
<tr><td>39.53</td><td>67</td><td>1566～1600</td><td rowspan="3">十五等</td><td rowspan="3">58.47</td><td rowspan="3">84</td><td rowspan="3">1400～1500</td></tr>
<tr><td>七等</td><td>18.94</td><td>17</td><td>1600～1800</td></tr>
<tr><td rowspan="2">六等</td><td></td><td></td><td>1800～1826</td></tr>
<tr><td></td><td></td><td>1826～2000</td><td rowspan="2">十六等</td><td></td><td></td><td rowspan="2">1500～1600</td></tr>
<tr><td rowspan="2">五等</td><td></td><td></td><td>2000～2086</td><td></td><td></td></tr>
<tr><td></td><td></td><td>2086～2200</td><td rowspan="2">十七等</td><td></td><td></td><td rowspan="2">1600～1700</td></tr>
<tr><td rowspan="2">四等</td><td></td><td></td><td>2200～2346</td><td></td><td></td></tr>
<tr><td></td><td></td><td>2346～2400</td><td rowspan="3">十八等</td><td></td><td></td><td rowspan="3">1700～1800</td></tr>
<tr><td>三等</td><td></td><td></td><td>2400～2600</td><td></td><td></td></tr>
<tr><td rowspan="2">二等</td><td></td><td></td><td>2600～2606</td><td></td><td></td></tr>
<tr><td></td><td></td><td>2606～2800</td><td rowspan="2">十九等</td><td></td><td></td><td rowspan="2">1800～1900</td></tr>
<tr><td>一等</td><td></td><td></td><td>≥2800</td><td></td><td></td></tr>
<tr><td>总计</td><td>573.42</td><td>584</td><td>1363～1779</td><td>总计</td><td>573.42</td><td>584</td><td>1322～1482</td></tr>
</table>

9.5　研究区耕地质量等级受损评价

通过对研究区耕地质量原分等成果的分析，结合第 4 章关于研究区概况的内容，发现研究区采煤塌陷对耕地质量的影响并不能充分体现在耕地质量原分等成果中，因此，本书根据研究区遥感影像资料、实地调查和现场测量结果，基于研究区耕地质量原分等成果，开展研究区耕地质量等别现状受损评价，评价结果作为研究区耕地现状分等成果。

由 9.4.10 节可知，国家级等别是在省级等别指数转换为国家级等别指数的基础上划分的，各省（自治区、直辖市）转换规则一定，较容易实现，故本书不再进行深入讨论，只对省级等别成果进行计算和对比分析。

9.5.1　评价目标

以研究区耕地原分等成果为基础，通过调查分析，改善原评价成果中不适宜研究区现状之处，得出研究区受损农田耕地质量等别现状，找到采煤塌陷区受损农田耕地质量等级的短板，为土地整治规划设计和后期管护提供依据，以全面提升研究区耕地质量等级。

9.5.2 评价原则

（1）继承性原则

采煤塌陷区耕地质量等级现状评价基本继承原分等成果的原理、评价体系、有关参数、系数、分等因素体系等，原则上不做调整。

（2）实用性原则

采煤塌陷区耕地质量等级现状评价要切实反映实际情况，以实用为导向，通过实际调查和化验，更新数据，优化方法。

（3）基础性原则

采煤塌陷区耕地质量等级评定的基础是耕地自然质量等级，利用质量等级和经济质量等级都是在自然质量等级基础上所做的修正，且修正系数短期内不会变化，所以本书在进行采煤塌陷区耕地质量等级受损研究时，抓住自然质量等级这个基础，具体来讲，抓住耕地自然质量等指数这个基础。

（4）重点性原则

受损评价要抓住对耕地质量等级引起重大变化的原因，进行重点更新，对于没有重大变化的因素和方法不做调整。

9.5.3 评价方法

1）在研究区耕地质量原分等成果的基础上，对采煤塌陷引起分等因素指标值及量化标准引起重大变化的因素依分等单元编号和实地对照进行重新赋值及分值量化，更新原分等成果的分等因素质量分值。

2）对于季节性积水农田，除了考虑分等因素指标值及量化标准的变动之外，还要考虑采煤塌陷对受损农田种植制度的影响。

3）其他技术流程方法与原分等成果保持一致。

9.5.4 采煤塌陷对分等因素自然质量分值的影响

（1）土壤 pH

根据相关研究，采煤塌陷对土壤 pH 影响并不显著。在进行研究区耕地质量等级受损评价时，各分等单元土壤 pH 的因素指标值及量化标准不做改变。

（2）表层土壤质地

表层土壤质地是土壤较为稳定的自然属性，采煤塌陷虽然会造成耕地在垂直方向发生位移，但并不能在短时期内明显改变耕地的表层土壤质地。因此，在进行研究区耕地质量等级受损评价时，各分等单元表层土壤质地的因素指标值及量化标准不做改变。

（3）土壤有机质含量

虽然地表塌陷所附加的坡度可能造成中坡地有机质流失，但研究区分等成果中土壤有机质信息来源于农业部门2010年的测土配方施肥及地力监测数据，现势性强，故本研究对分等单元土壤有机质含量数值及分级不做改变。

（4）耕层土壤厚度

耕层土壤厚度是受人类多年耕作、施肥、灌溉影响而形成的，其数据较为稳定，研究区内采煤塌陷对其影响不大。因此，在进行研究区耕地质量等级受损评价时，各分等单元耕层土壤厚度的因素指标值及量化标准不做改变。

（5）障碍层距地表深度

研究区土体重构后具有不同类型的障碍层。

（6）土壤盐渍化程度

研究区耕地原分等成果中各分等单元土壤盐渍化程度均为无盐化。但根据9.4.3.3节的研究，受采煤塌陷及地下潜水位上升影响，塌陷盆地下坡土壤水溶性盐分随着水分上升至地表，水溶柱盐分残留而使土壤盐碱化。实地调查中采用土壤盐分速测仪普查土壤盐渍化程度，在大部分季节性积水农田地区和非积水农田边缘地区，土壤出现了轻度盐化的症状。研究区受损农田现状土壤盐渍化程度质量分值面积比例见表9-21。

表9-21　研究区受损农田现状土壤盐渍化程度质量分值面积比例

土壤盐渍化程度	分值	面积/hm^2	比例/%
无盐化	100	370.78	64.66
轻度盐化	80	202.64	35.34

从空间分布上看，如图9-12所示，研究区出现轻盐化（80分）的耕地主要集中在潘安村一支渠和二支渠之间的地带，唐庄村与西段庄村交界的一小部分地带，以及研究区南部潘安村的小部分地带；其余地区主要为无盐化（100分）。

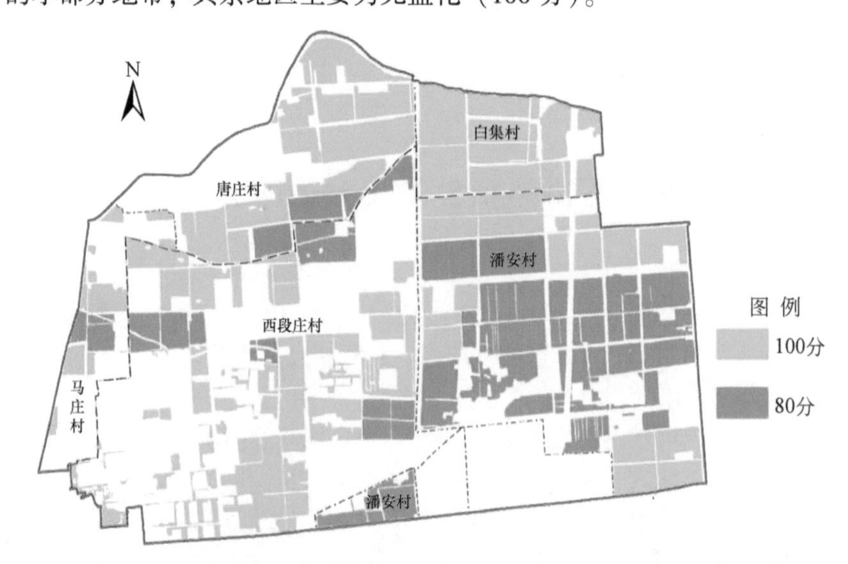

图9-12　研究区受损农田现状土壤盐渍化程度质量分值空间分布

1980年西安坐标系，1985年国家高程基准

（7）灌溉保证率

由9.4.3.3节可知，研究区耕地原分等成果中各分等单元的灌溉保证率为分村统计数据，均取70%～85%。研究区地处唐庄村、白集村、潘安村、西段庄村、马庄村的交界地带，原分等统计的灌溉保证率并不能反映采煤塌陷区实际情况。实地调查得出，采煤塌陷导致农田灌溉渠道严重受损，灌溉需水得不到满足，即便当地农民自主抽水灌溉，各分等单元的灌溉保证率仍然有不同程度的下降，很多地块已经下降到50%以下。研究区受损农田现状灌溉保证率质量分值面积比例见表9-22。

表9-22 研究区受损农田现状灌溉保证率质量分值面积比例

灌溉保证率/%	分值	面积/hm^2	比例/%
70～85	80	452.63	78.9
50～70	60	103.88	18.1
<50	30	16.91	3.0

从空间分布上看，如图9-13所示，受损农田现状灌溉保证率质量分值30分的耕地主要分布在唐庄村北部小部分耕地，以及西段庄村与唐庄村交界的小部分耕地；质量分值60分的耕地主要分布在潘安村东部一支渠和二支渠之间的地带，以及西段庄村、马庄村与唐庄村的交界地带；其余地区主要为80分的耕地。

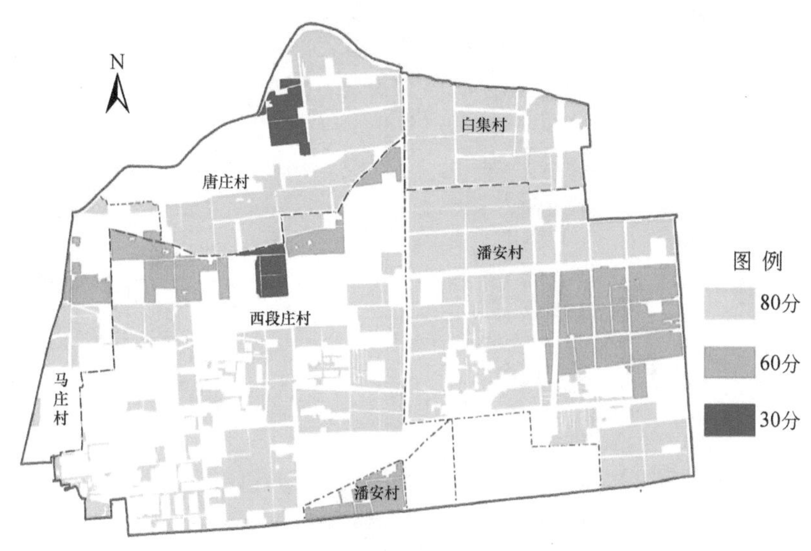

图9-13 研究区受损农田现状灌溉保证率质量分值空间分布
1980年西安坐标系，1985年国家高程基准

（8）排水条件

由9.4.3.3节可知，研究区原分等单元的排水条件普遍为4级（差），面积占88.05%。在分等因素指标值–质量分值转换时，将4级（差）排水条件赋值40分。本研究认为，贾汪区在制定分等因素指标值–质量分值转换时，没有具体考虑采煤塌陷区受损农田的实际

情况，对于排水条件对采煤塌陷区受损农田正常耕作的决定性影响考虑不够。因此，经过与有关专家论证，在对采煤塌陷区耕地质量等级受损评价时，将4级（差）排水条件赋值为0，将3级（一般）排水条件赋值为40分。

另外，原分等成果无法体现由劳动人民自主修筑的基塘农田对排水条件的改进效果，这些农田基本不受洪涝灾害的影响，排水条件应该定为1级（100分）。研究区受损农田现状排水条件质量分值面积比例见表9-23。

表9-23　研究区受损农田现状排水条件质量分值面积比例

灌溉保证率	分值	面积/hm^2	比例/%
1级（最优）	100	33.38	5.82
3级（一般）	40	68.56	11.96
4级（差）	0	471.48	82.22

从空间分布上看，如图9-14所示，排水条件最优（100分）的耕地集中分布在研究区西南部的西段庄村与马庄村的基塘农田；排水条件40分的耕地集中分布在研究区东北部的白集村；其余地区排水条件均为差（0分）。

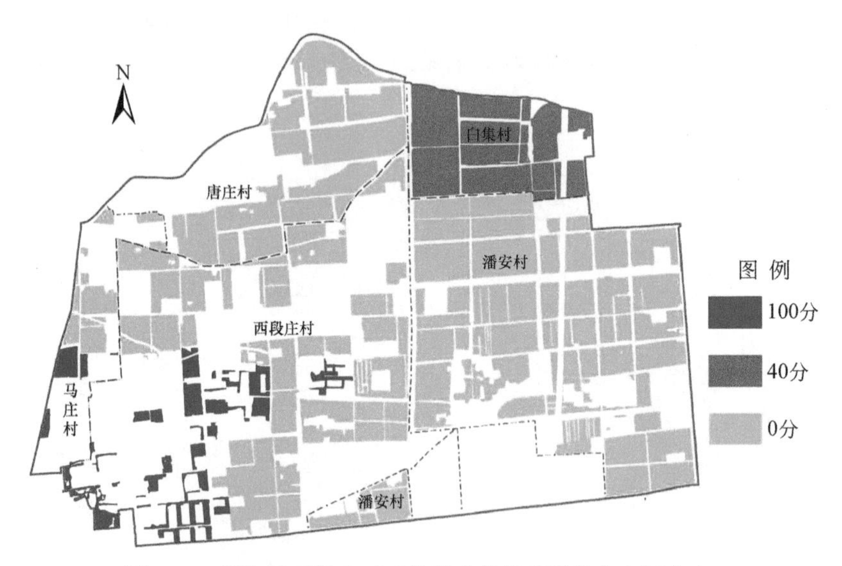

图9-14　研究区受损农田现状排水条件质量分值空间分布
1980年西安坐标系，1985年国家高程基准

(9) 土壤侵蚀程度

由9.4.3.3节可知，研究区原分等单元的土壤侵蚀程度均为1级（无侵蚀），即土壤表土层、心土层和底土层的剖面结构保持完整。研究区采煤塌陷引起的地表微地形变化对土壤侵蚀程度的影响不大，因此进行耕地质量等级受损评价时，各分等单元土壤侵蚀程度的因素指标值及量化标准不做改变。

9.5.5 采煤塌陷对受损农田种植制度及其等级的影响

研究区受损农田可以分为三类：非积水农田、季节性积水农田和基塘农田。

采煤塌陷对非积水农田和基塘农田的种植制度没有造成任何影响，依然是小麦-玉米轮作一年两熟制。

采煤塌陷对受损农田种植制度的影响其中体现在季节性积水农田，原来的小麦-玉米轮作一年两熟制由于季节性积水，变成了只在枯水期种植一季小麦的一熟制，这也是采煤塌陷区受损农田最显著的特点。

在计算分等单元的耕地自然质量等指数时，按照一熟制计算小麦的自然质量等指数，原来两熟制时分等单元的耕地自然质量等指数等于小麦和玉米两种指定作物的自然质量等指数之和。与原来相比，现在相当于完全损失了另一种指定作物——玉米的耕地自然质量等指数对耕地质量的贡献。耕地利用等指数和经济等指数也随之减少。

9.5.6 研究区受损农田现状耕地质量分等结果

9.5.6.1 省级自然质量等级

研究区受损农田现状耕地自然质量等级包含四等、五等、六等、七等，其中七等地面积最大，占研究区面积的 44.38%；其次是六等地，占研究区面积的 25.50%，具体见表 9-24。

表 9-24 研究区受损农田现状省级自然质量等级面积比例

省级自然质量等级	分等单元数量/个	面积/hm^2	比例/%
四等	128	101.95	17.78
五等	31	70.76	12.34
六等	99	146.24	25.50
七等	326	254.47	44.38
总计	584	573.42	100

从空间分布上看，如图 9-15 所示，较优的四等地主要分布在研究区东北部的白集村和西南部西段庄村的基塘农田，这是符合实际情况的；最差的七等地主要分布在广大的季节性积水区，很好地反映了受损现状。

9.5.6.2 省级利用质量等级

研究区受损农田现状耕地利用质量等级包含六等、七等、八等，其中八等地面积最大，占研究区面积的 47.30%；其次是七等地，占研究区面积的 35.39%，具体见表 9-25。

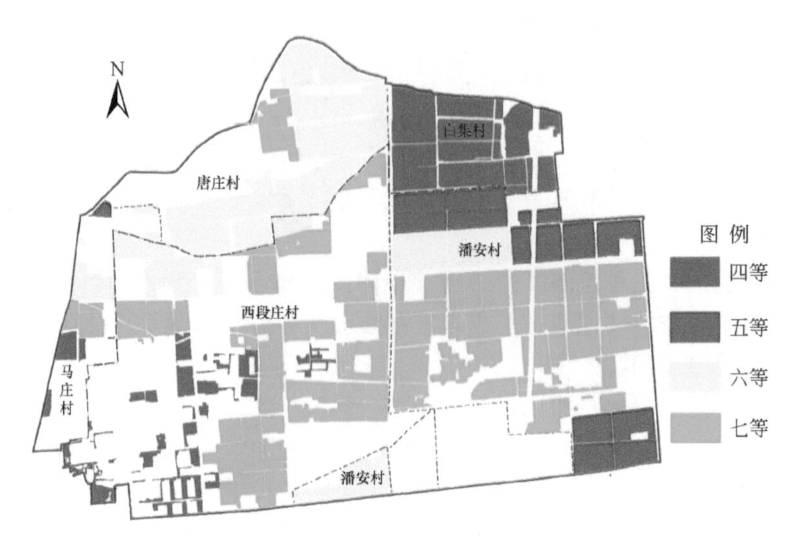

图 9-15 研究区受损农田现状耕地省级自然质量等级
1980 年西安坐标系，1985 年国家高程基准

表 9-25 研究区受损农田现状省级利用质量等级面积比例

省级利用质量等级	分等单元数量/个	面积/hm²	比例/%
六等	113	99.24	17.31
七等	120	202.93	35.39
八等	351	271.25	47.30
总计	584	573.42	100

从空间分布上看，如图 9-16 所示，相对较优的六等地主要分布在研究区东北部白集村和潘安村的交界地带、东南部潘安村二支渠以南的部分地带，以及西南部的西段庄村的基塘农田；七等地主要分布在研究区北部一支渠以北的潘安村、白集村和唐庄村；八等地主要分布在研究区中部的季节性积水农田。

9.5.6.3 省级经济质量等级

研究区受损农田现状耕地经济质量等级包含八等和九等，其中九等地面积较大，占研究区面积的 66.80%，具体见表 9-26。

表 9-26 研究区受损农田现状省级经济质量等级面积比例

省级经济质量等级	分等单元数量/个	面积/hm²	比例/%
八等	165	190.37	33.2
九等	419	383.05	66.8
总计	584	573.42	100

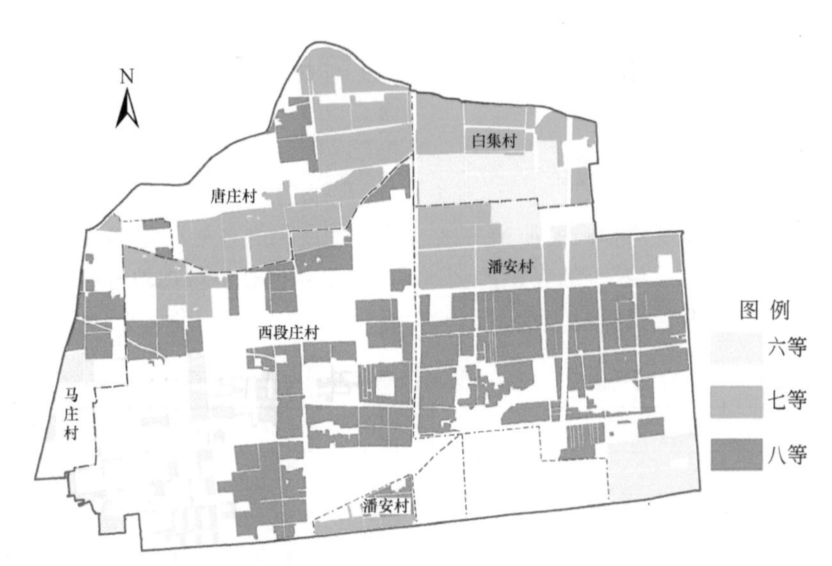

图 9-16　研究区受损农田现状耕地省级利用质量等级

1980 年西安坐标系，1985 年国家高程基准

从空间分布上看，如图 9-17 所示，相对较优的八等地主要分布在研究区东北部的白集村和潘安村的交界带，西南部的西段庄村的基塘农田，东南部二支渠以南的潘安村部分地带，以及西北部唐庄村的少量耕地；其余为九等地。

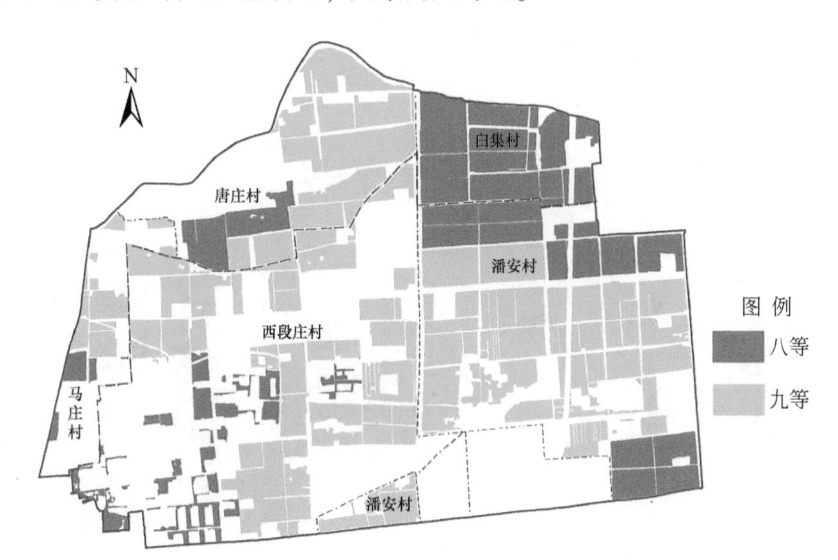

图 9-17　研究区受损农田现状耕地省级经济质量等级

1980 年西安坐标系，1985 年国家高程基准

9.5.7 受损农田现状分等成果与原分等成果对比分析

9.5.7.1 省级自然质量等级对比

研究区受损农田现状耕地自然质量等级与原分等成果的自然质量等级相比，整体上等级下降较为严重，下降 1～3 等的面积比例达 81.18%，也有少量地块等级没有降低，甚至一些地块等级还有上升，具体见表 9-27。

表 9-27 研究区受损农田现状省级自然质量等级变化（与原分等成果对比）

等级变化	分等单元数量/个	面积/hm²	比例/%
下降 3 等	236	163.36	28.49
下降 2 等	128	130.66	22.79
下降 1 等	91	171.46	29.90
下降 0 等	98	94.99	16.56
上升 1 等	31	12.95	2.26
总计	584	573.42	100

从空间分布上看，如图 9-18 所示，下降 3 等的耕地主要分布在研究区中部的季节性积水区；下降 0 等的耕地主要分布在研究区东北部的白集村；上升 1 等的耕地主要分布在研究区西南部西段庄村的基塘农田。

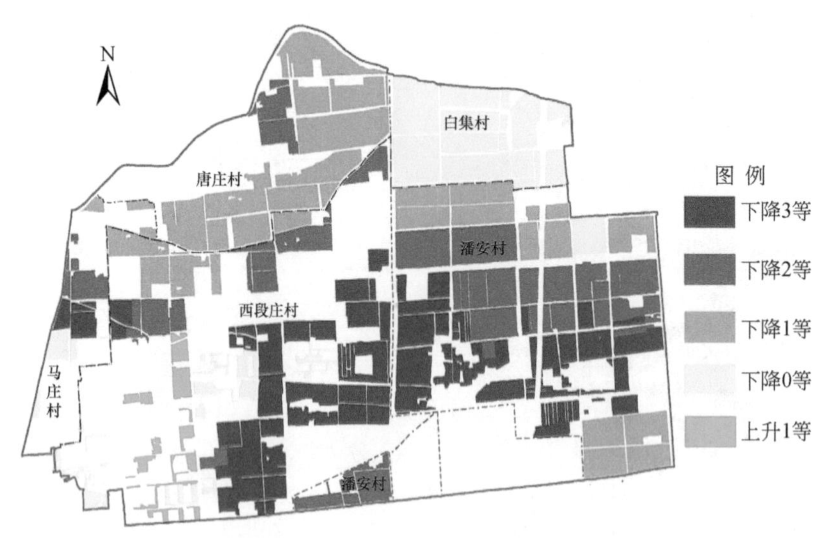

图 9-18 研究区受损农田现状省级自然质量等级变化分布（与原分等成果对比）
1980 年西安坐标系，1985 年国家高程基准

9.5.7.2 省级利用质量等级对比

研究区受损农田现状耕地利用质量等级与原分等成果相比，整体上等级下降较为严重，下降 1 ~3 等的面积达 76.15%，其中下降 2 等的耕地所占面积比例最大，为 41.6%。也有少量地块等级没有降低，甚至一些地块等级还有上升，具体见表 9-28。

表 9-28 研究区受损农田现状省级利用质量等级变化（与原分等成果对比）

等级变化	分等单元数量/个	面积/hm²	比例/%
下降 3 等	16	18.85	3.29
下降 2 等	309	235.44	41.06
下降 1 等	118	182.38	31.80
下降 0 等	125	124.99	21.80
上升 1 等	16	11.76	2.05
总计	584	573.42	100

从空间分布上看，如图 9-19 所示，下降 2 等的耕地主要分布在研究区中部的季节性积水区；下降 1 等的耕地主要分布在研究区北部的唐庄村，以及潘安村位于一支渠以北的部分耕地；下降 0 等的耕地主要分布在研究区东北部的白集村，西南部的西段庄村的部分基塘农田，以及潘安村二支渠以南的部分耕地；上升 1 等的耕地主要分布在研究区西南部西段庄村和马庄村的一部分基塘农田。

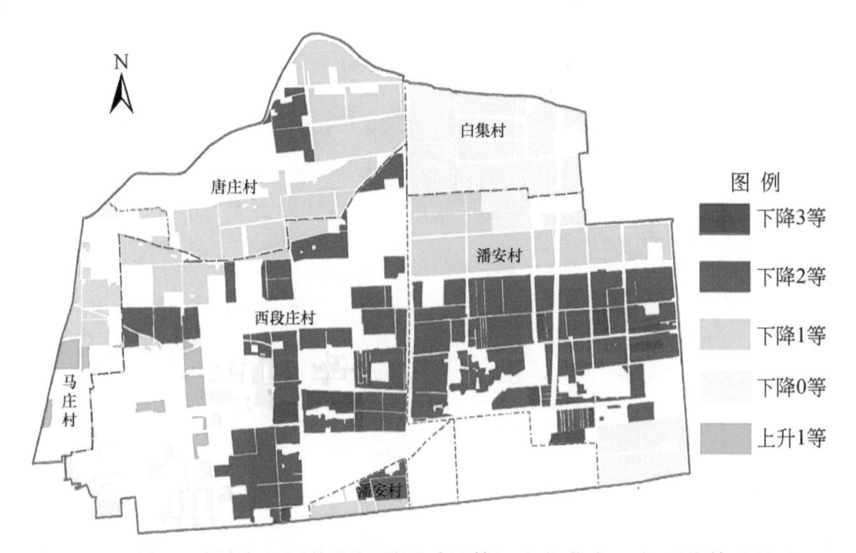

图 9-19 研究区受损农田现状省级利用质量等级变化分布（与原分等成果对比）

1980 年西安坐标系，1985 年国家高程基准

9.5.7.3 省级经济质量等级对比

研究区受损农田现状耕地经济质量等级与原分等成果相比，整体上等级下降较为明显，下降1～2等的面积达66.46%，其中下降1等的耕地所占面积比例最大，为63.17%；也有33.54%的耕地经济质量等级没有降低，具体见表9-29。

表9-29 研究区受损农田现状省级经济质量等级变化（与原分等成果对比）

等级变化	分等单元数量/个	面积/hm^2	比例/%
下降2等	16	18.85	3.29
下降1等	399	362.23	63.17
下降0等	169	192.34	33.54
总计	584	573.42	100

从空间分布上看，如图9-20所示，下降0等的耕地主要分布在研究区东北部的白集村和潘安村的交界带，西南部的西段庄村的基塘农田，东南部二支渠以南的潘安村部分地块，以及西北部唐庄村的少量耕地；其余主要为下降1等的耕地。

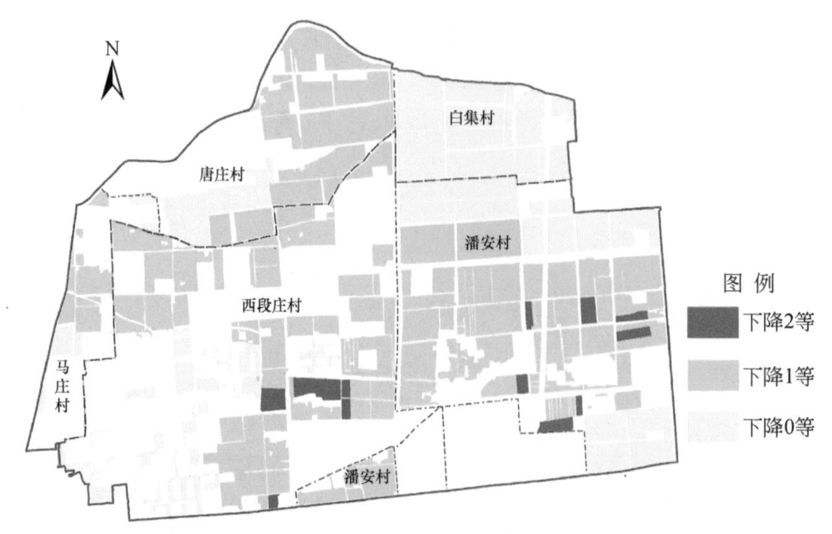

图9-20 研究区受损农田现状省级经济质量等级变化分布（与原分等成果对比）
1980年西安坐标系，1985年国家高程基准

9.5.7.4 变化分析

通过对研究区受损农田现状省级耕地质量等别与原分等成果对比，可以看出：

1）无论是从自然质量等级、利用质量等级还是经济质量等级，区内大部分耕地的等级都有所下降，等级下降的主要原因从分等因素上来讲，主要是采煤塌陷极大地破坏了原有排水条件，降低了灌溉保证率，部分耕地开始出现轻度盐化；从种植制度上来讲，主要改变了季节性积水农田原来小麦-玉米一年两熟轮作的熟制，变成了小麦一年一熟制，这些分等单元的耕地各个等级下降的幅度在区域内一般都是最高的。

2）受损现状的耕地自然质量等级、利用质量等级、经济质量等级降低的程度有所不同，其中自然质量等级下降 0～3 等，利用质量等级下降 0～3 等，经济质量等级下降 0～2 等。可以看出，从自然质量等级到利用质量等级，再到经济质量等别，下降的幅度逐渐降低，其主要原因是受损现状等级评价采用的土地利用系数和土地经济系数都与原分等成果保持一致，从而使利用质量等级和经济质量等级的区分度减低。事实上，受损现状的土地利用水平和经济水平较原分等成果所反映的相对正常状态时的土地利用水平和经济水平已经明显降低，只是无法具体到评价单元中，这里保持评价的一致性原则而没有做出改变。

3）少量提升 1 等的耕地主要是基塘农田，当地农民自发修建的基塘农田排水条件和灌溉条件均优于季节性积水农田和非积水农田，也没有受到盐渍化的影响。虽然整个研究区受采煤塌陷的影响较大，但是零星的基塘农田的耕地质量等级有所上升也是不争的事实，这一点要客观对待。

9.6 整治前后耕地质量等级对比分析

9.6.1 省级自然质量等级对比

农业区受损农田整治后耕地自然质量等级与受损现状自然质量等级相比，整体上等级上升效果明显，整体上升 0～4 等，其中上升 2 等的面积比例最大，为 39.95%，只有 8.61% 的耕地面积没有提高，具体见表 9-30。

表 9-30 受损农田整治后耕地自然质量等级变化（与受损现状对比）

等级变化	分等单元数量/个	面积/hm^2	比例/%
上升 0 等	28	36.44	8.61
上升 1 等	37	68.78	16.24
上升 2 等	98	169.18	39.95
上升 3 等	150	121.17	28.61
上升 4 等	35	27.92	6.59
总计	348	423.49	100

从空间分布上看，如图 9-21 所示，与受损现状的耕地自然质量等级相比，整治后的耕地自然质量等级上升 0 等的少量耕地分布在圩区 5 的白集村，这表明该地区受采煤塌陷破坏的程度较低，质量变化不明显，即便通过农田整治后也未必能超越原来的质量等级，这与实地调查的结果完全吻合。上升 1 等的耕地主要分布在圩区 5；上升 2 等的耕地主要分布在圩区 1 和圩区 7；上升 3 等的耕地主要分布在圩区 6 和圩区 4；上升 4 等的耕地主要分布在圩区 3。上升 3 等和 4 等的耕地现状主要是季节性积水农田，整治后耕地恢复了一

年两熟制，提升空间较大。

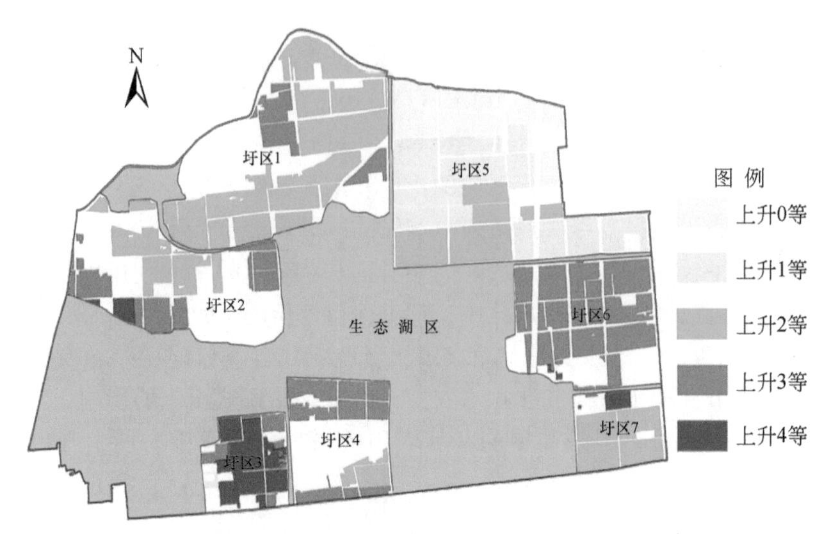

图 9-21　受损农田整治后耕地自然质量等级变化分布（与受损现状对比）
1980 年西安坐标系，1985 年国家高程基准

9.6.2　省级利用质量等级对比

农业区受损农田整治后耕地利用质量等级与受损现状利用质量等级相比，整体上等级上升 0 ~ 3 等，其中上升 1 等的面积比例最大，为 50.22%，只有 7.58% 的耕地等级没有上升，具体见表 9-31。

表 9-31　受损农田整治后耕地利用质量等级变化（与受损现状对比）

等级变化	分等单元数量/个	面积/hm^2	比例/%
上升 0 等	18	32.1	7.58
上升 1 等	122	212.67	50.22
上升 2 等	174	151.11	35.68
上升 3 等	34	27.61	6.52
总计	348	423.49	100

从空间分布上看，如图 9-22 所示，与受损现状的耕地质量利用等级相比，整治后的耕地利用质量等级上升 0 等的少量耕地分布在圩区 5 中部白集村和潘安村的交界地带。上升 1 等的耕地主要分布在圩区 1、圩区 5 和圩区 7；上升 2 等的耕地主要分布在圩区 4 和圩区 6，以及圩区 1 的西部地区；上升 3 等的耕地主要分布在圩区 3。

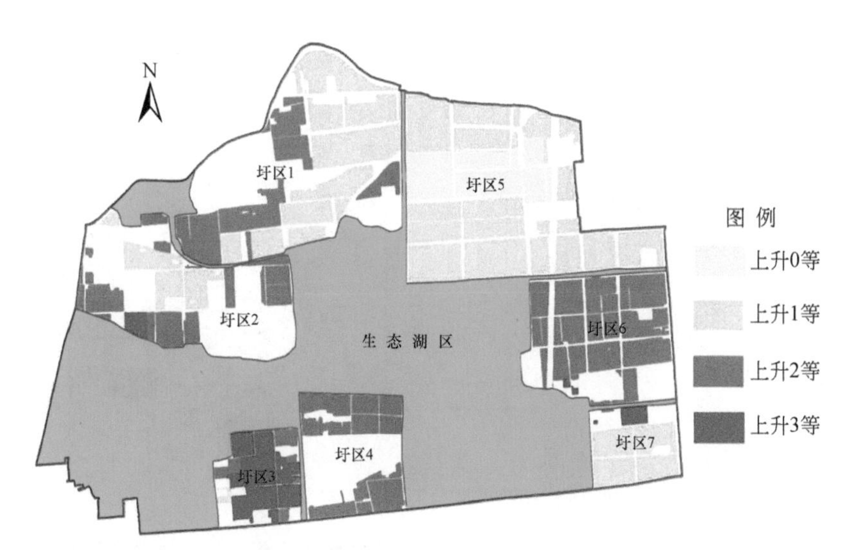

图 9-22　受损农田整治后耕地利用质量等级变化分布（与受损现状对比）
1980 年西安坐标系，1985 年国家高程基准

9.6.3　省级经济质量等级对比

农业区受损农田整治后耕地经济质量等级与受损现状经济质量等级相比，整体上等级上升 0～2 等，其中上升 1 等级的面积比例较大，为 67.40%，也有 24.66% 的耕地经济质量等级没有上升，具体见表 9-32。

表 9-32　受损农田整治后耕地经济质量等级变化（与受损现状对比）

等级变化	分等单元数量/个	面积/hm^2	比例/%
上升 0 等	63	104.42	24.66
上升 1 等	245	285.45	67.40
上升 2 等	40	33.62	7.94
总计	348	423.49	100

从空间分布上看，如图 9-23 所示，与受损现状的耕地质量经济等级相比，整治后的耕地经济质量等级上升 0 等的耕地集中分布在圩区 5 大部分地区；上升 2 等的耕地集中在圩区 3；上升 1 等的耕地广泛分布在各个圩区。

9.6.4　变化分析

1）整治后农业区的耕地质量等级与受损现状成果相比，无论是从自然质量等级、利用质量等级还是经济质量等级，都有所上升，等级上升的主要原因从分等因素上来讲，主

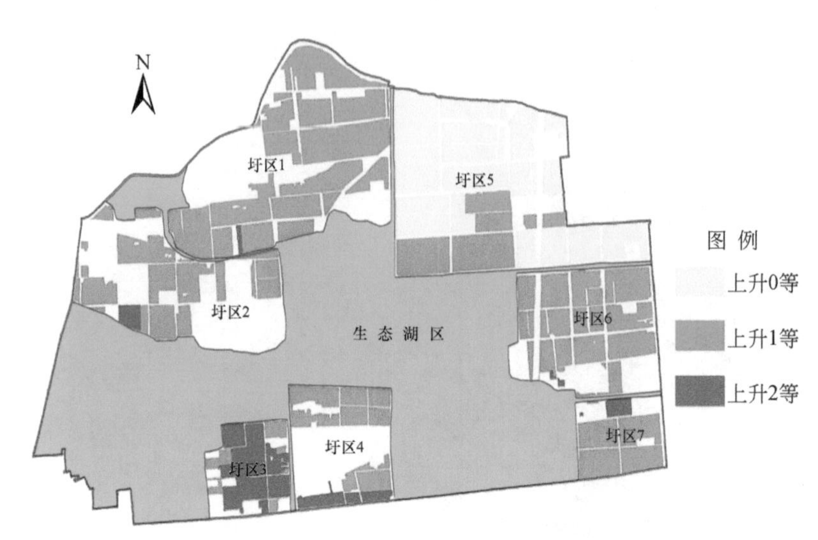

图 9-23 受损农田整治后耕地经济质量等级变化分布（与受损现状对比）
1980 年西安坐标系，1985 年国家高程基准

要是受损农田整治极大地改善了农业区原有排水条件，提高了灌溉保证率，去除了部分耕地的轻度盐化；从种植制度上来讲，主要改变了原来一部分季节性积水农田的熟制，从小麦一年一熟恢复为正常的小麦-玉米一年两熟轮作，这些分等单元的耕地各个等级上升的程度在区域内一般都是最高的。

2）整治后耕地质量自然质量等级、利用质量等级、经济质量等级提升的程度有所不同，其中自然质量等级上升 0 ~4 等，利用质量等级上升 0 ~3 等，经济质量等级上升 0 ~2 等。可以看出，从自然质量等级到利用质量等级，再到经济质量等级，提升的幅度逐渐降低，其主要原因是受损现状等级评价采用的土地利用系数和土地经济系数都与原分等成果保持一致，从而使利用质量等级和经济质量等级的区分度减低。事实上，受损现状的土地利用水平和经济水平较原分等成果所反映的相对正常状态时的土地利用水平和经济水平已经明显降低，只是无法具体到评价单元中，这里保持评价的一致性原则而没有做出改变。整治后的土地利用水平和土地经济水平也是比较难以预料的，所以也和原分等成果中保持一致。

9.7 整治后耕地质量等级与原分等成果对比

9.7.1 省级自然质量等级对比

农业区受损农田整治后耕地自然质量等级与原分等成果相比，上升 1 等的面积占耕地总面积的 67. 32%，32. 68% 的耕地自然质量等级上升 0 等，具体见表 9-33。

表 9-33 受损农田整治后耕地自然质量等级变化（与原分等成果对比）

等级变化	分等单元数量/个	面积/hm²	比例/%
上升 0 等	138	138.40	32.68
上升 1 等	210	285.09	67.32
总计	348	423.49	100

从空间分布上看，如图 9-24 所示，与原分等成果自然质量等级相比，整治后的耕地自然质量等级上升 0 等的耕地集中分布在圩区 4、圩区 5 的周边地区和圩区 6 的南部；其他地区为上升 1 等的耕地。

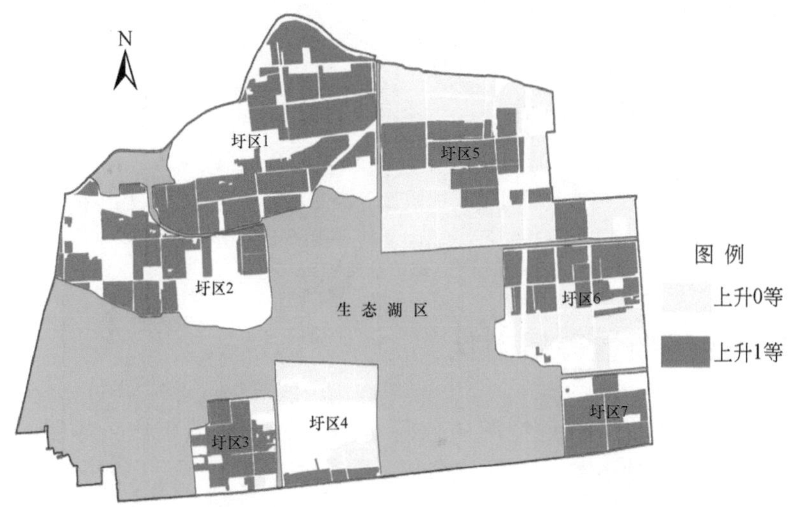

图 9-24 受损农田整治后耕地自然质量等级变化分布（与原分等成果对比）
1980 年西安坐标系，1985 年国家高程基准

9.7.2 省级利用质量等级对比

农业区受损农田整治后耕地利用质量等级与原分等成果相比，等级不变的耕地占 68.16%，上升 1 等的耕地占 31.84%，具体见表 9-34。

表 9-34 受损农田整治后耕地利用质量等级变化（与原分等成果对比）

等级变化	分等单元数量/个	面积/hm²	比例/%
上升 0 等	240	288.67	68.16
上升 1 等	108	134.82	31.84
总计	348	423.49	100

从空间分布上看，如图 9-25 所示，除了圩区 6 耕地利用质量等级面积基本没有上升外，上升 1 等的耕地遍布农业区。

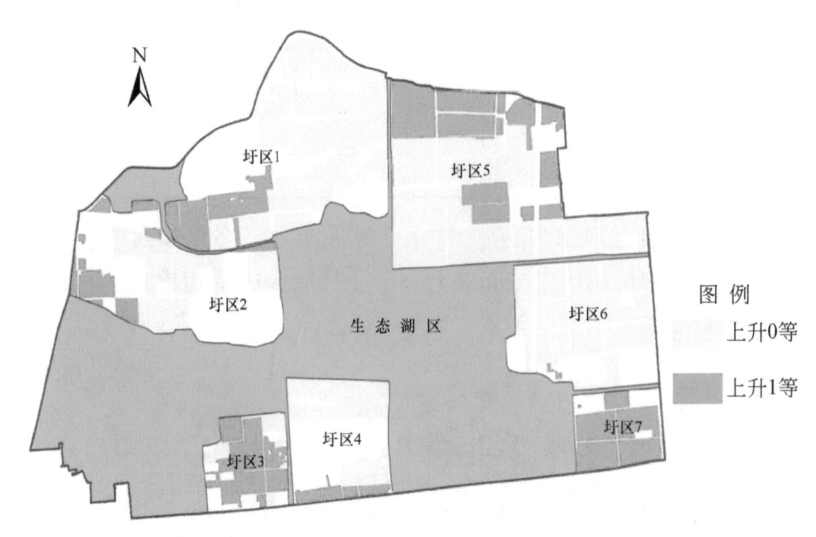

图 9-25　受损农田整治后耕地利用质量等级变化分布（与原分等成果对比）
1980 年西安坐标系，1985 年国家高程基准

9.7.3　省级经济质量等级对比

农业区受损农田整治后耕地经济质量等级与原分等成果相比，等级不变的耕地占 78.97%，上升 1 等的耕地占 21.03%，具体见表 9-35。

表 9-35　受损农田整治后耕地经济质量等级变化（与原分等成果对比）

等级变化	分等单元数量/个	面积/hm²	比例/%
上升 0 等	281	334.45	78.97
上升 1 等	67	89.04	21.03
总计	348	423.49	100

从空间分布上看，如图 9-26 所示，经济质量等级上升 1 等的耕地主要分布在圩区 3 和圩区 7，以及圩区 1 的西部和圩区 5 中部；全区大部分耕地经济质量等级没有上升。

9.7.4　变化分析

1）整治后农业区的耕地质量等级与原分等成果相比，无论是从自然质量等级、利用质量等级还是经济质量等级，都有部分耕地等级不变，部分耕地等级上升 1 等，提升的原因主要是受损农田整治极大改善了原有排水条件，同时提高了灌溉保证率。

2）整治后耕地自然质量等级、利用质量等级、经济质量等级提升的面积比例有所不同，其中自然质量等级上升 1 等的面积比例最大，达 67.32%，利用质量等级上升 1 等的

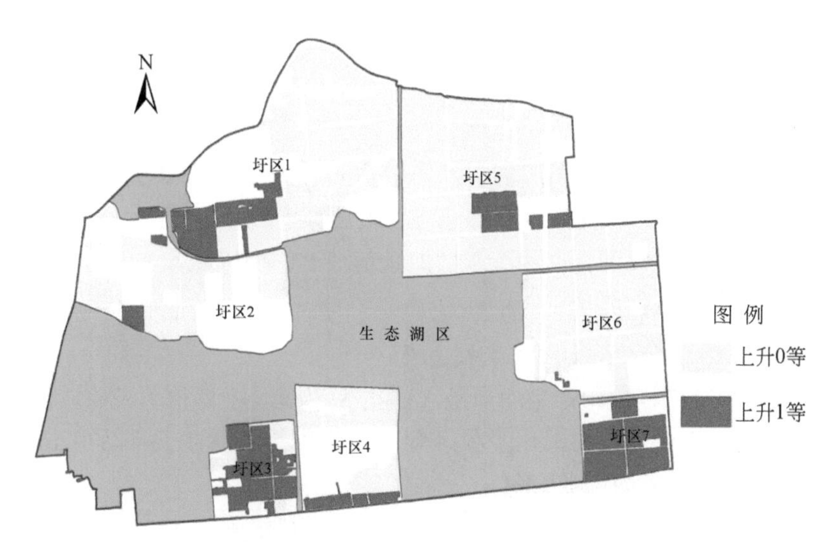

图 9-26 受损农田整治后耕地经济质量等级变化分布（与原分等成果对比）
1980 年西安坐标系，1985 年国家高程基准

面积比例为 31.84%，经济质量等级上升 1 等的面积比例为 21.03%。

3）利用质量等级和经济质量等级上升的面积比例远小于自然质量等级上升的面积比例，其原因主要是在计算时采用的是原分等成果中的土地利用系数和土地经济系数。由此可以看出，在原有的土地利用水平和投入产出水平下，即使耕地自然质量有所上升，耕地质量利用等级和经济等级也不会随之同步上升。因此，基于耕地自然质量上升的平台，加强受损农田整治后的土地利用水平和投入产出水平是十分必要的，这样才能更加充分的发挥受损农田整治的潜力，提高作物产量，增加农民收入。

9.8 整治后增加标准粮产量计算

通过对整治后耕地所能增加的标准粮产量计算，能够更加直观地体现采煤塌陷区受损农田整治后耕地质量等级上升的效果。

9.8.1 计算方法

由于本研究中坚持土地利用系数和土地经济系数的一致性，整治后耕地利用质量等级和经济质量等级不能得到很好地体现，这里采用自然质量等指数和标准粮产量的回归关系，见式（9-10），来计算整治后的标准粮产量，并与原分等成果和受损现状进行对比分析。

9.8.2 整治后标准粮产量与受损现状对比

与受损现状耕地的标准粮产量对比，由式（9-10）推导出式（9-13），来计算整治后标准粮产量的增加量。

计算方法为

$$\Delta_i = 0.1936(X_{i整治} - X_{i受损}) + 400.1 \tag{9-13}$$

式中，Δ_i 为评价单元 i 的标准粮产量增加量（kg/亩）；$X_{i整治}$ 为评价单元 i 整治后耕地自然质量等指数；$X_{i受损}$ 为评价单元 i 受损现状耕地自然质量等指数。

在计算出单个评价单元的标准粮产量增加量基础上，再按照式（9-14）计算出农业区内总的标准粮产量增加量：

$$\Delta = \sum \Delta_i \times S_i \tag{9-14}$$

式中，Δ 为农业区内总的标准粮产量增加量（kg）；S_i 为第 i 个评价单元的面积（m^2）。

通过计算，整治后农业区耕地比受损现状耕地标准粮产量提高了 879 165kg，农业区面积为 6352 亩，平均每亩约增加 138kg。

9.8.3 整治后标准粮产量与原分等成果对比

与原分等成果对比，由式（9-15）计算单个评价单元整治后标准粮产量的增加量：

$$\Delta_j = 0.1936(X_{j整治} - X_{j基准}) + 400.1 \tag{9-15}$$

式中，Δ_j 为评价单元 j 的标准粮产量增加量（kg/亩）；$X_{j整治}$ 为评价单元 j 整治后耕地自然质量等指数；$X_{j基准}$ 为评价单元 j 原分等成果耕地自然质量等指数。

在计算出单个评价单元的标准粮产量增加量基础上，再按照式（9-16）计算出农业区内总的标准粮产量增加量：

$$\Delta = \sum \Delta_j \times S_j \tag{9-16}$$

式中，Δ 为农业区内总的标准粮产量增加量（kg）；S_j 为第 j 个评价单元的面积（m^2）。

通过计算，整治后农业区耕地比原分等成果耕地标准粮产量提高了 187 201kg，农业区面积为 6352 亩，平均每亩约增加 29kg。

9.9 充填复垦对耕地质量等级的影响

充填复垦抬高了田面高程，并通过上覆一定厚度的表土，可以实现采煤塌陷区受损农田的正常耕作。但从农用地分等评价因素的角度来看，充填层实际上产生了一种新的障碍层，并且这种障碍层不是土壤发生过程中的自然障碍层次，有学者称之为工业废物技术硬层。

9.9.1 障碍层距地表深度因素分值修正

按照表 9-2，不同充填物不同覆土厚度障碍层距地表深度的因素得分见表 9-36。

表 9-36　不同充填物不同覆土厚度障碍层距地表深度的因素得分

覆土厚度/cm	充填物得分			
	湖泥	粉煤灰	煤矸石	建筑垃圾
60 ~ 90	100	100	100	100
50 ~ 60	50	50	50	50
30 ~ 50	40	40	40	40
<30	20	20	20	20

充填物新形成的工业废物技术硬层与自然障碍层次相比，对农作物生长会产生更大的消极影响，即障碍层距地表深度同样时，工业废物技术硬层对作物生长的消极影响比自然障碍层次更大。因此，在自然障碍层次距地表深度因素得分的基础上，有必要对充填物形成的工业废物技术硬层距地表深度的因素得分进行适当的修正。根据前人的研究成果（王海等，2014），同样的覆土厚度，对作物生长适宜性的大小排序是湖泥>粉煤灰>煤矸石>建筑垃圾，这里确定障碍层距地表深度的因素得分修正系数见表 9-37。

表 9-37　不同充填物障碍层距地表深度的因素得分修正系数

充填材料	修正系数
湖泥	0. 95
粉煤灰	0. 85
煤矸石	0. 70
建筑垃圾	0. 65

修正后的不同充填物不同覆土厚度障碍层距地表深度得分见表 9-38。

表 9-38　不同充填物不同覆土厚度障碍层距地表深度的因素修正得分

覆土厚度/cm	充填物得分			
	湖泥	粉煤灰	煤矸石	建筑垃圾
60 ~ 90	95	85	70	65
50 ~ 60	47. 5	42. 5	35	32. 5
30 ~ 50	38	34	28	26
<30	19	17	14	13

9. 9. 2　不同充填物整治后耕地质量修正

以圩区 6 为例，对充填湖泥、粉煤灰、煤矸石、建筑垃圾后覆土 60cm 的地块进行耕地质量等级的修正。不同充填物的空间布局如图 9-27 所示。

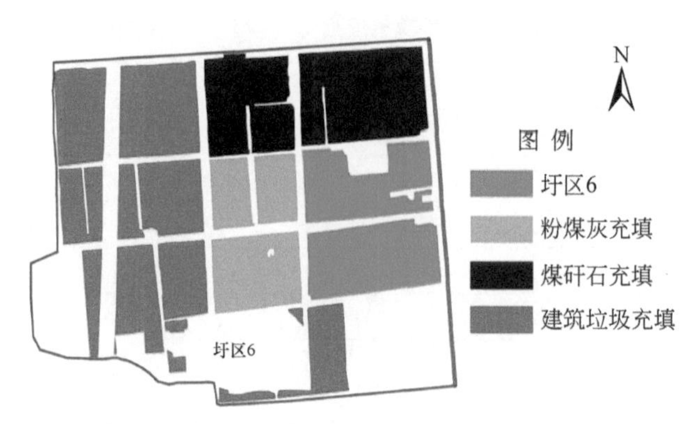

图 9-27 圩区 6 覆土 60cm 不同充填物空间布局

9.9.2.1 因素得分修正

其他评价因素分值不变，障碍层距地表深度在修正前后的因素得分见表 9-39。

表 9-39 不同充填物覆土 60cm 障碍层距地表深度的因素修正得分

对比	充填物得分			
	湖泥	粉煤灰	煤矸石	建筑垃圾
修正前	100	100	100	100
修正后	95	85	70	65

9.9.2.2 自然质量等指数及等级划分

按照 9.4 节的计算方法，得出圩区 6 充填覆土 60cm 修正后的自然质量等指数及等级划分结果，见表 9-40。

表 9-40 圩区 6 充填覆土 60cm 修正后自然质量等指数及等级对比

ID	修正后自然质量等指数	未修正自然质量等指数	自然质量等指数变化量	修正后自然质量等级	未修正自然质量等级	自然质量等级变化量
149	2698. 72	2746. 611	-47. 891	4	4	0
156	2690. 73	2746. 611	-55. 881	4	4	0
158	2690. 73	2746. 611	-55. 881	4	4	0
164	2698. 72	2746. 611	-47. 891	4	4	0
167	2698. 72	2746. 611	-47. 891	4	4	0
175	2698. 72	2746. 611	-47. 891	4	4	0
179	2698. 72	2746. 611	-47. 891	4	4	0
187	2698. 72	2746. 611	-47. 891	4	4	0
188	2698. 72	2746. 611	-47. 891	4	4	0

续表

ID	修正后自然质量等指数	未修正自然质量等指数	自然质量等指数变化量	修正后自然质量等级	未修正自然质量等级	自然质量等级变化量
189	2698.72	2746.611	-47.891	4	4	0
190	2698.72	2746.611	-47.891	4	4	0
192	2698.72	2746.611	-47.891	4	4	0
197	2746.61	2746.611	-0.001	4	4	0
199	2698.72	2746.611	-47.891	4	4	0
206	2690.73	2746.611	-55.881	4	4	0
207	2690.73	2746.611	-55.881	4	4	0
210	2690.73	2746.611	-55.881	4	4	0
219	2738.63	2746.611	-7.981	4	4	0
226	2738.63	2746.611	-7.981	4	4	0
227	2738.63	2746.611	-7.981	4	4	0
228	2738.63	2746.611	-7.981	4	4	0
230	2738.63	2746.611	-7.981	4	4	0
233	2738.63	2746.611	-7.981	4	4	0
240	2738.63	2746.611	-7.981	4	4	0
249	2722.66	2746.611	-23.951	4	4	0
250	2738.63	2746.611	-7.981	4	4	0
252	2722.66	2746.611	-23.951	4	4	0
257	2722.66	2746.611	-23.951	4	4	0
259	2738.63	2746.611	-7.981	4	4	0
261	2738.63	2746.611	-7.981	4	4	0
262	2690.73	2746.611	-55.881	4	4	0
263	2690.73	2746.611	-55.881	4	4	0
265	2690.73	2746.611	-55.881	4	4	0
266	2690.73	2746.611	-55.881	4	4	0
267	2690.73	2746.611	-55.881	4	4	0
269	2690.73	2746.611	-55.881	4	4	0
270	2738.63	2746.611	-7.981	4	4	0
271	2690.73	2746.611	-55.881	4	4	0
273	2690.73	2746.611	-55.881	4	4	0
274	2690.73	2746.611	-55.881	4	4	0
275	2690.73	2746.611	-55.881	4	4	0
276	2690.73	2746.611	-55.881	4	4	0

续表

ID	修正后自然质量等指数	未修正自然质量等指数	自然质量等指数变化量	修正后自然质量等级	未修正自然质量等级	自然质量等级变化量
278	2738.63	2746.611	-7.981	4	4	0
279	2738.63	2746.611	-7.981	4	4	0
280	2738.63	2746.611	-7.981	4	4	0
283	2690.73	2746.611	-55.881	4	4	0
284	2738.63	2746.611	-7.981	4	4	0
292	2690.73	2746.611	-55.881	4	4	0
293	2738.63	2746.611	-7.981	4	4	0
295	2738.63	2746.611	-7.981	4	4	0
311	2738.63	2746.611	-7.981	4	4	0
319	2738.63	2746.611	-7.981	4	4	0
320	2690.73	2746.611	-55.881	4	4	0
321	2738.63	2746.611	-7.981	4	4	0
322	2738.63	2746.611	-7.981	4	4	0
325	2738.63	2746.611	-7.981	4	4	0
331	2690.73	2746.611	-55.881	4	4	0
333	2738.63	2746.611	-7.981	4	4	0
337	2738.63	2746.611	-7.981	4	4	0
338	2690.73	2746.611	-55.881	4	4	0
339	2690.73	2746.611	-55.881	4	4	0
340	2690.73	2746.611	-55.881	4	4	0
354	2690.73	2746.611	-55.881	4	4	0
360	2722.66	2746.611	-23.951	4	4	0
361	2722.66	2746.611	-23.951	4	4	0
363	2690.73	2746.611	-55.881	4	4	0
365	2722.66	2746.611	-23.951	4	4	0
366	2722.66	2746.611	-23.951	4	4	0
370	2690.73	2746.611	-55.881	4	4	0
376	2690.73	2746.611	-55.881	4	4	0
377	2690.73	2746.611	-55.881	4	4	0
378	2690.73	2746.611	-55.881	4	4	0
381	2690.73	2746.611	-55.881	4	4	0
385	2690.73	2746.611	-55.881	4	4	0
386	2761.25	2817.122	-55.872	4	3	-1

续表

ID	修正后自然质量等指数	未修正自然质量等指数	自然质量等指数变化量	修正后自然质量等级	未修正自然质量等级	自然质量等级变化量
402	2761.25	2817.122	-55.872	4	3	-1
426	2690.73	2746.611	-55.881	4	4	0
427	2690.73	2746.611	-55.881	4	4	0
428	2690.73	2746.611	-55.881	4	4	0
430	2690.73	2746.611	-55.881	4	4	0

由表 9-40 可以看出，修正后的自然质量等指数与未修正自然质量等指数相比，平均下降 37 个指数点，反映在自然质量等级上，有两个评价单元的自然质量等级下降 1 等。由表 9-2 可以看出，障碍层距地表深度的权重最低，仅为 0.048，所以通过修正障碍层距地表深度的得分，在自然质量等级上变化不是很大，但在自然质量等指数上，下降的幅度还是比较大的。

9.10 本章小结

本章基于采煤塌陷区受损农田等级上升的目标，对整治后农业区内的受损农田进行耕地质量等级评价，并将评价结果与受损现状和原分等成果分布进行对比分析，结果显示，采煤塌陷区受损农田整治等级上升的效果十分明显，尤其自然质量等级上升的程度最大，与受损现状对比，整体上升 0 ~4 等，其中上升 2 等的面积比例最大，为 39.95%；与原分等成果对比，整体上升 0 ~1 等，其中上升 1 等的面积占耕地总面积的 67.32%。又对整治后与受损现状及原分等成果对比增加的标准粮进行了核算，结果显示，与受损现状对比，平均每亩约增产标准粮 138kg；与原分等成果对比，平均每亩约增产标准粮 29kg。通过对障碍层距地表深度因素分值的修正，可以得出充填复垦对耕地质量自然等指数的影响还是较大的。

第10章 工矿区受损农田精细化整理施工技术研究

10.1 工矿区受损农田多目标整理施工类型区划分

10.1.1 施工类型区的理念

施工类型区就是类型和区域的结合体，它不同于传统的区域划分和类型划分各成体系的做法，而是将两者结合到一个统一框架系统中，并在不同层次各有侧重，而不是彼此割裂地体现各自的内涵，形成地域特征和类型要素的结合。不同层次的类型区其体现的侧重点是不同的，高层次的类型区划分着重体现区域差异，低层次的类型区则服务于特定区域特征条件下项目目标和建设内容的确定。施工类型区的划分遵循相似性与差异性原则，综合分析与主导因素相结合的原则，以及施工类型区与行政区划相协调等原则。

10.1.2 施工类型区划分的依据

1）本行业的指导性法规和文件。

2）与土地整理类型区划分有关的其他行业的分区分类成果。

3）与土地整理目标和内容相关的基础科学。

4）目前进行的土地整理项目积累的资料和数据。

10.1.3 施工类型区划分方法

（1）综合分析法

综合分析法指运用主观经验，综合考虑各种因素进行区划的一种方法。该方法主要适用于地形地势、土壤、气候等分区影响因素有显著差异、分区界限明显易定的地区，要求操作人员非常熟悉当地的实际情况。

（2）主导因素法

主导因素法又称主成分法，是在综合分析要素类型的组合或影响因素的相互作用基础上，找出对分区有标志意义的要素类型（或主导因素）作为依据进行分区的方法。

（3）叠置法

叠置法是在统一空间参照系统条件下，根据参加的复合数据平面的各类空间关系重新划分空间区域，使每个区域内的属性组合趋于一致的分区方法。主要是应用相关各部门的各类图件进行叠加，优先确定重叠的界线，然后处理不重叠的界线。

(4) 聚类分析法

聚类分析法是研究分类的一种多元统计方法。聚类分析是在没有任何分类标准的前提下进行的，分类的依据完全是从样本数据出发，实现自动分类。

综合以上各方法的特点及使用范围，结合土地开发整理工程的特点，本研究主要采用定性的综合分析法进行施工类型区的划分。

10.1.4 土地整理施工类型体系的构建

施工类型区划分采用演绎和归纳相结合的方法进行土地整理施工类型划分。首先，收集整理全国土地整理相关资料，研究土地整理类型特点，提出全国土地整理类型区划分控制性框架。其次，进一步细分全国的类型区，省（自治区、直辖市）类型区。通过由上而下的演绎和由下而上的归纳，最后形成全国统一的工矿区框架体系。全国土地整理类型区的框架体系由国家一级类型区和国家二级类型区构成，是地域特征和类型特征的融合。国家一级类型区突出地域特征，以地域特征为基础，融合地域范围内的类型特征；国家二级类型区以类型特征为基础，融合一定的地域特征。

1）施工类型体系的理念：土地整理施工类型体系是以狭义的土地整理工程为基础（基础层），来实现土地整理工程的目标而构建的体系。

2）土地整理施工类型体系构建的方法：①全面分析法。全面分析相关行业及本行业的标准、规范等相关内容，将相关内容进行横向与纵向对比、归并和界定，并结合中国目前土地整理项目的实践，收集实施项目的相关内容，对工矿区的施工类型区划分进行补充和完善。②系统工程法。按照系统工程基本原理，在全面分析相关资料的同时，根据宏观控制与微观管理的需要，将类型区体系划分成两层，即基础层和目标层。同时，理清层与层之间的关系及层内要素之间的关系，从而建立完整的、系统的、规范化的类型区体系。

土地整理工程的基本内涵是田、水、路、林、村综合整治，反映在具体的建设内容上，是由多个不同的工程项目组成的。不同的区域条件，其土地开发整理工程建设内容和工程项目构成也是不相同的。因此，土地整理施工类型体系的构建应结合不同区域特点，反映不同区域的工程建设内容，从土地整理工程项目管理的角度，遵循科学性、系统性、独立性、实用性、确定性原则，将土地整理工程项目进行系统归类，合理划分。

10.1.4.1 土地整理施工类型区的划分

1）施工类型区划分指标体系：①自然环境指标。以地形地貌类型为主要指标，可划分为平坝、缓丘、中深丘、中低山、喀斯特五类，参考指标为土壤类型和气候条件。②土地利用结构指标。以农用地中的主要二级地类（耕地、园地，林地、未利用地）占该区总面积的百分比为主要指标。辅助指标为耕地水田和旱地面积比例、森林覆盖率、土地垦殖率、土地利用率、建设用地率等。③社会经济指标。包括人口数量、人口密度、农业人口占总人口的比例、人均耕地数量、地区生产总值、农业生产总值、工业生产总值、粮食产量、社会固定资产投资总额，其中以人均地区生产总值为主要指标。④土地生产力指标。包括单位面积地区生产总值、每亩耕地农业生产总值、每亩耕地粮食总产量、耕地复种指数、耕地分等定级等，其中以每亩耕地农业生产总产值为主要指标。

2）划分方法：结合以往相关行业的分区成果，主要采用定性分析方法，首先土地资源利用受地形地貌、土壤、气候、水文地质，以及社会经济条件等多种因素的制约，地形地貌是土地资源利用中最重要的自然环境因子，土地开发整理分区以地形地貌为主导因素和依据。

在进行土地整理施工类型区时把地形地貌作为主导因子，主要是考虑区域大地貌类型和区域位置的一致性，在此基础上以微地貌作为分区的主要指标，同时考虑土壤、气候、土地利用结构和社会经济状况等指标的差异性和相似性。考虑上述分区指标，根据区划原则，将各省（自治区、直辖市）工矿区的土地整理施工类型划分为六个区。

10.1.4.2 施工类型区命名规则

国家一级类型区命名：地理位置+地形或区域气候+类型区
国家二级类型区命名：地貌或区域地质或水文地质+类型区
省级类型区直接对应模式，以影响模式的主导因素（一二个）+模式命名。

10.1.4.3 工矿区多目标土地整理类型

通过土地整理复垦，可以有效增加土地的经济供给，扩大已利用地面积。同时土地整理复垦新增用地也要根据土地的适宜性，首先满足农业用地的要求，宜农则农，宜林则林，宜牧则牧，宜渔则渔。因此，工矿区多目标土地整理大体可分为四种类型，即农业整理、建筑整理、渔业整理、林业整理。

10.1.5 研究结果

根据国家相应规范和标准的规定要求，结合示范区的调研和实际情况，在对示范区进行研究的基础上，对全国施工类型区进行划分，并建立施工类型体系，将示范区的分类扩展到全国工矿区土地整理施工类型区的划分，同时绘制出相应的表格（表10-1和表10-2）。各省级施工类型区的划分以及施工工程模式的内容如下所示。

表10-1 施工类型区划分成果

国家一级类型区		国家二级类型区	
A	东北平原类型区	A1	浅丘漫岗类型区
		A2	平原低地类型区

续表

国家一级类型区		国家二级类型区	
B	华北平原类型区	B1	山麓平原类型区
		B2	冲积平原类型区
		B3	滨海平原及低地类型区
C	北方山地丘陵类型区	C1	基岩风化残坡积类型区
		C2	黄土沉积物侵蚀类型区
D	黄土高原类型区	D1	黄土塬地类型区
		D2	黄土丘陵沟谷类型区
		D3	黄土川、台地类型区
E	内陆干旱半干旱类型区	E1	引（提）河（黄）灌溉类型区
		E2	盆地绿洲灌溉类型区
		E3	西部风蚀沙化类型区
F	南方平原河网类型区	F1	河网滩涂类型区
		F2	河谷平原盆地类型区
G	南方山地丘陵类型区	G1	丘岗类型区
		G2	冲垄类型区
H	西南高原山地丘陵类型区	H1	高原类型区
		H2	紫色砂岩类型区
		H3	岩溶类型区
		H4	高寒山地类型区

1）缓丘平坝工程类型区：在土地平整工程方面，水田整理比例大，以归并田坎为主，可做部分条田，平整工程量较小；水田以坎为主，旱地宜采用石坎；单个田块规模普遍较大。在灌溉与排水工程方面，应尽可能发展泵站提灌，重点保障水田用水；可适当布设机井；建设较大的灌排系统，重视排涝排渍。在田间道路工程方面，部分田间道可以硬化；生产路可与沟渠组合布设。在农田防护工程方面，尽量少做防护措施，重视下田坡道的布设。

2）丘陵工程类型区：在土地平整工程方面，可爆破改土，基本不需客土；以梯田为主，有少量坡式梯田；新建田坎以石坎为主，慎重布设土坎；重视新土的熟化和改良；单个田块规模普遍不大。在灌溉与排水工程方面，以蓄水灌溉为主；注意排水设施和沉沙凼的布设。在田间道路工程方面，田间道一般不硬化；以生产路为主，少量生产大路，不宜与沟渠组合布设，可与石坎组合布设。在农田防护工程方面，可适当布设坡面防护工程，布设少量山粪池和护（坡）坎。

3）低山岩溶槽谷工程类型区：在土地平整工程方面，一般需要爆破改土，进行土壤分配或者客土；梯田和坡式梯田结合布设；田坎以石坎为主；单个田块规模普遍较小，布局较为不规整和零碎。在灌溉与排水工程方面，以蓄水灌溉为主，可筑坝或直接引水灌溉；重视排洪设施；酌情布设水窖。在田间道路工程方面，田间道不硬化；几乎没有生产大路，生产路有较多梯步，不宜与沟渠组合布设，可与石坎组合布设。在农田防护工程方面，可适当布设坡面防护工程，重视山粪池和护（坡）坎的布设。

4）河谷平坝工程类型区：在土地平整工程方面，水田整理比例大，以归并田坎为主，可做部分条田，平整工程量较小；水田以土坎为主，旱地宜采用石坎；单个田块规模相对较大。在灌溉与排水工程方面，发展泵站提灌，重点保障水田用水，适当布局蓄水池；建设较大的灌排系统，重视排涝排渍。在田间道路工程方面，较少部分田间道可以硬化，可布设少量的生产大路；生产路可与沟渠组合布设。在农田防护工程方面，注重坡面防护措施，适当布设拦山堰。

5）中低山坡地工程类型区：在土地平整工程方面，适当爆破改土，基本不需客土，重视土壤肥力的提高；以坡式梯田或者隔坡梯田为主，适当布设梯田；田坎主要为石坎。在灌溉与排水工程方面，以蓄水灌溉为主，可筑坝或直接引水灌溉；注意排水设施和沉沙凼布设。在田间道路工程方面，田间道不硬化；生产路可与石坎组合布设。在农田防护工程方面，农田防护林网工程、坡面防护工程结合布设；其中拦山堰、截水沟等一般不可少，适当地区可以布设沟头防护等设施。

6）中低山岩溶坡地工程类型区：在土地平整工程方面，一般需要爆破改土，进行土壤分配或者客土；以坡式梯田或者隔坡梯田为主，适当布设梯田；田坎以石坎为主，坎相对较高；单个田块规模普遍较小，布局较为不规整和零碎。在灌溉与排水工程方面，以蓄水灌溉为主，可筑坝或直接引水灌溉；重视排洪设施；酌情布设水窖。在田间道路工程方面，田间道不硬化；几乎无生产大路，不宜与沟渠组合布设；生产路可与石坎组合布设。在农田防护工程方面，农田防护林网工程、沟道治理工程、坡面防护工程结合布设；其中拦山堰、截水沟等一般不可缺少，适当地区可以布设谷坊、沟头防护等设施。

表 10-2　施工类型体系的构建

一级建设项		二级建设项		三级建设项	
编号	名称	编号	名称	编号	名称
1	土地平整工程	1.1	耕作田块修筑工程	1.1.1	条田
				1.1.2	梯田
				1.1.3	其他田块
		1.2	耕作层地力保持工程	1.2.1	客土回填
				1.2.2	表土保护
2	灌溉与排水工程	2.1	水源工程	2.1.1	塘堰（坝）
				2.1.2	小型拦河坝（闸）
				2.1.3	农用井
				2.1.4	小型集雨设施
		2.2	输水工程	2.2.1	明渠
				2.2.2	管道
				2.2.3	地面灌溉

续表

<table>
<tr><th colspan="2">一级建设项</th><th colspan="2">二级建设项</th><th colspan="2">三级建设项</th></tr>
<tr><td rowspan="16">2</td><td rowspan="16">灌溉与排水工程</td><td rowspan="2">2.3</td><td rowspan="2">喷微灌工程</td><td>2.3.1</td><td>喷灌</td></tr>
<tr><td>2.3.2</td><td>微灌</td></tr>
<tr><td rowspan="2">2.4</td><td rowspan="2">排水工程</td><td>2.4.1</td><td>明沟</td></tr>
<tr><td>2.4.2</td><td>暗渠（管）</td></tr>
<tr><td rowspan="7">2.5</td><td rowspan="7">渠系建筑物工程</td><td>2.5.1</td><td>水闸</td></tr>
<tr><td>2.5.2</td><td>渡槽</td></tr>
<tr><td>2.5.3</td><td>倒虹吸</td></tr>
<tr><td>2.5.4</td><td>农桥</td></tr>
<tr><td>2.5.5</td><td>涵洞</td></tr>
<tr><td>2.5.6</td><td>跌水、陡坡</td></tr>
<tr><td>2.5.7</td><td>量水设施</td></tr>
<tr><td rowspan="3">2.6</td><td rowspan="3">泵站及输配电工程</td><td>2.6.1</td><td>泵站</td></tr>
<tr><td>2.6.2</td><td>输电线路</td></tr>
<tr><td>2.6.3</td><td>配电装置</td></tr>
<tr><td rowspan="2">3</td><td rowspan="2">田间道路工程</td><td>3.1</td><td>田间路</td><td></td><td></td></tr>
<tr><td>3.2</td><td>生产路</td><td></td><td></td></tr>
<tr><td rowspan="11">4</td><td rowspan="11">农田防护工程</td><td rowspan="4">4.1</td><td rowspan="4">农田防护林网工程</td><td>4.1.1</td><td>农田防风林</td></tr>
<tr><td>4.1.2</td><td>梯田埂坎防护林</td></tr>
<tr><td>4.1.3</td><td>护路护沟林</td></tr>
<tr><td>4.1.4</td><td>护岸林</td></tr>
<tr><td rowspan="2">4.2</td><td rowspan="2">岸坡防护工程</td><td>4.2.1</td><td>护堤</td></tr>
<tr><td>4.2.2</td><td>护岸</td></tr>
<tr><td rowspan="3">4.3</td><td rowspan="3">沟道治理工程</td><td>4.3.1</td><td>谷坊</td></tr>
<tr><td>4.3.2</td><td>沟头防护</td></tr>
<tr><td>4.3.3</td><td>拦沙坝</td></tr>
<tr><td rowspan="2">4.4</td><td rowspan="2">坡面防护工程</td><td>4.4.1</td><td>截水沟</td></tr>
<tr><td>4.4.2</td><td>排洪沟</td></tr>
</table>

10.2 采煤塌陷区受损农田整理工程划分

10.2.1 整理工程划分原则

采煤塌陷区受损农田整理工程划分是其精细化特点中“细化”的突出体现。施工类型细化是单体工程精细化施工工艺研究和多工程时序优化组合的必要前提。根据土地整理工程类别、作用和功能，按照系统工程的原理，进行科学分类和分级。除遵守一般体系的构建原则，即科学性、一致性、连续性及实用性的原则外，还注重与土木工程相关体系衔接，并服从以下原则。

(1) 路径依赖原则

整理工程体系基本沿用了现行的土地整理工程中所涉及的具体施工内容，并结合采煤塌陷区域受损农田特征及技术需求研究，补充完善整理工程体系，明确各施工项具体内容，体现出采煤塌陷区受损农田整理工程的“精细”所在。

(2) 相对独立原则

同一类型和级别的划分原则和依据保持一致性，同一类型和级别内的工程保持连续性，不同类型和级别之间保持相对独立性，并且各施工项单独发挥作用，施工项之间不交叉、不重复。真正实现施工类型的标准细化。

(3) 精简适用原则

对于三级体系中的各施工项，在选择和取舍的过程中，遵循精简适用的原则。对于具同一建设内容的建设项进行归并、整理和界定，尽量采用通俗、常见的术语来表达；并满足土地整理项目管理、资金管理、招标和施工等适用性原则的需要。

10.2.2 整理工程类型细化

采煤塌陷区受损农田整理工程由三级施工类型组成。

一级施工项主要按传统土地整治田、水、路、林工程类型划分，将一般土地整治工程与采煤塌陷区受损农田整治工程加以融合命名，共分为4项，包括土体重构与平整工程、受损水体修复与水利建设工程、农田道路工程和农田防护工程。

二级施工项主要将传统一般土地整治工程与采煤塌陷区受损农田整治工程加以区分，划分目标在于使细化出的工程具备相对独立性、整体系统性，共分为9项，包括土地平整工程，土体重构工程，表土保护与利用工程，灌排系统修复与建设工程，地表水、地下水调控工程，田间路工程，生产路工程，农田防护林网工程，坡面防护加固工程。

三级施工项主要按照能够相对二级施工项能够独立施工及统计来划分，共分为16项，具体见表10-3。标注★的三级施工项代表相对于其他工程项目，在施工工艺上更具精细化特点的工程。另外，一级、二级、三级施工项均具备开放性，可根据实践进行补充完善，其中，生产路工程和坡面防护加固工程因其可独立施工及统计，未进行三级的划分。

表10-3　采煤塌陷区受损农田整理工程类型体系组成

一级施工项		二级施工项		三级施工项		精细化施工项
编码	名称	编码	名称	编码	名称	
A	土体重构与平整工程	A1	土地平整工程	A1.1	精准土地平整	★
		A2	土体重构工程	A2.1	排水工程	
				A2.2	挖方工程	
				A2.3	填方工程	
				A2.4	其他材料充填	★
		A3	表土保护与利用工程	A3.1	表土剥离	★
				A3.2	表土存储保护	★
				A3.3	表土回覆	★
B	受损水体修复与水利建设工程	B1	灌排系统修复与建设工程	B1.1	生态型沟渠工程	★
				B1.2	配电工程等建筑物	
				B1.3	清淤工程	★
		B2	地表水、地下水调控工程	B2.1	圩堤工程	★
				B2.2	灌排泵站工程	
				B2.3	降渍沟	★
C	农田道路工程	C1	田间路工程	C1.1	生态型道路工程	★
		C2	生产路工程			
D	农田防护工程	D1	农田防护林网工程	D1.1	精细化林网工程	★
		D2	坡面防护加固工程			

10.3　单体工程精细化施工

采煤塌陷受损农田整理单体工程是指在施工结束后能够相对独立的产生作用的工程。单体工程施工环节中的精细化主要表现在两大方面：一是单体工程施工工艺的精细化，主要阐述如何参照精细化设计完成单体工程精细化施工。二是单体工程精细化整理质量控制要求，主要阐述在精细化施工过程中对相关指标的标准控制和检验要求。采煤塌陷受损农田整理单体工程精细化施工研究对象包括精准土地平整，土体重构工程，表土保护与利用工程，生态型沟渠工程，地表水、地下水调控工程，生态型田间道路工程，精细化林网工程7项。

10.3.1　工程施工内容及设备器械

通过文献梳理、标准查阅和经验整合，对采煤塌陷受损农田整理施工内容及所需机械目录搜集整理见表10-4。鉴于二级、三级施工类型中部分施工内容和细节存在重复交叉的情况，施工机械的重复度太高，因而仅按照一级施工项进行总结和罗列。

表10-4　采煤塌陷受损农田整理施工内容及所需器械

工程类型	施工项目	施工内容	施工机械
土体重构与平整工程	准备工作	清基和料场准备	伐木机、推土机、挖掘机、装载机、松土器、平地机
	土方开挖	采土场	推土机、铲运机、挖掘机、装载机、松土器、平地机、开沟机
	土（石）方填筑	梯田田埂修筑	平地机、推土机、羊足碾
	压实	土石压实	
	运输	土石运输	铲运机、推土机、装载机、自卸式汽车
	整形	削坡和平地	平地机、推土机、铲运机、挖掘机、激光平地机
	松土	土地翻耕	松土机、三铧犁、五铧犁
受损水体修复与水利建设工程	土（石）方开挖	沟渠和基坑	推土机、挖掘机、装载机、开沟机
	土（石）方填筑	沟渠和基坑	推土机、铲运机、挖掘机
	砌石	浆砌	混凝土振捣器（插入式）、混凝土搅拌机、双胶轮车
	混凝土	溢流面、溢流堰、消力坎、底板、现浇混凝土渠道、涵洞顶板及底板、闸墩、挡土墙、岸墙、翼墙、槽形整体、渡槽槽身、	直流电焊机、混凝土振捣器（插入式）、风水（砂）枪、载重汽车、汽车起重机、卷扬机
		预制混凝土构件	搅拌机、混凝土振捣器（插入式）、双胶轮车、载重汽车、直流电焊机、塔式起重机
		预制混凝土构件运输	汽车起重机、汽车拖车头、平板挂车、载重汽车
		预制混凝土构件安装	直流电焊机、搅拌机、双胶轮车、履带起重机
		钢筋制作安装	钢筋调直机、风水（砂）枪、钢筋切断机、钢筋弯曲机、电焊机直流、对焊机电弧、载重汽车
	管道安装	铸铁管件安装	电焊机交流、汽车起重机、载重汽车
		钢管安装	电焊机交流、汽车起重机、载重汽车
		混凝土管安装	卷扬机、电动葫芦
	农用井	农用井成孔	钻机、泥浆搅拌机、泥浆泵
		农用井洗井	潜水泵
		大口井	卷扬机、离心水泵、搅拌机、混凝土振捣器（插入式）、双胶轮车、汽车起重机、载重汽车

续表

工程类型	施工项目	施工内容	施工机械
农田道路工程	土（石）方开挖		推土机、挖掘机、装载机、开沟机、平地机
	土（石）方填筑		推土机、铲运机、挖掘机
	路基		内燃压路机
	路面	素土路面、泥结碎石路面、砂砾石路面、煤矸石路面	内燃压路机、自行式平地机、洒水车
		水泥混凝土路面	内燃压路机、搅拌机、自卸汽车
农田防护工程	农田防护	栽植乔木	挖穴机
	固沙	铺设沙障	双胶轮车

10.3.2 规划设计施工质量控制要求

10.3.2.1 精准土地平整

完工后的格田形状、面积应符合设计要求，田块连片应相对集中，便于机械耕作。田块周边交通应有良好的通达性，与田间道路、通村公路、居民点等的连接及通行状况应能够满足当地群众的生产、生活要求。各设计区域内田块应布局合理，无边角、零星土地，各类用地比例协调。需保证耕作层的厚度不低于250mm。平原地区相邻田面高差以0.2～0.3m为宜；岗地及丘陵地区的田面高差不应大于2m，以0.5～1.5m为宜。田块平整程度应结合灌溉方式、耕作机械等因素。大水漫灌的田块平整度应略有一定的坡降，但不宜超过1∶500，以保证田块水分接受均匀。

每个设计区域内的田块高程基准控制桩点不应少于两个，以便于复核和校对。控制桩点应设置在不宜遭到破坏的地方，控制桩应固定牢固。地面裸露的岩石等障碍物应清理。土地平整初步完工后，宜经过一次以上的透墒雨后，再对水田土地的平整度进行精确整平，每块格田内最大高差与平均高程相比，不应超过±50mm。格田土方平整度检验要求应符合表10-5的规定。

表 10-5 格田土方平整度检验要求

检测项目		规定值或允许偏差	检查方法	检验数量
格田平整度	水田	±50mm	水准仪测量检查（标尺应立于500mm见方的木板面）	不少于格田数量的10%，每格田检查不少于5处
	旱地	±80mm		

10.3.2.2 土体重构工程

基础开挖施工宜安排在枯水或少雨季节进行，开工前应做好计划和施工准备工作，开挖后应连续快速施工。挖方工作中，基础的轴线、边线位置及基底标高应符合表 10-6 的规定，检查无误后方可施工。

表 10-6　基坑土方开挖的检验要求

检测项目	规定值或允许偏差	检验方法	检验数量
基底高程（土方）	±80mm	水准仪测量	每 3 座基坑的各项指标检查 1 处，且不小于 3 处
基底高程（石方）	±100mm	水准仪测量	
边坡	不陡于设计规定	边坡尺	
基底土性	符合设计要求	观察检查	
轴线位移	50mm	拉中线，钢尺测量	
基坑尺寸	不小于设计要求	钢尺测量	

基坑坑壁坡度应按地质条件、基坑深度、施工方法等情况确定。当为无水基坑且土层构造均匀时，基坑坑壁坡度应符合表 10-7 的规定。当土的湿度有可能使坑壁不稳定而引起坍塌时，基坑坑壁坡度应缓于该湿度下的天然坡度。当基坑有地下水时，地下水位以上部分可以放坡开挖；地下水位以下部分，若土质易坍塌或水位在基坑底以上较深时，应加固开挖。

表 10-7　基坑坑壁坡度

坑壁土类	坑壁坡度		
	坡顶无荷载	坡顶有静荷载	坡顶有动荷载
砂土类	1 : 1	1 : 1.25	1 : 1.5
卵石、砾类土	1 : 0.75	1 : 1	1 : 1.25
粉质土、黏质土	1 : 0.33	1 : 0.5	1; 0.75
极软岩	1 : 0.25	1 : 0.33	1 : 0.67
软质岩	1 : 0	1 : 0.1	1 : 0.25
硬质岩	1 : 0	1 : 0	1 : 0

物料充填时，坑内应无积水。回填物料施工过程中应检查排水措施。物料充填的检验要求应符合表 10-8 的规定。填筑厚度及压实遍数应根据物料压实系数、含水量及所用机具通过碾压试验确定。如无试验依据应符合表 10-8 的规定；填筑厚度及压实遍数应符合表 10-9 的规定；土方填筑的检验要求应符合表 10-10 的规定。

表 10-8　物料充填的检验要求

充填物料	隔离层及充填厚度	检验方法	检验数量
粉煤灰	粉煤灰充填层上部设计石灰层，一般可按照物料充填厚度的 1/6 实施	钢尺测量	基坑回填时，每座检查不少于 3 次
煤矸石	在煤矸石充填层上部设计粉煤灰层，一般可按照物料充填厚度的 1/6 施工		
湖泥	—		
建筑垃圾	在建筑垃圾充填层上下均设计隔离防渗层。不同材质的隔离层的设计厚度也不同，能够满足防渗要求即可		

表 10-9　填筑厚度及压实遍数

压实机具	分层厚度/mm	每层压实次数
平碾、羊足碾	250 ~ 300	6 ~ 8
振动压实机	250 ~ 350	3 ~ 4
柴油打夯机	200 ~ 250	3 ~ 4
人工打夯	<200	3 ~ 4

表 10-10　土方填筑的检验要求

检测项目	规定值或允许偏差	检验方法	检验数量
分层厚度	±50mm	钢尺测量	基坑回填时，每座检查不少于 3 次
上覆土厚度	≥500mm	钢尺测量	
压实度（轻打击实法）	≥设计要求	试验检查	

10.3.2.3　表土保护与利用工程

田块内部高差在 300mm 以内时，土地平整前可不进行表土剥离。

剥离后的表层土应根据合理运距集中堆放，不应随意丢弃。对于暂时不能回填的表土应采取有效的保护措施，防止暴雨冲刷而使土壤大量流失。剥离的表层土在施工过程中应注意保护，不应受到机油、柴油等化学物品的污染。表土剥离的厚度应符合设计要求，无设计要求时，表土剥离不应低于 200mm，部分表层土贫瘠的部位，应尽量保证剥离厚度。有条件的地方应在表土剥离前，对原耕作层土壤进行见证取样，送具备资质的土肥检测部门对土壤的氮、磷、钾及其他有机质含量进行检测，检测数据作为表土回填后土壤有机质恢复程度的复测依据。表土回填后，应对原耕作层土壤有机质含量进行第二次检测。原耕作层土壤有机质恢复程度不应低于 85%。表土保护与利用工程的检验要求应符合表 10-11 的规定。

表 10-11　表土保护与利用工程的检验要求

检测项目	规定值或允许偏差	检查方法	检验数量
表土回填率	≥90%	现场测量计算	不少于格田数量的 30%，每格田检查不少于 3 处
表土剥离厚度	≥200mm	钢尺测量剥离土层的断面	不少于格田数量的 30%，每格田检查不少于 3 处
表土回填厚度	≥200mm	钢尺测量剥离土层的断面	不少于格田数量的 30%，每格田检查不少于 3 处
土壤有机质恢复程度	85%	取样送土肥检测部门检测	不少于格田数量的 10%，每格田检查不少于 5 处

10.3.2.4　生态型沟渠工程

修复原有沟渠应先实施清淤工程。渠道清淤应遵守先上游后下游、先骨干渠后次要渠的顺序。清淤渠道的边坡应顺直，不应出现倒坡、台阶坡。应注意边坡坡角的保护，防止超挖引起新的边坡坍滑。清淤除了输水过程中的淤积泥沙外，污水沉淀、垃圾漂浮、水生物腐烂等沉淀物，应做好处理，防止污染环境。渠道清淤的检验要求应符合表 10-12 的规定。

表 10-12　渠道清淤的检验要求

检测项目		规定值或允许偏差	检查方法	检验数量
渠道底部高程	底宽<3m	±50mm	用水准仪测量	每 200m 检查 1 处
	底宽≥3m	±100mm		
沟渠底部中线每侧宽度		不小于设计规定	拉中线、尺量	
边坡坡度		不陡于设计规定	用坡度尺测量	
边坡平整度	垂直深度<3m	±30mm	2m 直尺、钢尺	
	垂直深度≥3m	±50mm		

新建型沟渠时，开挖土方堆置地点应离基坑（槽）边 1m 以外，堆置高度不宜超过 1.5m，以免造成塌方或影响后续施工。开挖过程中及雨后复工，应随时检查土壁稳定和支撑牢固亲情况，发现问题，及时处理。沟槽的纵坡不得超过设计要求，槽底中线每侧宽度不得小于设计要求。沟槽内不得有杂草，树根，腐殖松散土。沟槽土方开挖的检验要求应符合表 10-13 的规定。

表 10-13　沟槽土方开挖的检验要求

检测项目	规定值或允许偏差	检验方法	检验数量
沟槽底部中线每侧宽度	不小于设计规定	拉线，钢尺测量	每 50m 检查 1 处，且不小于 3 处
边坡	不陡于设计规定	坡度尺	
基底土性	符合设计要求	观察检查	
轴线位移	≤50mm	拉线，钢尺测量	
土渠道底部高程	-30 ~ 0mm	水准仪测量	

硬化衬砌渠道的底部需设置垫层，采用混凝土垫层，垫层的截面尺寸及施工质量应符合设计要求。硬化衬砌渠道护坡的基底应整平、压实，不应贴坡，回填土的密实度不宜低于 80%。渠道沿线的各类水闸、出水口、渠下涵、生态孔（板）等配套设施应安装牢固，开启关闭灵活，标高、位置准确。预制混凝土槽外观检查应无裂纹、破损、露筋、翘曲等质量缺陷。安装时混凝土槽的强度不应低于设计强度的 80%。预制混凝土衬砌渠道必须稳固、线形顺直，转弯平顺。表面应平整无错台，勾缝饱满均匀；压肩线条应顺直，观感质量良好。现浇混凝土衬砌渠道的施工顺序宜先浇底板，后浇筑护坡。底板和护坡均应设伸缩缝，单块面积不宜超过 $10m^2$。混凝土衬砌渠道检验要求应符合表 10-14 的规定。

表 10-14　混凝土衬砌渠道检验要求

检测项目		规定值或允许偏差/mm	检查方法	检验数量
渠底高程		-15 ~ 0	水准仪测量混凝土底板	每 200m 测量 1 处
表面平整度	现浇	≤10	2m 直尺、塞尺	每 200m 测量 1 处
	预制	≤8		
现浇混凝土	厚度	±10	用钢尺测量	
	垂直高度	±10		
压顶线条顺直度		≤10	拉线、尺量	
预制构件壁厚		-3 ~ 10	用钢尺测量	每批次检查 5%

10.3.2.5　地表水、地下水调控工程

圩堤的土方填筑施工质量控制要求同 10.3.2.2 节土体重构工程中土方回填工程的相关要求，此处不再赘述。中心防渗槽的开挖断面应符合设计要求，当设计无要求时，中心槽开挖宽度不宜小于 2m，深度应挖至不透水层以下 0.5m。圩堤的坡比应符合设计要求，无设计要求时，迎水面坡比不应陡于 1 : 2，背水面坡比不应陡于 1 : 1.5。堤坝的顶面高程应符合设计要求，堤顶高程不应低于设计标高。圩堤填筑尺寸的检验要求应符合表 10-15 的规定。

表 10-15　圩堤填筑尺寸的检验要求

检测项目		规定值或允许偏差	检查方法	检验数量
坝顶尺寸	长度	不小于设计值	钢尺测量	每条长度均测量
	宽度	±50mm	尺量中线两侧宽度	每 50m 检查 1 处，且不少于 3 处
坝顶高程		0 ~ 50mm	水准仪测量	
堤坝的内外坡度		不陡于设计值	水准仪、钢尺测量	
边坡平整度	石砌护坡	≤30mm	2m 靠尺、塞尺检查	每 50m 检查 1 处，且不少于 3 处
	混凝土护坡	≤10mm		

采用混凝土硬化圩堤护坡。混凝土摊铺前，应对模板的间隙、高度、隔离剂、支撑稳定情况和基层的平整、润湿情况等进行全面检查。混凝土养护期间禁止车辆通行，在达到设计强度的 40% 以后，方可允许行人通行。水泥混凝土面层一般尺寸的检验要求应符合表 10-16 的规定。

表 10-16　水泥混凝土面层一般尺寸的检验要求

检测项目		规定值或允许偏差	检查方法	检验数量
模板	顺直度	≤5mm	钢尺测拉线，尺量	每 200m 测 1 处
	顶面高程	±5mm	水准仪测量	

续表

检测项目		规定值或允许偏差	检查方法	检验数量
水泥混凝土	抗压强度	≥设计值（MPa）	送检检测	$100m^3$ 取一组
	抗折强度	≥设计值（MPa）		
	厚度	±10mm	钢尺测量	每 200m 测 1 处
	宽度	≥设计宽度	钢尺量中线两侧宽	
	平整度	≤10mm	2m 直尺、锲形塞尺	
	横断面高程	±15mm	水准仪测量	每 200m 测两边及中线各 1 处
	相邻板高差	≤5mm	钢尺测量	施工缝处全数检查
	中线位移	≤30mm	经纬仪测量	每 200m 测 1 处
	蜂窝麻面面积	≤每板块每侧面积 2%	钢尺测量	全数检查
	断板率	≤4%	观察检查	

降渍沟的质量控制标准同 10.3.2.4 节生态型沟渠工程，检验要求详见 10.3.2.4 节沟槽土方开挖工程的检验要求。渠道护坡及基底应整平、压实，不应贴坡，回填土的密实度不宜低于 80%。

10.3.2.6 生态型田间道路工程

生态型田间道路工程路基挖土要求同 5.4.9 节填平土地工程的相关要求，此处不再赘述。路基开挖一般尺寸的检验要求应符合表 10-17 的规定。

表 10-17 路基开挖一般尺寸的检验要求

检测项目		规定值或允许偏差	检查方法	检验数量
中线高程		-50 ~ 0mm	水准仪测量	每 200m 测 1 处
中线两侧宽度		不小于设计值	钢尺测量	
平整度		≤30mm	2m 直尺、塞尺	
横坡		≤1%	水准仪测量	
边坡	坡度	不陡于设计值	钢尺测量	
	平顺度	符合设计要求		
轴线偏位		±50mm	经纬仪测量	

生态廊道涵管布设数量和间距严格按照设计要求施工。

路基填土工程同 5.4.9 节填平土地工程的相关要求，此处不再赘述。路基土方填筑一般尺寸的检验要求应符合表 10-18 的规定。

表 10-18 路基土方填筑一般尺寸的检验要求

检测项目		规定值或允许偏差	检查方法	检验数量
中线高程		-30 ~ 0mm	水准仪测量	每 200m 测 1 处
中线两侧宽度		不小于设计值	钢尺测量	
平整度		≤30mm	2m 直尺、塞尺	
横坡		≤1%	水准仪测量	
边坡	坡度	不陡于设计值	钢尺测量	
	平顺度	符合设计要求		
轴线偏位		±50mm	经纬仪测量	

路肩表面应平整密实，边线直顺，曲线圆滑，土边沟尺寸应符合设计要求。边沟沟底应清理干净、无杂物，边沟应与道路沿线的主排水沟连接平顺，排水通畅。土沟边坡必须坚实、稳定，线形顺直圆滑。路肩及边沟一般尺寸的检验要求应符合表 10-19 的规定。

表 10-19 路肩及边沟一般尺寸的检验要求

检测项目	规定值或允许偏差	检查方法	检验数量
中线高程	-15 ~ 0mm	水准仪测量	每 200m 测 1 处
路肩宽度	不小于设计值	钢尺测量	
横坡	≤1%	水准仪测量	
轴线偏位	±50mm	经纬仪测量	
沟底高程	±50mm	水准仪测量	
沟底中线每侧宽度	不小于设计规定	拉中线、尺量	
边坡坡度	不陡于设计规定	用坡度尺测量	

石料应采用坚硬的机轧石或碎石，碎石中的扁细长颗粒不宜超过 20%，并不应含有其他杂物，其形状应尽量采用接近立方体并具有棱角为宜。碎石的粒径规格应符合表 10-20 的规定。

表 10-20 泥结碎石路面用碎石的粒径规格 （单位:%）

通过下列筛孔的重量百分率						适用层位
75mm	50mm	40mm	20mm	10mm	5mm	
100	—	0 ~ 15	0	—	—	下层或基层
—	100	—	0 ~ 15	0 ~ 5	—	
—	—	100	0 ~ 15	0 ~ 5	—	上层或面层
—	—	—	85 ~ 100	—	0 ~ 5	
75	50	40	20	10	5	
—	—	—	—	85 ~ 100	0 ~ 5	嵌缝

碎石路面表面平整密实，边线整齐，无松散现象。面层碾压结束后，应洒水养护，设置5～7mm粗砂或砂土保护层。碎石路面层一般尺寸的检验要求应符合表10-21的规定。

表10-21　碎石路面层一般尺寸的检验要求

检测项目		规定值或允许偏差	检查方法	检验数量
中线高程		±15mm	水准仪测量	每200m测1处
中线两侧宽度		不小于设计值	钢尺测量	
平整度		≤30mm	2m直尺、塞尺	
横坡		≤1%	水准仪测量	
边坡	坡度	不陡于设计值	钢尺测量	
	平顺度	符合设计要求		
轴线偏位		±50mm	经纬仪测量	
结构层厚度		-10～20mm	钢尺测量	

10.3.2.7　精细化林网工程

精细化林网工程总体布局应合理，不同树种适应当地立地条件，生长良好，各类树木的行距和株距符合设计要求。种植地的土壤含有建筑废土、强酸（碱）性土、重黏土、沙土等，均应按设计要求，采用客土或采取改良土壤的技术措施。种植穴（槽）定点放线应符合设计要求，位置必须准确，标记明显。苗木的高度、规格应符合设计要求。树根应完好、枝梢新鲜，栽植后能保证成活。种植穴（槽）的尺寸应根据苗木根系、土球直径和土壤情况确定，种植穴（槽）必须垂直下挖，上口下底相等，规格应符合表10-22的规定。

表10-22　苗木种植穴（槽）规格　　　　（单位：mm）

树木种类及规格		土球直径	种植穴（槽）深度	种植穴（槽）直径
常绿乔木类树高	1500	400～500	500～600	800～900
	1500～2500	700～800	800～900	1000～1100
常绿乔木类树高	2500～4000	800～1000	900～1000	1200～1300
落叶乔木类胸径	20～30	—	300～400	400～600
	30～40	—	400～500	600～700
	40～50	—	500～600	700～800
	50～60	—	600～700	800～900
	60～80	—	700～800	900～1000
	80～100	—	800～900	1000～1100
花灌木类冠径	2000	—	700～900	900～1000
	1000	—	600～700	700～900

造林的插条应树皮光滑，长度应为 300 ~ 500mm。插条前应在种植点上扎孔，再将插条插入，上端应稍高于地表。行道树或行列种植树木应在一条线上，相邻植株规格应合理搭配，高度、干径、树形近似，种植的树木应保持直立，不应倾斜，应注意观赏面的合理朝向。树木种植后应在略大于种植穴直径的周围，筑成高 100 ~ 150mm 的灌水土围，并应筑实不漏水。坡地可采用鱼鳞坑式种植。

在施工防护林时，根据地形、气候条件、风害程度及其特点，因地制宜地确定林带结构、种类、高度、宽度及横断面形状。林带走向宜与主害风向垂直，偏角不宜超过 30°。在灌溉区，林带应与渠向一致。当年成活率应符合设计要求，设计无要求时，不应低于 80%。春季造林，成活率应于秋后统计；秋季造林，成活率应在第二年秋后统计。苗木种植一般尺寸的检验要求应符合表 10-23 的规定。

表 10-23　苗木种植一般尺寸的检验要求

<table>
<tr><th colspan="2">检测项目</th><th>规定值或允许偏差</th><th>检查方法</th><th>检验数量</th></tr>
<tr><td colspan="2">常绿乔木类树高</td><td rowspan="3">不低于设计要求</td><td>钢尺测量</td><td rowspan="3">总数量的 5%</td></tr>
<tr><td colspan="2">落叶乔木类胸径</td><td rowspan="2">围尺测量</td></tr>
<tr><td colspan="2">花灌木类冠径</td></tr>
<tr><td rowspan="2">树坑开挖</td><td>直径</td><td>±50mm</td><td rowspan="2">钢尺测量</td><td rowspan="2">总数量的 5%</td></tr>
<tr><td>深度</td><td>±30mm</td></tr>
<tr><td colspan="2">行、列顺直度</td><td>≤100mm</td><td>拉 100m 线、钢尺测量</td><td rowspan="3">每 500m 检查 1 处</td></tr>
<tr><td colspan="2">行距</td><td>±50mm</td><td>钢尺测量</td></tr>
<tr><td colspan="2">株距</td><td>±100mm</td><td>钢尺量联结档距离</td></tr>
<tr><td colspan="2">成活保存率</td><td>≥设计要求或≥80%</td><td>观察检查</td><td>全数检验</td></tr>
</table>

10.4　单体工程施工时序组合优化配置技术研究

10.4.1　组合工程施工精细化含义

土地整理工程是包括多项工程在内的综合性工程，各单项工程相互影响、相互制约，其工程内容绝非各单项工程的简单叠加，而是各单项工程技术综合的系统工程。目前的土地整治项目在具体施工时主观性较强，往往缺乏充分的论证，在行政力量和经济利益的驱动下，大多缺乏理性思考，在时间和空间上表现出一定的无序性。特别是采煤塌陷区土地整治，不仅迫切而且复杂，工程施工难度要比一般的土地整理高。为了使有限的土地整治资金落到实处，发挥最大的效益，并且使整治工作有序展开，从根本上减少项目施工的盲目性，缩短必要工期，对项目区域的施工进行科学安排和布置的客观需求日趋强烈。

采煤塌陷受损耕地整理组合工程精细化主要体现在“一细一精”上，“一细”指的是对采煤塌陷受损耕地整理工程的细化；“一精”指的是多项单体工程的精巧组合，也就是组合工程施工时序优化配置技术的研究以及在整理项目中的应用。工程细化是精巧组配的前提和基础，通过工程细化和精巧组合完成组合工程施工时序优化配置，彰显组合工程精细化程度。

10.4.2 网络计划概述

10.4.2.1 网络计划的基本概念

网络计划方法在20世纪50年代出现于美国。1956年美国杜邦化工集团创立了关键路线法（critical path method，CPM），使化学工程提前2个月完工。我国是在60年代初于华罗庚教授的倡导下开始应用网络计划方法。所谓网络计划方法是指用网络图表示工程项目计划中各项工作相互制约和依赖的关系，并通过时间参数的计算，分析其内在规律，寻求最优计划方案的计划管理方法。

其中关键路线法是适用于工程建设施工管理的网络计划方法，主要包括三个部分：一是根据计划管理的需要，进行各种形式的网络计划编制；二是进行包括工作的最早可能开始时间、完成时间，工作的最迟必须开始时间、完成时间，工作总时差、自由时差以及网络计划计算工期在内的各种时间参数的计算分析；三是在各种网络计划时间参数的计算分析基础上，根据某种既定限制条件或者实际情况的变化要求，进行网络计划的总体或局部优化、调整。

将网络计划方法应用于施工建设活动的组织管理中，不仅仅是要解决计划的编制问题，更重要的是解决计划执行过程中的各项动态管理问题，其宗旨是力图用统筹的方法对总体工程施工任务进行统一规划安排，以求得工程项目建设的合理工期以及较低建设成本费用。因此网络计划方法是对工程项目施工过程进行有效系统管理极为有用的方法论。

10.4.2.2 网络计划的原理与特点

网络计划的原理实质上就是运用统筹学知识理论体系，即通盘考虑、统筹规划、合理安排。其基本原理是利用网络图的形式表达一项整体工程中各项工作的先后顺序以及逻辑关系；通过对网络图时间参数的计算，找出关键工作、关键路线；利用优化原理，改善网络计划的初始方案，以选择最优方案；在网络计划的执行过程中进行有效的监督和控制，保证能够合理利用资源，力求以最少的消耗获取最佳的经济效益和社会效益。

网络计划能够全面而明确地反映各项工作的先后顺序和相互制约、相互依赖的关系；可以进行各种时间参数的测算；能够在工作量繁重、错综复杂的计划中找到影响工程总体进度的关键工作和关键线路，有助于管理者和组织计划者抓住主要矛盾，集中精力确保工期，有效避免盲目施工；能够从许多可行方案中筛选出最优方案；利用网络计划中所反映的各项工作的时间储备（机动时间），可以更好地调配人力、物力，以达到降低成本的目的；保证自始至终对计划进行有效的监督与控制。但值得注意的是，网络计划在计算劳动力、资源消耗量时工作难度偏大，不适用于帮助统计和核算工程造价。

10.4.2.3 双代号网络计划

关键路线法是工程施工中常用的网络计划，按照工作表达方式的不同分为双代号网络计划、单代号网络计划、双代号时标网络计划和单代号搭接网络计划。一般情况下，双代号网络计划图可视性要强于单代号网络计划图。同时相比于双代号时标网络计划，双代号网络计划在实际操作上更便捷、简单。因此本研究仅对双代号网络计划加以阐述。

(1) 双代号网络计划图的基本单元

网络图是用节点和箭线的连接来表示各项工作的施工顺序及彼此间的相互逻辑关系，每一项工作用一根箭线和两个节点来表示，这就是网络计划的基本单元（图 10-1）。因为每一项工作都由一根箭线和两端的两个节点来表示，所以称为双代号，这是网络图中最常用的一种表示形式。一个工程的施工，包括了许多工作项目（即施工过程或者称为工序），图 10-2 为网络图示例，共 8 个节点和 10 根箭线。

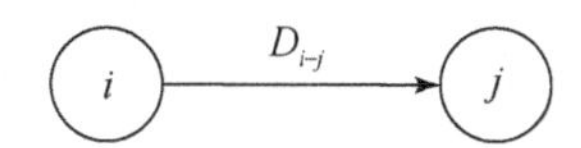

图 10-1 网络计划基本单元

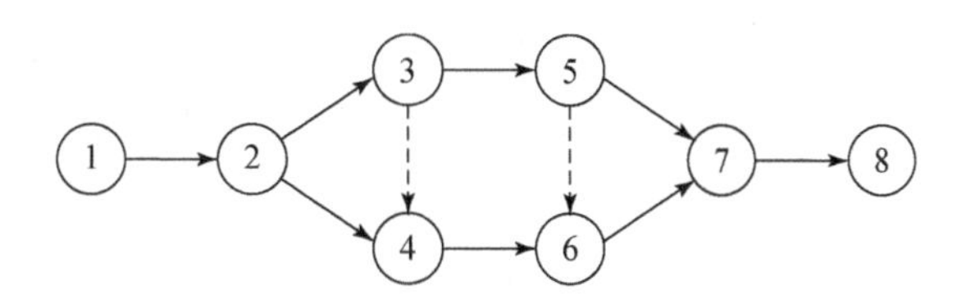

图 10-2 网络图示例

在图 10-1 中，箭线上面所注的 D_{i-j} 表示该工作的持续时间，如土方、道路等单项工程的持续时间。在一根箭线的箭尾节点，称为该项工作的开始节点；箭头节点，称为工作的结束节点。节点在网络图中又称为事项，表示各工作的连接关系。节点中填的数字 i 表示开始节点的数字编号；j 表示结束节点的数字编号。箭尾几点 i 的编号要小于箭头的编号 j。从图 10-2 可见，一个网络图由许多基本单元构成，各基本单元互相衔接。对于两个或几个相衔接的工作，紧靠前面的工作称为紧前工作。例如，图 10-2 中的工作 1→2 是工作 2→3 及 2→4 的紧前工作。而 2→3 和 2→4 是 1→2 的紧后工作，紧前工作 1→2 的结束节点 2 也就是紧后工作 2→3 和 2→4 的开始节点。虚箭线在双代号网络计划图中的运用是一个十分重要的问题。虚箭线也称零线，在网络图中出现的形式如图 10-2 所示。在网络图中引入虚箭线是为了确切地表达网络图中各工作之间的相互联系和相互制约的逻辑关系，不占用时间也不消耗资源，其仅仅是代表联系、短路和区分的关系。

(2) 双代号网络计划图绘制

绘制双代号网络计划图的基本规则包括：在网络图中不允许出现相同编号的箭线；在

网络图中不允许出现循环回路；在同一个网络图中同一项工程的同一工作不能出现两次；在一个网络图中只允许出现一个网络起始节点和一个网络结束节点；在网络图中，为了表达分段流水作业的情况，每个工作只反映每个施工段的工作。

绘制正确的网络图必须遵守上述基本规则，并根据施工对象的生产工艺和施工组织的顺序，在网络图中正确反映各个工作之间相互联系和相互制约的关系。在绘制中要注意以下几点：正确反映各工作之间的逻辑关系；网络图中无逻辑关系的各工作必须切断；网络图的布置应条理清楚。

10.4.3 单体工程施工协同关系研究

采煤塌陷区受损耕地整理单体工程施工优化组合的目标是实现各项工程及工艺在施工环节的精巧组合，其前提和基础是分析掌握各项工程及工艺在施工环节的相对关系，完成对单体工程间协同关系的研究。很多工程在施工时序上存在交错穿插的现象，因而对单体工程间协同关系的研究需要落实到具体的施工作业工艺和流程上，第 3 章的研究内容为本节研究奠定了基础。一般而言，单体工程及工艺施工关系包括以下 4 种：顺序作业关系、平行作业关系、流水作业关系和其他作业关系。

10.4.3.1 顺序作业关系

顺序作业关系又称为依次作业关系，是按照工程的逻辑先后顺序进行作业。

在单体工程上，顺序作业关系主要体现在作业流程的顺序上。大部分单体工程在施工过程中都是以施工工艺和流程的要求为标杆按照逻辑顺序依次实施。每个施工过程按施工工艺流程顺次进行施工，前一个施工过程完成后，后一个施工过程才开始施工。图 10-3 表现的是采煤塌陷区受损耕地整理工程中精准土地平整施工顺序制作业关系。

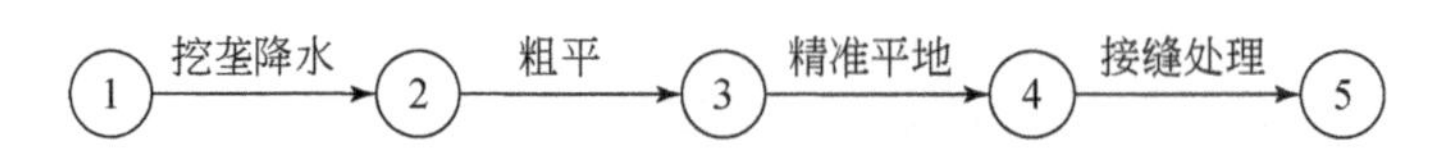

图 10-3　单体工程顺序施工关系

在组合施工单体工程上，顺序作业关系主要体现在实现组合关系的多项独立施工单体工程作业流程的顺序上。各单体工程之间在施工作业上也存在先后逻辑关系，即某项单体工程的实现必须建立在前项单体工程工作完成的条件下。例如，土体重构与平整工程作为一类组合性工程是由精准土地平整、排水工程、挖方工程、材料充填、表土剥离、表土存储保护、表土回覆、填方工程 8 项单体工程构成，其之间存在如图 10-4 所示的顺序逻辑关系。

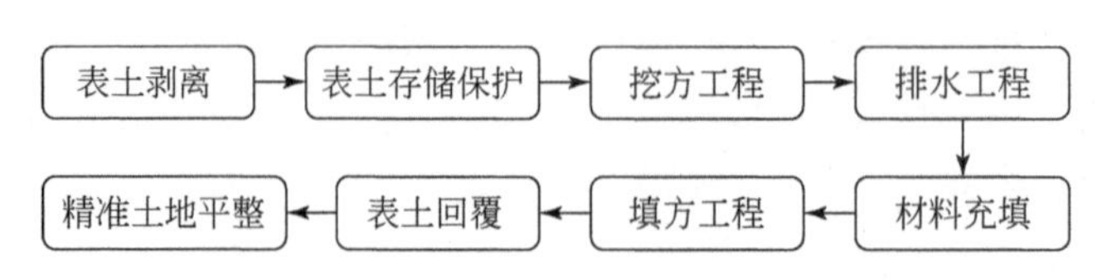

图 10-4　组合工程顺序施工关系

另外还有多项单体工程组合后，部分顺序可能出现调动，因为并非所有的单体工程都像图 10-4 所示在连串组合时自动呈现出依次顺序，更多的是存在先后时差，因而在进行工程组合时还需要对工艺的先后顺序微调，呈现出紧前或紧后的关系。但即便调整后，工艺环节在各自单体工程中排序仍和调整前一致，不发生变化。

顺序施工一般适用于现场作业单一的工程项目，如果大量组合工程仍以顺序作业为主，则会出现单日投入资源量少、工期长的难题；同时各专业施工队不能连续施工，易产生窝工现象，不利于均衡组织施工。所以顺序关系主要价值在于对工程复杂关系中的各类逻辑先后顺序合理性、正确性的检验。

10.4.3.2　平行作业关系

平行作业关系是指单项工程或施工工艺的进行互不影响，可以同时开展，并无十分明显或者必要的先后顺序关系。

在单体工程上，整体平行的概念性并不强烈，也就是不存在多个完全整体性的可以平行施工的单体工程，如一般项目还是有一定先后顺序的，先土地平整再修农田水利，然后是田间道路，最后是农田林网构建。不存在整体性的土地平整工程和农田防护林网工程同时进行的可能性。

该道理也可以从一般整理工程所编制的施工进度安排横道图看出（图 10-5），大类工程横道都非平行且相等，但部分工程确实存在重叠平行部分，这表明在实际施工中，不同单体工程的部分施工工艺流程存在平行作业的关系，可以同时进行而互不干扰影响，如图 10-6 中 2→3→5→7 是生态型沟渠的建造过程，是单体工程内部工艺顺序施工的关系；1→4→6→…→n−1→n 是土体重构与平整工程的施工流程，也是组合工程内部工艺顺序施工的关系，1 在 2 前是由于先进行表土剥离再进行挖沟挖槽的客观要求，体现的是不同单体工程在组合后的顺序微调。3→5→7 和 4→6→…→n−1 两组间的施工工艺互为平行作业关系，即两者可同时进行，不需要考虑谁先谁后的问题，两者的施工互不影响。

施工总进度计划表

（详见各分部进度计划表）

自开工之日起

时间 / 分项工程名称	1~10天	10~20天	20~30天	30~40天	40~50天
平整土方工程					
挡土墙					
硬质渠、土质渠、排水沟					
田间涵管					
碎石机耕路、田埂、土质机耕路					
验收退场					

图 10-5　土地整理项目施工进度安排横道图

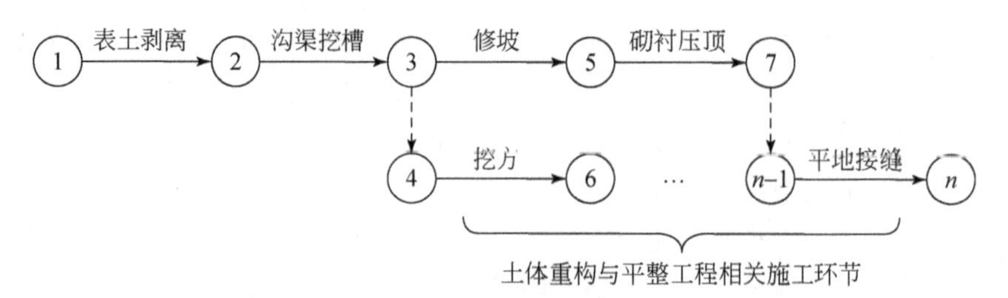

图 10-6　组合工程平行施工关系

可见，平行概念主要是体现在不同单体工程间的具体施工环节上。平行作业关系的特点在于能够充分地利用工作面进行施工，工期短，但是如果由一个工作队完成一个施工对象的全部施工任务，则不能实现专业化施工，不利于提高劳动生产率和工程质量，另外平行作业施工现场的组织、管理比较复杂。因而平行作业关系虽然可以在一定程度上帮助实现施工时序优化，但仍不能作为选择判断关键施工路线的主要依据，只可作为辅助性参考指标。

10.4.3.3　流水作业关系

在一定程度上，流水作业关系不同于顺序作业关系，而是更类似平行作业关系。它在单体工程内部没有体现，而仅仅是在不同工程间才有实质性体现。流水作业一般是在工艺上分解为若干个施工过程，或者在平面上分解为若干个施工段和施工层，然后按照施工过程组建专业工作队（或组），并使其按照规定的顺序依次投入各施工段，完成各施工过程。当分层施工时，第一施工层各施工段的相应施工过程全部完成后，专业工作队依次投入第二、第三等施工层，有节奏、均衡、连续地完成工程项目的施工全过程，这种施工组织方式被称为流水施工。由单独的专业化队伍完成的各项工艺之间的关系被称为流水作业关系。

从宏观组合工程上看，流水作业关系主要体现在分段工程上。例如，如图 10-7 所示，按照就近施工原则，分别把大规模的各类工程划分为三段，鉴于三大工程本身具备顺序关系，先开展平整 1 段工作，然后再进行平整 2 段工作，与此同时水利工作队就可以开展水利 1 段的工作，不用等到平整工作都完成后再进行。明显缩短工期。就图 10-7 而言，1→2→3→5→6、2→4→5→8→9、4→7→8→10→11 都分别呈现出阶梯跌水的形态，也就是“流水”一词的诠释。不过，有时为了方便作图，“流水”的流向也是可以向上方的。

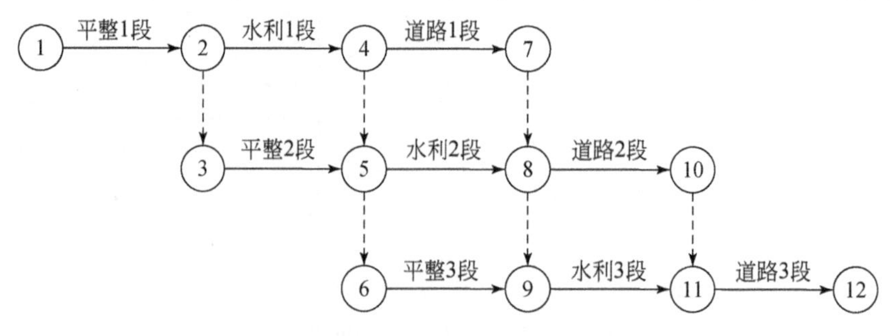

图 10-7　组合工程流水施工关系

从微观组合工程上看，相对于宏观会更细化，流水作业关系具体表现在同类型的施工工艺上，即存在于不同单体工程之间的相同、相近或类似的施工工艺可以组合实现阶梯流水式施工操作。如图 10-8 所示，10→11→12→13 是配电工程等建筑物的施工流程，1→2→4→6→9→14 是生态型沟渠工程的施工流程，3→5→7→8 是降渍沟的施工流程。从图 10-8 中可见，施工测量、挖槽、坡面整形、砌筑、养护都经历了流水施工。

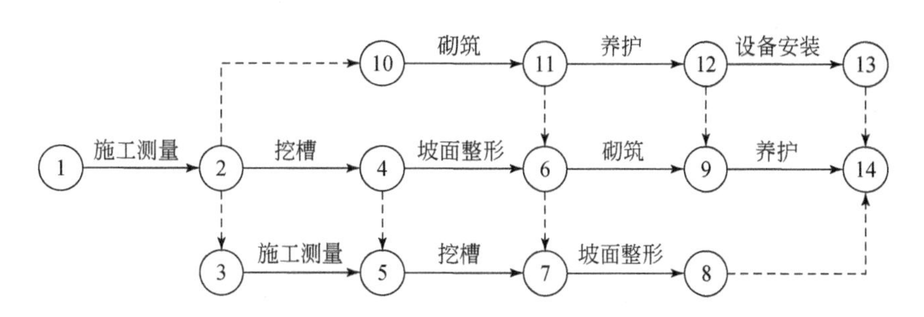

图 10-8　组合工程施工工艺流水作业关系

流水施工具有以下特点：科学地利用了工作面，争取了时间，总工期趋于合理；工作队及其工人实现了专业化生产，有利于改进操作技术，可以保证工程质量和提高劳动生产率；工作队及其工人能够连续作业，相邻两个工作队之间，可实现合理搭接；每天投入的资源量较为均衡，有利于资源供应的组织工作。上述经济效果都是在不需要增加任何费用的前提下取得的，可见流水施工是实现施工管理科学化的重要组成内容，与施工机械化等现代施工内容紧密联系、相互促进，是实现组合工程时序优化的重要抓点。

10.4.3.4　其他作业关系

除上述的顺序作业关系、平行作业关系、流水作业关系外，还存在其他类型的影响关系，但鉴于其对时序优化作用甚微，或鉴于其规律性不显著、难以把握，并非研究重点，此处不再赘述。

10.4.4　施工时序组合优化配置

施工时序组合优化配置实质就是将双代号网络计划引入采煤塌陷区受损农田整理工程的组织设计和工期进度安排工作中来。立足于对采煤塌陷区受损农田整理单体工程及工艺的施工协同关系的研究，捋顺施工工艺间的流水作业关系、平行作业关系和顺序作业关系，按照网络计划图的绘制要求、规则和方法来绘制双代号网络计划图。在网络模型中可确切地表明各项工作的相互联系和制约关系。计算出工程各项工作的最早或最晚开始时间，从而可以找出工程的关键工作和关键线路，所谓关键线路就是指在该工程施工中，直接影响工程总工期的那一部分连续的工作，即可确定施工工期，完成对组合工程各项工艺和施工环节科学而精巧的组合搭配。

10.4.4.1 施工网络计划图绘制

基于10.2节对采煤塌陷区受损农田整理工程的划分内容以及10.4.3节对于单体工程施工协同关系的研究内容，按照土木工程施工双代号网络计划图绘制的原则、规定、标准，分别绘制双代号网络计划图。

土体重构与平整工程（A）的双代号网络计划图如图10-9所示。1→2、2→3、8→9为表土保护与利用工程（A3）的三大施工环节；3→4→5→6→7→8是土体重构工程（A2）的施工流程；9→10→11→12→13是精准土地平整（A1.1）的施工流程。

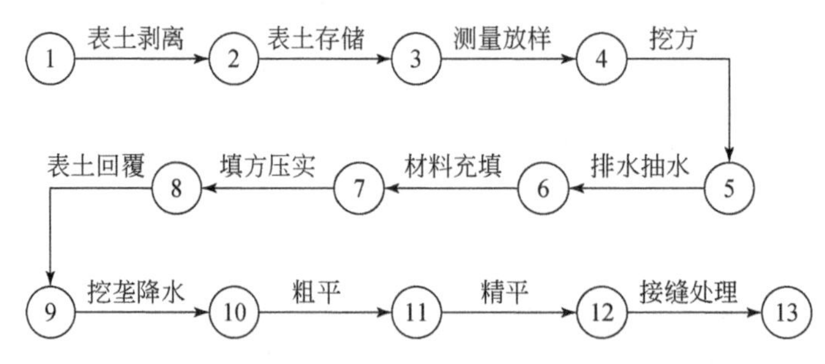

图10-9 土体重构与平整工程双代号网络计划图

受损水体修复与水利建设工程（B）的双代号网络计划图如图10-10所示。首先是灌排系统修复与建设工程（B1），3→5→8→12→17→22是生态型沟渠工程（B1.1）；15→20→25→28是配电工程等建筑物（B1.2）。然后是地下水、地表水调控工程（B2），1→2→3→4→7→11→16→21是圩堤工程（B2.1）；6→9→13→18→23→26→27是灌排泵站工程（B2.2）；10→14→19→24是降渍沟（B2.3）。

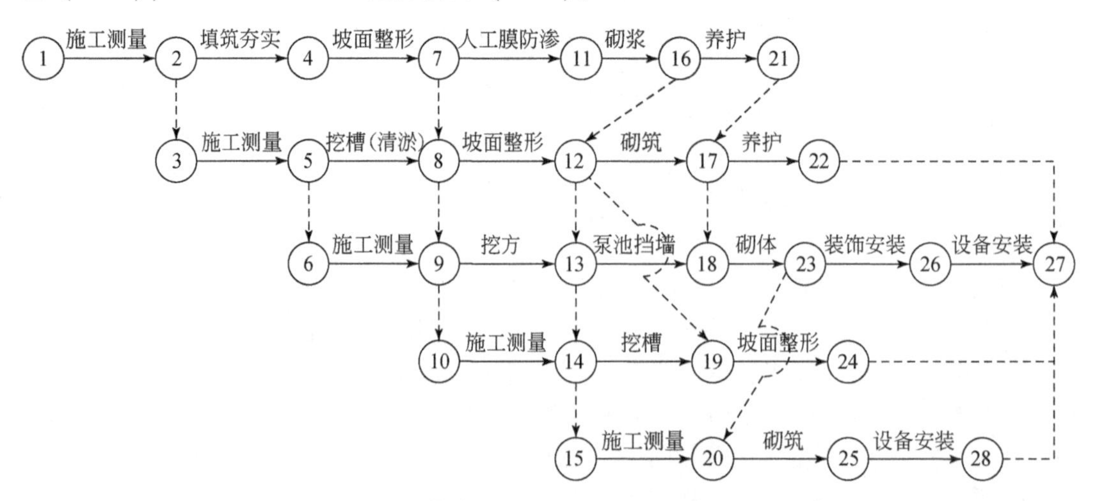

图10-10 受损水体修复与水利建设工程双代号网络计划图

农田道路工程（C）的双代号网络计划图如图10-11所示。1→2…→8为生态型田间道路工程（C1.1）的顺序施工流程。

图 10-11　农田道路工程双代号网络计划图

农田防护工程（D）的双代号网络计划图如图 10-12 所示。1→2…→5 为精细化林网工程（D1. 1）的顺序施工流程。

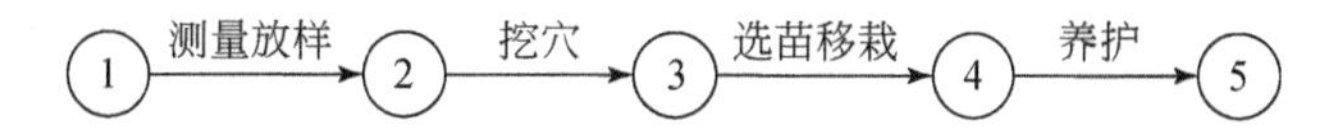

图 10-12　农田防护工程双代号网络计划图

以上四个按照一级施工项划分绘制的网络计划图涵盖所有采煤塌陷区受损农田整理单体工程施工类型。在此基础上，参按照一般土地整理项目中遵循田、水、路、林的施工顺序；细致考虑各工程间的交叉叠加事实，捋顺不同工程各施工工艺间的协作关系，实现四大工程的协调与有机融合。精巧绘制采煤塌陷区受损农田整理工程施工网络计划图，建立和表征不同施工工艺之间的流水、顺序、平行等作业关联（图 10-13 和表 10-24）。

10. 4. 4. 2　网络计划时间参数计算

双代号网络计划时间参数是指网络计划工作及节点所具有的各种时间值。网络计划时间的计算内容主要包括各节点的最早时间 ET_i 和最迟时间 LT_i；各项工作的最早开始时间 ES_{i-j}、最早完成时间 EF_{i-j}、最迟开始时间 LS_{i-j}、最迟完成时间 LF_{i-j}、总时差 TF_{i-j}、自由时差 FF_{i-j}等。其参数计算方法包括图上计算法、分析计算法、表上计算法、矩阵计算法和电算法等，广泛应用的是图上计算法。

（1）工作持续时间和工期

工作持续时间是指一项工作从开始到完成的时间。在双代号网络计划中，工作 $i-j$，持续时间用 D_{i-j}表示。工作持续工作时间的计算一般可采用定额计算法和经验估算法。定额计算方法和公式为

$$D_{i-j}=\frac{Q_{i-j}}{S_{i-j}\cdot R_{i-j}\cdot N_{i-j}}=\frac{P_{i-j}}{R_{i-j}\cdot N_{i-j}} \tag{10-1}$$

式中，Q_{i-j}为某专业工程队在施工段 $i-j$ 中需要完成的工程量；S_{i-j}为某专业工程队的计划产量定额；P_{i-j}为某专业工程队在施工段 $i-j$ 中需要的劳动量或机械班台数量；R_{i-j}为某专业工程队投入的劳动量或机械班台数量；N_{i-j}为某专业工程队的工作班次。

工期泛指完成一项任务所需要的时间。在网络计划中，工期一般有以下三种。①计算工期：计算工期是根据网络计划时间参数计算而得到的工期，用 T_c 表示。②要求工期：要求工期是任务委托人所提出的指令性工期，用 T_r 表示。③计划工期：计划工期是指根据要求工期和计算工期所确定的作为实施目标的工期，用 T_p 表示。当已规定了要求工期时，计划工期不应超过要求工期，即 $T_p \leq T_r$；当未规定要求工期时，可令计划工期等于计算工期，即 $T_p = T_c$。

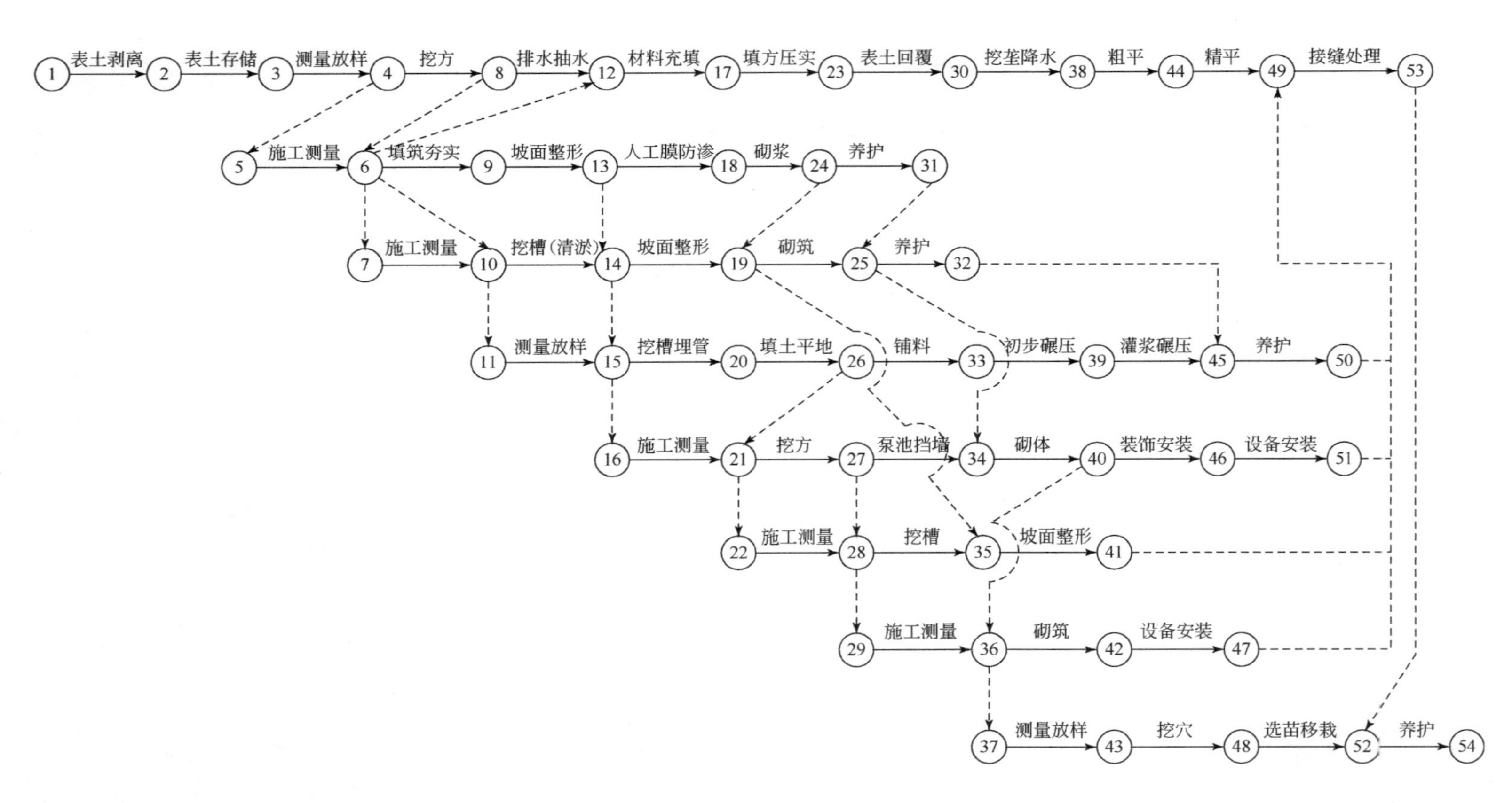

图 10-13 采煤塌陷区受损农田整理工程施工网络计划图

表 10-24　采煤塌陷区受损农田整理工程施工网络计划图说明

一级施工项		二级施工项		三级施工项		双代号
编码	名称	编码	名称	编码	名称	
A	土体重构与平整工程	A1	土地平整工程	A1. 1	精准土地平整	30→38→44→49→53
		A2	土体重构工程	A2. 1	排水工程	8→12
				A2. 2	挖方工程	3→4→8
				A2. 3	填方工程	17→23
				A2. 4	其他材料充填	12→17
		A3	表土保护与利用工程	A3. 1	表土剥离	1→2
				A3. 2	表土存储保护	2→3
				A3. 3	表土回覆	23→30
B	受损水体修复与水利建设工程	B1	灌排系统修复与建设工程	B1. 1	生态型沟渠工程	7→10→14→19→25→32
				B1. 2	配电工程等建筑物	29→36→42→47
				B1. 3	清淤工程	10→14
		B2	地表水、地下水调控工程	B2. 1	圩堤工程	5→6→9→13→18→24→31
				B2. 2	灌排泵站工程	16→21→27→34→40→46→51
				B2. 3	降渍沟	22→28→35→41
C	农田道路工程	C1	田间路工程	C1. 1	生态型道路工程	11→15→20→26→33→39→45→50
		C2	生产路工程			
D	农田防护工程	D1	农田防护林网工程	D1. 1	精细化林网工程	37→43→48→52→54
		D2	坡面防护加固工程			

（2）节点时间参数

节点最早时间是指该节点所有紧后工作的最早可能开始时刻。起点节点：令 $\mathrm{ET}_1=0$；其他节点的最早时间为

$$\mathrm{ET}_j=\max\ \{\mathrm{ET}_i+D_{i-j}\}\ \ (i>j) \tag{10-2}$$

式中，ET_j 为工作 $i-j$ 的完成节点 j 的最早时间；ET_i 为工作 $i-j$ 的开始节点 i 的最早时间；D_{i-j}为工作 $i-j$ 的持续时间。

节点最迟时间是指该节点所有紧前工作最迟必须结束的时刻。它应是以该节点为完成节点的所有工作最迟必须结束的时刻。若迟于这个时刻，紧后工作就要推迟开始，整个网络计划的工期就要延迟。由于终点节点代表整个网络计划的结束，要保证计划总工期，终点节点的最迟时间应等于此工期。若总工期有规定，可令终点节点的最迟时间 LT_n 等于规定总工期 T，即 $\mathrm{LT}_n=T$。若总工期无规定，则可令终点节点的最迟时间 LT_n 等于按终点节点最早时间计算出的计划总工期，即 $\mathrm{LT}_n=\mathrm{ET}_n$。

其他节点的最迟时间为

$$\mathrm{LT}_i=\min\{\mathrm{LT}_j-D_{i-j}\} \tag{10-3}$$

式中，LT_i为工作 i–j 开始节点 i 的最迟时间；LT_j为工作 i–j 完成节点 j 的最迟时间；D_{i-j}为工作 i–j 的持续时间。

（3）工作时间参数

工作的最早开始时间（ES_{i-j}）是指在其所有紧前工作全部完成后，本工作有可能开始的最早时刻。工作的最早完成时间（EF_{i-j}）是指在其所有紧前工作全部完成后，本工作有可能完成的最早时刻。工作的最早完成时间等于本工作的最早开始时间与其持续时间之和。二者计算公式为

$$ES_{i-j}=\max\{ES_{h-i}+D_{h-i}\}\ (h-i \text{ 为 } i-j \text{ 的紧前工作}) \tag{10-4}$$

$$\left.\begin{aligned} ES_{i-j} &= ET_i \\ EF_{i-j} &= ES_{i-j}+D_{i-j} \end{aligned}\right\} \tag{10-5}$$

工作的最迟完成时间（LF_{i-j}）是指在不影响整个任务按期完成的前提下，本工作必须完成的最迟时刻。工作的最迟开始时间（LS_{i-j}）是指在不影响整个任务按期完成的前提下，本工作必须开始的最迟时刻。工作的最迟开始时间等于本工作的最迟完成时间与其持续时间之差。二者计算公式为

$$LF_{i-j}=\min\{LF_{j-k}-D_{j-k}\}\ (j-k \text{ 为 } i-j \text{ 的紧后工作}) \tag{10-6}$$

$$\left.\begin{aligned} LF_{i-j} &= LT_j \\ LS_{i-j} &= LF_{i-j}-D_{i-j} \end{aligned}\right\} \tag{10-7}$$

（4）总时差和自由时差

工作的总时差是指在不影响总工期的前提下，本工作可以利用的机动时间。在双代号网络计划中，工作 i–j 的总时差用 TF_{i-j}表示，计算公式为

$$TF_{i-j}=LT_j-ET_i-D_{i-j}=LS_{i-j}-ES_{i-j}=LF_{i-j}-EF_{i-j} \tag{10-8}$$

工作的自由时差是指在不影响其紧后工作最早开始时间的前提下，本工作可以利用的机动时间。在双代号网络计划中，工作 i–j 的自由时差用 FF_{i-j}表示，计算公式为

$$FF_{i-j}=ET_j-ET_i-D_{i-j}=ET_j-EF_{i-j}$$

从总时差和自由时差的定义可知，对于同一项工作而言，自由时差不会超过总时差。当工作的总时差为零时，其自由时差必然为零。在网络计划的执行过程中，工作的自由时差是该工作可以自由使用的时间。但是，如果利用某项工作的总时差，则有可能使该工作后续工作的总时差减小。

10.4.4.3 关键线路的确定

网络图从起点到终点间有许多条线路可通，其中所用时间最长的一条线路称为关键线路。在整个施工过程中，关键线路上的工作是要抓的主要矛盾，称为关键工作。在关键线路上，时间没有活动的余地，而在非关键线路上，有时差可以利用。通过计算时差可以找出非关键工作中可以灵活运用的机动时间，以及可挖的潜力。计算工期大于合同工期时，可通过压缩关键线路上工作的持续时间，以满足合同工期，与此同时必须相应增加被压缩作业时间的关键工作的资源需要量。由于关键线路的缩短，非关键线路也可能转变为关键线路，即有时需要同时缩短非关键线路上有关工作的持续时间，才能达到合同工期的

要求。

在网络计划中，关键工作就是总时差最小的工作。特别地，当网络计划的计划工期等于计算工期时，总时差为零的工作就是关键工作，同时其自由时差也必然为零。找出关键工作之后，将这些关键工作首尾相连，便构成从起点到终点的通路，通路上的各项工作的持续时间总和最大，这条通路就是关键线路。在关键线路上可能有虚工作存在。关键线路上各项工作的持续时间总和应等于网络计划的计算工期，这也是判别关键线路正确与否的一条准则。

10.4.4.4 网络计划图的调整

一项土地整理工程计划的制定，不仅仅是计划工作的开始，在执行的过程中因主客观条件的不断变化，计划也将随之而变。因此必须在计划的执行过程中不断收集计划的执行情况，并进行分析，必要时应采取有效措施避免工期的拖延，保证计划如期完成。

（1）关键路线和非关键路线的调整原则

1）关键线路上工作的检查与调整。关键线路上任何一个工作的持续时间的变化都会影响整个工程进度，因此检查与调整的重点应是关键工作，研究这些工作是否可能提前或拖延，并随时分析原因，采取措施进行调整。关键线路上的持续时间的改变，必将影响后续各工作和非关键工作的时间参数。因此必须重新计算时间参数，使其符合要求。

2）非关键线路上工作的检查与调整。例如，非关键线路上某些工作的持续时间延长，但在工作总时差范围内，虽然改变了相应工作的时间参数，但不影响总工期，一般情况下网络计划不需要调整。又如，非关键工作延长时间超过了可利用的时差，有可能出现关键线路的转移，则需要检查非关键线路，并进行适当调整以满足工期要求。

网络计划执行过程中，需增加工作时，要检查编号，重新调整逻辑关系，并计算出调整后的关键线路和总工期。若考虑了增加工作的可能性，留足了备用编号，则只需要增加作业箭线和事件，并补号码。

（2）网络计划静态调整

在网络计划中，关键线路决定总工期。当规定工期大于关键线路持续时间时，关键线路上各工作的总时差出现正值，说明完成任务的时间宽余，计划时间的安排上还有潜力，必要时可适当延长某些工作的持续时间，以便减少资源消耗及节省费用。当任务比较紧急、规定工期小于关键线路持续时间时，则需要对网络计划进行调整。调整时可针对超过规定工期的各线路上的某些工作采取组织上和技术上的措施，以缩短它们的工作持续时间。通常可以在组织和技术上采用的方法有如下几种：①在关键线路上寻找压缩费率最低的工作来缩短其作业时间；②在可能条件下，采取平行交叉作业缩短工期；③采取新技术和新工艺，增加人力和施工设备等多种措施，缩短某些工作的持续时间；④利用时差，从非关键线路上抽调人力、物力集中于关键线路，以缩短关键线路的持续时间。

采用上述方法缩短工期，会引起网络计划的改变，每次改变后都要重新计算网络时间参数和确定关键线路，直到求得最短工期为止。

（3）网络计划动态调整

调整网络图的目的是根据土地整理工程实际进展情况，对网络图的逻辑顺序和工作持续时间做必要的修改，并重新进行计算，使工期符合合同要求。计算时，对所有已经完成的工作的持续时间都定为零。对正在进行的工作按照实际需要的时间来确定其持续时间。凡改变工作顺序，增减工作，或对工作重新编号，都是进行了逻辑修改，都需要进行重新计算。最初的几次调整基本上会对整个网络计划进行较大的修改，但当工程进入全面施工阶段后，每日调整可能仅仅只需要修改几个箭头。网络计划编制以后，计划人员必须把网络图作为监督和控制工程施工进展的基础。施工过程中，可把网络图和工程进度表在施工现场的管理部门张贴出来，并在网络图上具体标明当前的实际进度。该做法可以形象且清楚地说明工程的进度。

网络计划在执行过程中，首先应检查关键线路，分析实际工程进度是否正常。然后检查非关键工作的进度，分析它们时差的利用情况。一般可列表进行分析。例如，要检查第 N 天的工程进度情况，首先要确定在第 N 天时有哪些工作正在执行、到第 N 天时尚需的工作天数、这些工作计划在最迟完工前尚有的天数、目前各工作尚有的时差天数和各工作原有的时差天数。通过列表分析，可清楚地看到各工作的进度计划执行情况，当各工作尚有的时差天数出现负值时，表示工程的计划已经拖延，或者虽尚有一定的时差，但与原时差天数相比，剩下的天数很少，那么就要分析工作延迟的原因，并采取相关措施以保证继续施工时不因时差不够而影响总工期。

10.4.4.5 工期成本优化

土地整理工程的质量、成本、进度（工期）三大指标，是项目管理的主控项目，三者的关系是相互制约、相互影响。其相互制约的是工期与成本，利用网络计划技术优化施工组织设计时，主要优化的也是工期与成本。

土地整理工程工期与成本是施工管理中的两个重要方面，在工程项目管理中有着至关重要的地位。通常情况下，工程项目工期的长短及进度安排都会影响施工成本。就某一施工项目而言，各工序之间存在着严格承继关系，工期变化将会导致相应费用发生变化，从而影响施工成本。因此，运用网络优化的方法，压缩关键线路上一些工作的持续时间，可以达到降低成本的目的。各子项目之间的不同工期安排也会影响施工成本的发生。

成本优化是不断地从时间和成本的关系中找出能使工期短且直接费用增加最少的工作，缩短其持续时间，同时考虑间接费用增加，即可求得工程成本最低时的相应最优工期和工期一定时相应的最低工程成本。具体步骤如下（图 10-14）：①计算工期总直接费及各项工作直接费变化率；②根据网络计划图的时间参数计算结果，找出网络计划中的关键线路并计算工期；③压缩找出关键工作或一组关键工作的持续时间；④计算可压缩时间；⑤计算总费用；⑥叠加直接费、间接费曲线，绘制出工期-成本曲线，计算项目总成本；⑦绘制优化后的网络计划图；⑧网络计划方法优化工期成本流程。

10.4.4.6 潘安采煤塌陷区示范

根据潘安采煤塌陷区土地整理工程特点，确定工程工期为 40 个月，具体单项工程工

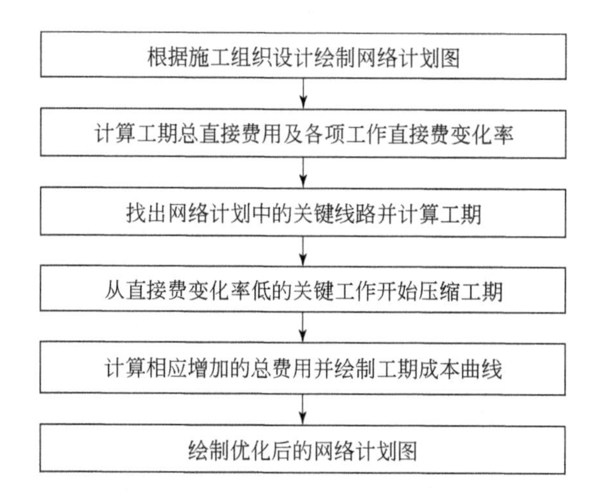

图 10-14　网络计划方法优化工期成本流程

期安排详见施工横道图（图 10-15），各个单项工程采用平行流水作业，以实现各分项工程的均衡工作。工程主要包括土地平整工程、灌溉与排水工程、田间道路工程、农田防护工程以及其他工程。进度表中，将土地挖填方、临时道路、沟渠开挖等土石方工程归并为土地平整工程；田间道路工程指正式道路的施工，灌溉与排水工程包括供排水泵站及田间灌溉管线布置，其他工程包括除前面三项工程外的全部工程。

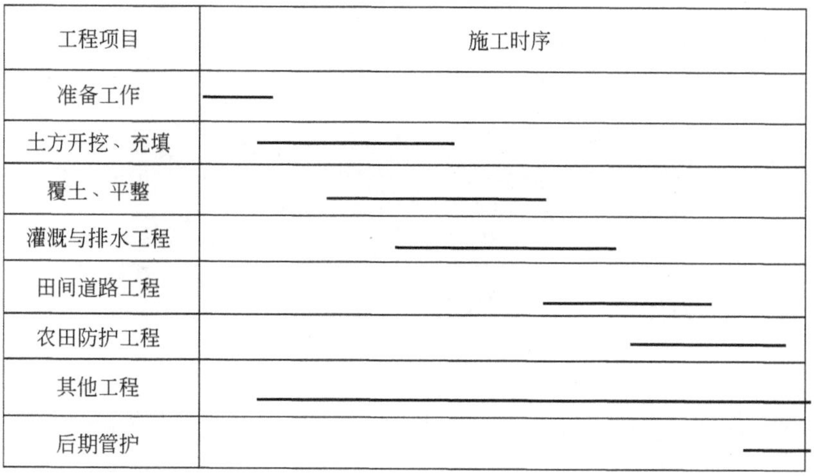

工程项目	施工时序
准备工作	
土方开挖、充填	
覆土、平整	
灌溉与排水工程	
田间道路工程	
农田防护工程	
其他工程	
后期管护	

图 10-15　示范区施工横道图

确定流水施工施工参数：①工艺参数，流水施工组中施工过程个数为 4 个单项工程。②空间参数，划分施工段。其中，土地平整工程划分为 5 段，灌溉与排水工程划分为 5 段，田间道路工程划分为 5 段，农田防护林工程及其他工程不分段。③时间参数，流水节拍与流水步距确定为 1 个月，工期为 40 个月。

10.4.5 单体工程精细化施工

潘安采煤塌陷区的各项工程施工严格遵循《采煤塌陷区受损农田整理规划设计技术要求》和“工矿区受损农田精细化整理施工技术指南”的各项要求，按照单体工程精细化施工工艺和精细化质量控制要求开展工作。施工流程及注意事项见第3章，此处不再重复叙述，精细化施工中间过程相关资料如下。

10.4.5.1 土体重构与平整工程

（1）土体重构工程

土体重构充填材料首选客土，示范区内生态湖区有挖方工程，通过调配满足部分重构土源需要。在使土方总运输量最小或土方总运输成本最小的条件下，确定填挖区土方的调配方向和数量，达到缩短工期和降低成本的目的。当土方的施工标高、挖填区面积、挖填区土方量计算出后，考虑各种变更因素（如土的松散度、压缩率、沉降量等），对土方进行综合平衡调配，示范区土方调配设计如图10-16所示。

图10-16 示范区土方调配设计

土方调配不能满足土体重构工程全部充填抬地需要，因而部分塌陷地块需要选用其他材料进行充填，包括湖泥、粉煤灰、建筑垃圾和煤矸石。土体重构工程断面设计如图10-17所示。①湖泥充填，充填100cm厚湖泥，表层上覆壤土50cm。剖面厚度1.50m。②粉煤灰充填，塌陷区表土剥离→将50cm厚的粉煤灰层充填至塌陷坑→在平整后的粉煤灰层上覆盖20cm厚、紧实的黏土，形成上隔离层→上覆壤土70cm。剖面厚度1.40m。③建筑垃圾充填，塌陷区表土剥离→底部铺设20cm厚、紧实的黏土，形成下隔离层→将50cm厚建筑垃圾充填后压实→垃圾层上覆20cm厚、紧实的黏土，形成上隔离层→上覆壤土70cm。④煤矸石充填，塌陷区表土剥离→机械压实矸石层50cm→在已整平的煤矸石表面，均匀铺撒5cm厚的生石灰，形成中和层→上覆表土70cm。

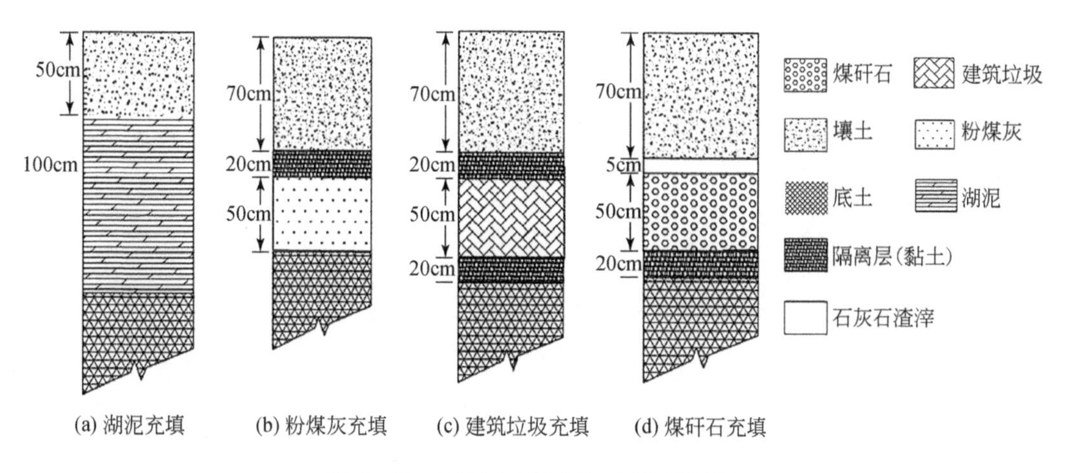

图 10-17　示范区土体重构工程断面设计

(2) 表土保护与利用工程

表土剥离标准是 30cm。表土剥离与回覆施工中间过程如图 10-18 所示，表土储存如图 10-19 所示。

图 10-18　示范区表土剥离与回覆施工

图 10-19　示范区表土储存

(3) 土地平整工程

土地平整的同时，将田块分为东西向条田，对其分条块进行平整。示范区典型田块设计布局如图 10-20 所示，土地平整施工如图 10-21 所示。

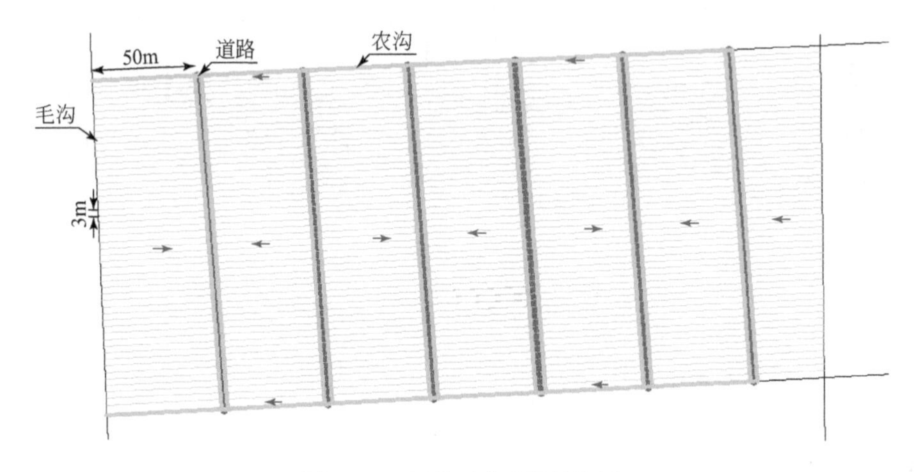

图 10-20　示范区典型设计布局

图 10-21　示范区土地平整施工

10.4.5.2 受损水体修复与水利建设工程

(1) 清淤工程

示范区内原有零星渠道已荒废，需重新规划。原有大部分河沟淤积坍塌严重，已无法排水，仅有位于示范区中部的两条南北向排水河道（西引粮河、东引粮河）排水顺畅，可在规划中加以利用。此外，示范区内一支渠、二支渠和区外东侧的潘安大沟常年未疏浚，淤积严重，而一支渠、二支渠和潘安大沟是示范区的排涝主要通道，本次规划对其进行清淤整修，使示范区涝水能顺畅排出。因此，需要修复灌溉排水体系。清淤工程施工如图 10-22 所示。

图 10-22　示范区清淤工程施工

(2) 生态型沟渠工程

根据示范区的自然经济条件和生产发展水平，确定示范区的排涝模数为 $0.68m^3/(km^2 \cdot s)$，排渍模数为 $0.03m^3/(km^2 \cdot s)$，进而计算排水沟流量并进行排水沟断面设计。生态型沟渠工程断面设计如图 10-23 所示。

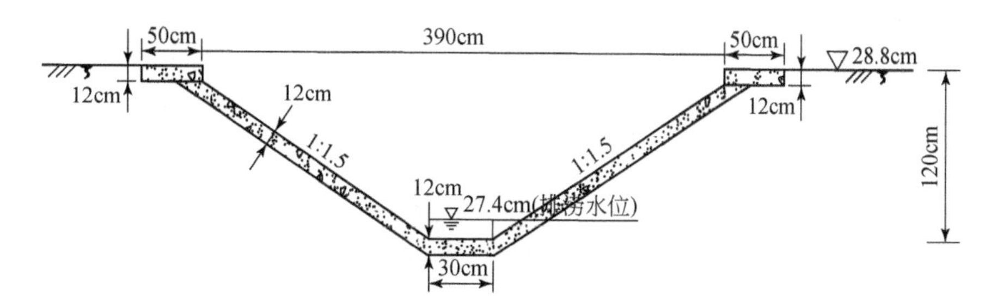

图 10-23　生态型沟渠工程断面设计

由于地下水汇入的渗透压力、坡面径流冲刷和沟内渍涝蓄水时波浪冲蚀等，沟道边坡易于坍塌，需采取边坡防护措施。同时为了提高透水率和生态效益，示范区生态型沟渠工程采用现浇孔状混凝土预制板衬砌，设计坡比为 1 : 1.5。生态型沟渠工程施工过程如图 10-24 所示。图 10-24 中代表施工工艺分别为人工整形、护坡砌衬、浇筑压顶、养护。

图 10-24　示范区生态型沟渠工程施工

(3) 降渍沟

计算排水沟流量并进行排水沟断面设计。而斗沟从生态环保和降渍实际效用的角度考虑，示范区规划采用土质排水沟，设计坡比为 1 : 1.5。排水沟以排涝流量、排渍流量进行排水沟断面设计。降渍沟断面设计如图 10-25 所示，降渍沟施工如图 10-26 所示。

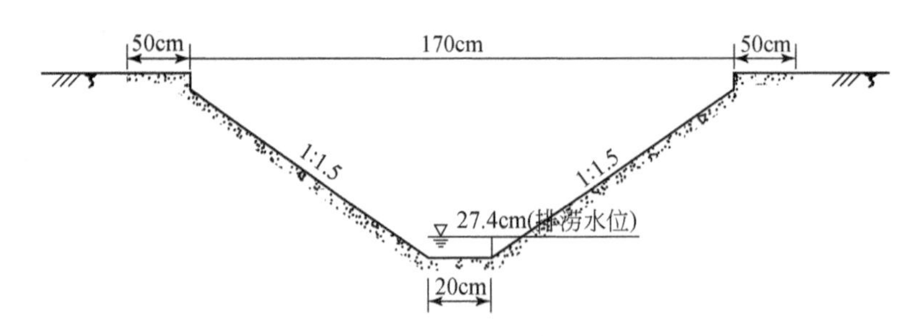

图 10-25　降渍沟断面设计

(4) 圩堤工程

农业区地势低洼，农业区田面高程为 27.0 ~ 29.0m，生态湖防洪设计水位为 30.0m，为保证生态湖水不漫入农业区，示范区在田块边界新建圩堤。圩堤堤顶宽度为 6m，黏土心墙顶部宽度为 2m，边坡比为 1 : 1.5，引水坡采用 M10 浆砌块石护坡，河道底部采用 M10 浆砌块石护底，护底宽度 5m。圩堤工程横断面设计如图 7-7 所示，圩堤工程施工如图 10-27 所示。

图10-26　示范区降渍沟施工

图10-27　示范区圩堤工程施工

（5）其他建筑物工程

灌排泵站工程：为便于机组运行、检修，本次规划设计泵房采用分基型泵房。泵房宽度根据水泵的大小，进出水管道及其阀件的长度、安装检修及操作管理需要确定，本次规划设计泵房宽度为3.5m。泵房长度根据机组的长度、机组件的间距来确定，本次规划设计单机组泵房长度为3m，双机组泵房长度为4.5m。

配电工程等建筑物：各泵站装机容量不大，每站直接架空引10kV高压线，经变压器降压供泵站用电。每站设变压器一台，配电屏一台，高压开关一只（图10-28）。

图10-28　示范区建筑物工程

10.4.5.3 田间道路工程

示范区田间道路为生态型道路工程，规划设计道路宽为3m。为提高生物多样性，减少生物通行阻碍，每5m布设一PVC管道。田间道路工程横断面设计如图10-29所示，施工效果如图10-30所示。

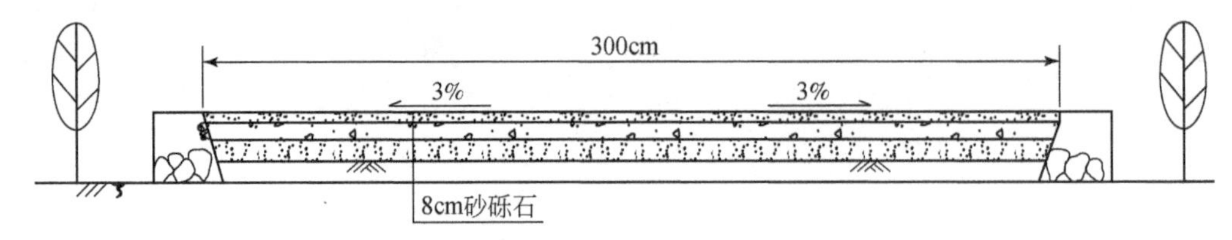

图10-29 田间道路工程横断面设计

图10-30 示范区田间道路工程施工

10.4.5.4 农田防护林工程

精细化农田防护林工程有针对性的选取树种种植，实现精细化选种和多样化景观构造，避免过去千篇一律的景观效果。在降渍沟、生态型沟渠沿线种植耐涝树种或者耗水树种（如旱柳、紫穗槐等）。在主干道路上种植松柏，考虑到防风效果和程度，仅在迎风面套种白杨。在临近村庄的区域道路上种植国槐、龙爪槐，美化村民生活环境。精细化农田防护林工程施工如图 10-31 所示，工程效果如图 10-32 所示。

图 10-31 示范区精细化农田防护林工程施工

图 10-32 示范区精细化农田防护林工程效果

10.4.5.5 精细化施工成效

示范区进行土地整理精细化施工前后效果如图 10-33 和图 10-34 所示。

图 10-33 示范区建设前

通过采煤塌陷区受损农田精细化整理施工，有效增加耕地面积并提高耕地质量，增加粮食产量，新增耕地年净收益为 1.32 万元/hm^2。同时有效削减煤矸石、粉煤灰和建筑垃圾等的堆置引发的占压土地与环境污染等影响；对示范区田、水、路、林、村进行综合整治，使村庄集中，路渠改善，林草覆盖率增加 0.86%，促进自然生态建设，使采煤塌陷区由原来的高低不平、满目疮痍变成了“地成方、水如镜、水土相间”的怡人格局；改变了示范区田块零星破碎、利用不充分、土地无序利用、功能紊乱的状况。科学合理规范用地，促进农村土地节约集约利用，既改善了农民生产生活的环境条件，又确保了作物产量提高和农民增收，有利于增强农业后劲，加快当地新农村建设的步伐。通过示范区项目实施，扩大农民收入来源，解决当地的民生问题，区内农民人均纯收入增加 287.5 元，妥善处理了当前因采煤塌陷造成的农田受损和环境恶化等突出矛盾，协调各种利益关系，取得了良好的社会效益、经济效益、生态效益。

图 10-34　示范区建设后

10.5　组合工程施工时序优化组配

10.5.1　实证项目概况

采煤塌陷区受损农田整理组合工程施工时序优化以潘安示范区内潘吴路中路西侧一塌陷积水地块整理项目为例。项目东西长 50m，南北宽 50m，为一正方形地块。项目区北部 300m 左右处为潘安新村，南部 360m 左右处为 310 国道。

项目区内涉及的土地整理工程主要有 4 项，分别是土体重构与平整工程、生态型沟渠工程、降渍沟、生态型田间道路工程。按照 10.2.2 节划分标准，该 4 项工程均为精细化整理工程。4 项工程的具体设计和参数见 10.3 节。工程规划布局：①项目区东侧沿边界线规划为生态型沟渠工程，总长度为 50m；②项目区西侧沿边界线规划为降渍沟，总长度为 50m；③项目区南侧沿边界线规划为生态型田间道路工程，总长度为 50m。土体重构工程规划布局及充填材料选取如图 10-35 所示。

3 建筑垃圾 充填	4 煤矸石 充填
1 湖泥 充填	2 粉煤灰 充填

图 10-35　项目区土体重构工程布局规划

10.5.2　单体工程量计算

(1) 土体重构与平整工程

鉴于表土保护与利用工程、土体重构工程、土地平整工程三项单体工程在施工顺序上相互穿插且具有极强连贯性，为方便工程量、工期计算和绘制网络计划图，将三项单体工程按照施工逻辑顺序串联，记作土体重构与平整工程。测量放样时间在计算中忽略不计，鉴于项目区规模较小，在网络计算图中根据专业施工人员经验设定为1h，以下其他工程也如此。

表土剥离量：项目区表土平均剥离厚度为0.3m，区块面积为2500m^2，土方工程量为750m^3。运输存储距离在100m范围内。根据《土地开发整理项目预算定额标准》（简称《定额标准》）1-9-4，该工程量需要铲运机（4m^3）4.88个台班、拖拉机（55kW）4.88个台班、推土机（55kW）0.38个台班、乙类工3个工日。

挖方量：按照设计图及标高要求，1区平均挖深1.2m，2区平均挖深1.1m，3区平均挖深1.3m，4区平均挖深1.15m，挖方量计算得（1.2+1.1+1.3+1.15）×625=2968.75m^3。运输存储距离在100m范围内。根据《定额标准》1-9-4，该工程量需要铲运机（4m^3）19.3个台班、拖拉机（55kW）19.3个台班、推土机（55kW）1.48个台班、乙类工11.88个工日。

项目区挖至设计标深后，基坑有微量出水现象，无大范围的积水现象，因为不需要使用抽水泵排水，也不需要挖垄降水措施。

填方量：填方量包括充填物料、回填土、表土回覆。表土回覆工作量同表土剥离。充填物料和回填土方量按照规划设计执行，通过测算如表10-25所示。通过统计，表土回覆方量为750m^3，回填土方量为875m^3，湖泥方量为625m^3，粉煤灰方量为312.5m^3，煤矸石方量为312.5m^3，年土方量为500m^3，石灰石方量为31.3m^3。总计回填压实方量为2656.3m^3，回覆非压实方量为750m^3。根据《定额标准》1-13-4，该工程量需要履带拖拉机（74kW）13个台班、推土机（55kW）3.4个台班、蛙式打夯机（2.8kW）4.78个台班、刨毛机2.66个台班、甲类工6.8个工日、乙类工102个工日。

表 10-25 土体重构与平整工程填方工程量汇总表

项目		1 区	2 区	3 区	4 区
表土回覆	标深/m	0.3	0.3	0.3	0.3
	方量/m^3	187.5	187.5	187.5	187.5
回填土	标深/m	0.2	0.4	0.4	0.4
	方量/m^3	125.0	250.0	250.0	250.0
上隔离层（2 区、3 区为黏土；4 区为石灰石）	标深/m	—	0.2	0.2	0.05
	方量/m^3	—	125.0	125.0	31.3
充填层	标深/m	1.0	0.5	0.5	0.5
	方量/m^3	625	312.5	312.5	312.5
下隔离层（3 区、4 区为黏土）	标深/m	—	—	0.2	0.2
	方量/m^3	—	—	125.0	125.0

平整工程量：机械平整面积为2500m^2。根据《定额标准》1-11-2，该工程量需要自行式平地机（118kW）2.5 个台班、乙类工 5 个工日。

平整接缝处理：按照人工平土方式，平土区域为土地平整单元与周边沟渠、道路、林网、建筑物等相交接沿线 1m 范围的土地。该项目东临生态型沟渠，南沿生态型田间道路，西接降渍沟，沿线长度为 150m，涉及平整面积为 150m^2。根据《定额标准》1-11-1，该工程量需要甲类工 0.15 个工日、乙类工 4.05 个工日。

（2）生态型沟渠工程

生态型沟渠总长为 50m。

挖方量：按照设计标准，挖槽土量 = 横断面积×沟渠长度 = 2.52×50 = 126m^3。根据《定额标准》1-9-4，该工程量需要铲运机（4m^3）0.82 个台班、拖拉机（55kW）0.382 个台班、推土机（55kW）0.06 个台班、乙类工 0.5 个工日。

整形：采用人工整形方式，整形对象为沟坡、坡底以及坡顶压顶区域。平土面积 = 沟坡总面积+沟底总面积+压顶总面积 = 50×(4.32+0.3+1) = 281m^2。根据《定额标准》1-11-1，该工程量需要甲类工 0.28 个工日、乙类工 7.6 个工日。

混凝土砌筑：生态型沟渠采用现浇 C20 砼压顶和现浇 C25 无砂砼衬砌。根据项目设计尺寸及要求，厚度均为 0.12m，参考原施工单位资料，获取现浇 C20 砼压顶材料工程量为 6m^3，现浇 C25 无砂砼衬砌材料工程量为 17.28m^3。根据《定额标准》4-14-5，该工程量需要搅拌机（0.4m^3）0.93 个台班、混凝土振捣器（2.2kW）1.74 个台班、双胶轮车 5.45 个台班、载重汽车（5t）0.07 个台班、甲类工 27.87 个工日、乙类工 30.2 个工日。

养护：生态型沟渠包括现浇混凝土压顶工程和现浇混凝土孔状坡面衬砌工程，故需进行养护。混凝土初凝以后覆盖养护，终凝后开始浇水（12h）以保证砼的湿润度。养护时间与构件项目、水泥品种和有无掺外加剂有关，常用的五种水泥，正温条件下养护时间应不少于 7 天，根据经验，生态型混凝土工程养护时间为 8 天。

(3) 生态型田间道路工程

挖槽：按照设计图，为了满足埋设生态涵管的需要，挖取沟槽，按照规划布局标准，每5m布设一根PVC管道。经测算，管道埋设区挖取土方量为1.5m^3，鉴于挖槽比较狭窄，采用人工挖槽方式进行。根据《定额标准》1-7-1，该工程量需要甲类工0.02个工日、乙类工0.32个工日。

埋管：人工埋设PVC管，直径200mm，埋管工程量以长度计算，每根管长3.2m，共计32m。根据《定额标准》5-3-1，该工程量需要甲类工0.19个工日、乙类工0.26个工日。

平土压实：埋管后将挖槽土方量回填，工程量同挖槽土方量，鉴于工程量不大，且避免大型机械推土时对涵管造成压损变形，采用人工平土方式。路槽机械压实工程量为其面积，即150 m^2。根据《定额标准》1-11-1，该工程量需要甲类工0.15个工日、乙类工4.05个工日。

石料摊铺：生态型田间道路选用碎石和煤矸石渣进行机械摊铺。摊铺量为道路的平面面积，即150 m^2。摊铺和洒水工序同时进行。根据《定额标准》8-3，该工程量需要内燃压路机（6～8t）0.33个台班、甲类工0.62个工日、乙类工7.22个工日。

碾压：对碎石和矿渣路基进行初步机械碾压，工程量为路面面积，即150 m^2。根据《定额标准》8-4-2，该工程量需要内燃压路机（6～8t）0.19个台班、自行式平地机0.1个台班、甲类工0.62个工日、乙类工7.22个工日。

灌浆：灌浆量为灌浆平面面积，即150 m^2。一般也可以采用喷浆机械，灌浆深度为8cm。根据《定额标准》4-18，该工程量需要双胶轮车0.02个台班、喷浆机（75L）0.2个台班、风水枪0.18个台班、甲类工1.58个工日、乙类工5.6个工日。

二次碾压：对灌浆后路面进行机械碾压，工程量为路面面积，即150 m^2。根据《定额标准》8-4-2，该工程量需要内燃压路机（6～8t）0.19个台班、自行式平地机0.1个台班、甲类工0.62个工日、乙类工7.22个工日。

养护：一般情况养护完成3天后就可以过人，但鉴于田间道路仍有通车的可能，适当提高其养护时间，设定为10天。

(4) 降渍沟

降渍沟总长为50m。

挖方量：按照设计标准，挖槽土量=横断面积×沟渠长度=$0.475\times50=23.75m^3$。根据《定额标准》1-9-4，该工程量需要铲运机（4m^3）0.16个台班、拖拉机（55kW）0.16个台班、推土机（55kW）0.01个台班、乙类工0.1个工日。

整形：整形对象为沟坡、坡底以及坡顶压顶区域。平土面积=沟坡总面积+沟底总面积+压顶总面积=$50\times(1.8+0.2+1)=150$ m^2。根据《定额标准》1-11-1，该工程量需要甲类工0.15个工日、乙类工4.05个工日。

10.5.3 网络计划图绘制

参照10.4.4.1节，对采煤塌陷区受损农田整理工程施工网络计划图进行个性化调整和重新绘制。在总图基础上留取项目区存在的单体工程，将其他工程及其关系线去除。同时省略项目区内单体工程在实际操作中不需要进行的工艺，如在土体重构工程中，因实际挖方后无积水现象而并未执行抽水排水的步骤。省略未执行的工艺双代号可以有效简化网络计划图，便于理清和添加工艺关系。通过调整，绘制项目区工程网络计划图，如图 10-36 所示。

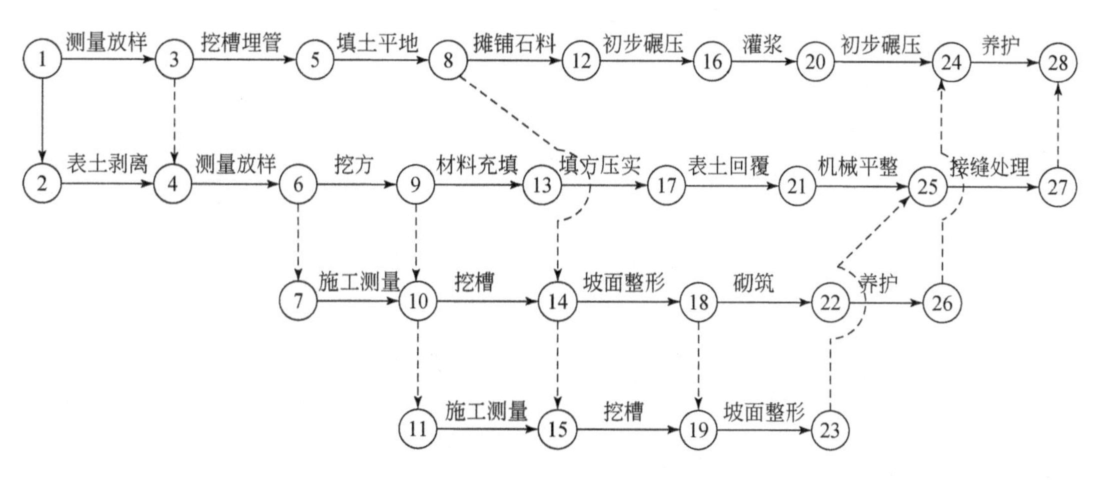

图 10-36　项目区受损农田整理工程施工网络计划图（工艺）

工期测算：施工工艺环节工期计算按照测算公式，需要工程量和人力设备投入量参与。工程量数据见 10. 5. 2 节内容。鉴于项目区资料有限，未搜集到相关专业工程队的招投标文件以及组织设计文本，将涉及项目实施的人工和机械配备投入量均参照江苏山水环境建设集团股份有限公司，该公司负责并组织实施潘安示范区土地整理工程项目，负责土地平整、水利、道路及绿化工程二标段施工工作。其设备投入量见表 10-26。在人力资源方面，该公司项目期间投入管理人员 3 名、机械手 10 名、技工 18 人、普工 23 人（该项目规模工作量约为示范区整理规模及工作量的 1/10，故人力投入也缩减为 1/10）。另外，鉴于项目区域规模及工程量过小，如果仍然使用天作为单位，数量级过小，操作示意直观性不强，故本研究按照一工日即 8h 标准换算，以小时为单位。通过测算得到工期数据如图 10-37 所示。

表 10-26　项目机械设备投入情况

序号	机械名称	型号规格	数量	国别产地	制造年份	额定功率/容积	生产能力
1	挖掘机	卡特	4	国产	2008	37kW	良好
2	拖拉机	M1200-D	4	国产	2007	55kW	良好
3	推土机	140	4	国产	2008	55kW	良好
4	履带拖拉机	徐工 15t	5	国产	2006	74kW	良好
5	蛙式打夯机	HW20	2	国产	2007	2. 8kW	良好
6	刨毛机	苏亚 100	3	国产	2009	—	良好

续表

序号	机械名称	型号规格	数量	国别产地	制造年份	额定功率/容积	生产能力
7	自行式平地机	G900	1	国产	2009	118kW	良好
8	搅拌机	XM-0.2	8	国产	2008	—	良好
9	混凝土振捣器	JZ350C	1	国产	2007	2.2kW	良好
10	载重汽车	T815-2	10	国产	2009	5t	良好
11	内燃压路机	徐工	1	国产	2006	8t	良好
12	经纬仪	2S	1	国产	2005	—	良好
13	水准仪	S3	6	国产	2005	—	良好
14	洒水车	东风	2	国产	2004	5t	良好
15	全站仪	MONMOS	1	国产	2005	—	良好
16	双胶轮车	0.1m^3	10	国产	2007	—	良好
17	喷浆机	75L	1	国产	2006	—	良好
18	风水枪	YONAN	2	国产	2006	—	良好

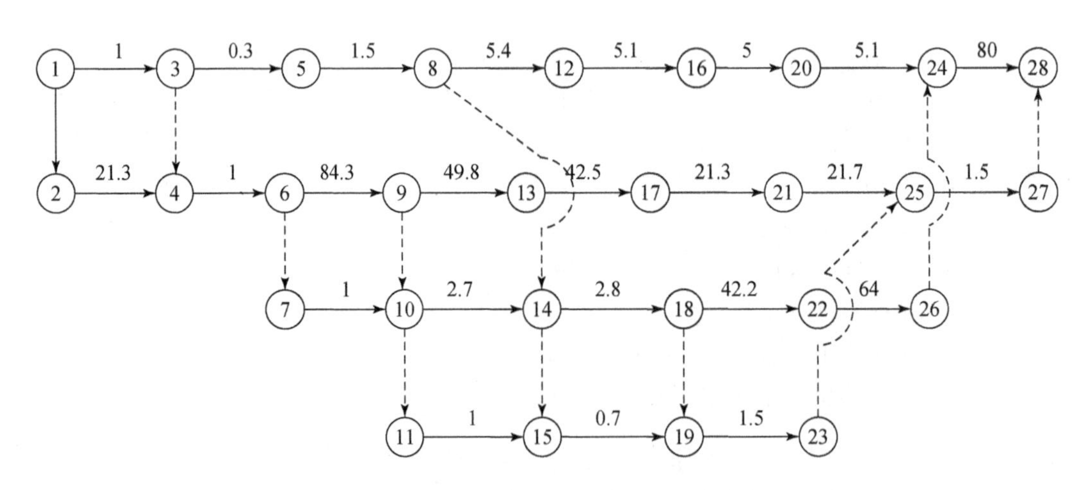

图 10-37 项目区受损农田整理工程施工网络计划图（工期）

单位：h

10.5.4 关键路线确定及时序安排

双代号网络计划时间参数计算是获取关键路线和关键工作的前提条件。网络计划时间的计算参数主要有八项，包括各节点的最早时间 ET_i 和最迟时间 LT_i；各项工作的最早开始时间 ES_{i-j}、最早完成时间 EF_{i-j}、最迟开始时间 LS_{i-j}、最迟完成时间 LF_{i-j}、总时差 TF_{i-j}、

自由时差 FF_{i-j}，计算结果见表 10-27。

表 10-27　项目区网络计划时间参数统计

序号	工作编号 i-j	持续时间 D_{i-j}	最早开始时间 ES_{i-j}	最早完成时间 EF_{i-j}	最迟开始时间 LS_{i-j}	最迟完成时间 LF_{i-j}	总时差 TF_{i-j}	自由时差 FF_{i-j}	关键工作 $TF_{i-j}=0$
1	1-2	0	0	0	0	0	0	0	★
2	1-3	1	0	1	20. 3	21. 3	20. 3	0	
3	2-4	21. 3	0	21. 3	0	21. 3	0	0	★
4	3-4	0	1	1	21. 3	21. 3	20. 3	20. 3	
5	3-5	0. 3	1	1. 3	107. 5	107. 8	106. 5	0	
6	4-6	1	21. 3	22. 3	21. 3	22. 3	0	0	★
7	5-8	1. 5	1. 3	2. 8	107. 8	109. 3	106. 5	0	
8	6-7	0	22. 3	22. 3	105. 6	105. 6	83. 3	0	
9	6-9	84. 3	22. 3	106. 6	22. 3	106. 6	0	0	★
10	7-10	1	22. 3	23. 3	105. 6	106. 6	83. 3	83. 3	
11	8-12	5. 4	2. 8	8. 2	197. 7	203. 1	194. 9	0	
12	8-14	0	2. 8	2. 8	109. 3	109. 3	106. 5	106. 5	
13	9-10	0	106. 6	106. 6	106. 6	106. 6	0	0	★
14	9-13	49. 8	106. 6	156. 4	161. 5	211. 3	54. 9	0	
15	10-11	0	106. 6	106. 6	293. 6	293. 6	187	0	
16	10-14	2. 7	106. 6	109. 3	106. 6	109. 3	0	0	★
17	11-15	1	106. 6	107. 6	293. 6	294. 6	187	1. 7	
18	12-16	5. 1	8. 2	13. 3	203. 1	208. 2	194. 9	0	
19	13-17	42. 5	156. 4	198. 9	211. 3	253. 8	54. 9	0	
20	14-15	0	109. 3	109. 3	294. 6	294. 6	185. 3	0	
21	14-18	2. 8	109. 3	112. 1	109. 3	112. 1	0	0	★
22	15-19	0. 7	109. 3	110	294. 6	295. 3	185. 3	2. 1	
23	16-20	5	13. 3	18. 3	208. 2	213. 2	194. 9	0	
24	17-21	21. 3	198. 9	220. 2	253. 8	275. 1	54. 9	0	
25	18-19	0	112. 1	112. 1	295. 3	295. 3	183. 2	0	
26	18-22	42. 2	112. 1	154. 3	112. 1	154. 3	0	0	★
27	19-23	1. 5	112. 1	113. 6	295. 3	296. 8	183. 2	0	
28	20-24	5. 1	18. 3	23. 4	213. 2	218. 3	194. 9	194. 9	
29	21-25	21. 7	220. 2	241. 9	275. 1	296. 8	54. 9	0	
30	22-26	64	154. 3	218. 3	154. 3	218. 3	0	0	★
31	23-25	0	113. 6	113. 6	296. 8	296. 8	183. 2	128. 3	
32	24-28	80	218. 3	298. 3	218. 3	298. 3	0	0	★
33	25-27	1. 5	241. 9	243. 4	296. 8	298. 3	54. 9	0	
34	26-24	0	218. 3	218. 3	218. 3	218. 3	0	0	★
35	27-28	0	243. 4	243. 4	298. 3	298. 3	54. 9	54. 9	

根据时间参数统计数据资料，选取总时差和自由时差都为 0 的时间段，即可确定关键路线。同时这一条件也可作为检验表格内计算参数准确性的标准，当总时差为 0 时，自由时差也必然为 0；当自由时差为 0 时，总时差不必然为 0。由此确定项目区关键路线，如图 10-36 所示。将关键路线上的各段时间间隔加和，获得时间参数整个项目的工期，该工期就是依照现有项目工作量和实际投入劳动力，根据《定额标准》，利用网络计划图法组配单体工程及施工工艺、环节获得优化工期。通过核算得到该优化总工期为 299. 3h，合计约 38 天。

在利用网络计划图找到关键路线后，为使施工时序安排更具直观性和可参照性，要绘制施工进度安排横道图。横道图又叫甘特图（Gantt chart），它是以图示的方式通过活动列表和时间刻度形象地表示任何特定项目的活动顺序与持续时间，目前已被广泛应用于土木工程施工组织设计中。

首先在项目区施工进度安排表格中绘制关键路线横道，各项施工内容的关键工作首尾相接，且各组段关键工作持续时间之和即总工期。然后在表格上表示流水作业内容持续时间，根据受损农田整理工程施工关键路线图可知，项目区内共有四项流水作业施工内容，分别为测量放样、机械挖方、人工平土整形和养护。选择不同颜色条块代表不同的施工环节，条块的宽度即该段工程工期，同一流水工艺表现形式大多为上下相接（图 10-38）。最后在确定管线路线和流水工作的基础上，合理安排关键工作以外其他工作（非关键工作）的施工时序和进度。通过局部工期核算来划定非关键工作横道的长度，在综合考虑各组段流水作业持续时间要求以及关键路线开始截止节点，秉承集中作业、流线施工的原则调整非关键工作横道在施工进度图中的具体位置，形成项目区受损农田整理工程施工进度安排横道图（图 10-39）。

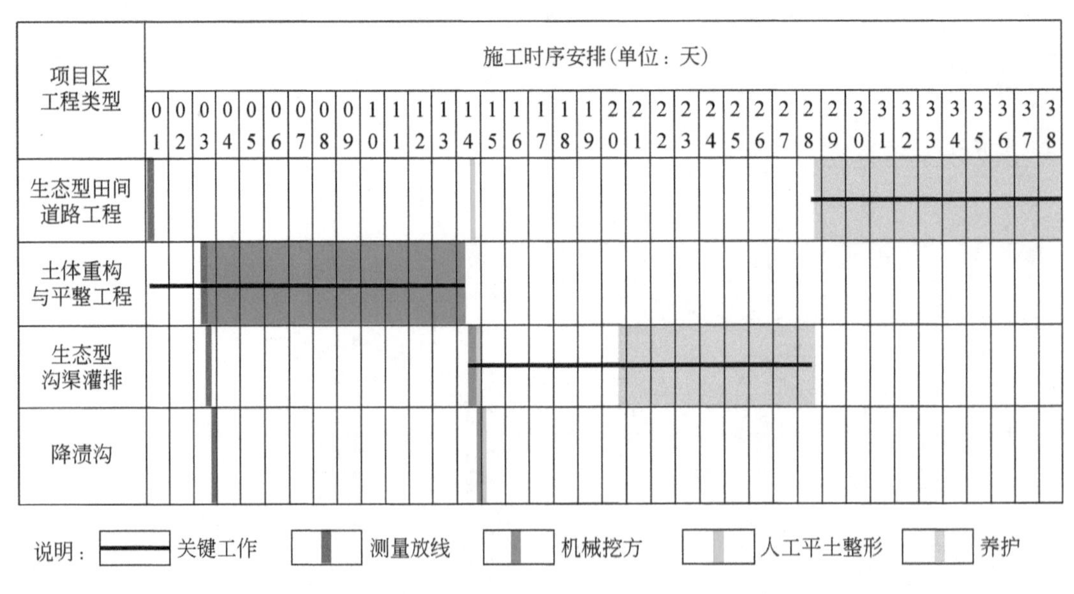

图 10-38　项目区受损农田整理工程施工关键路线和流水作业关系横道图

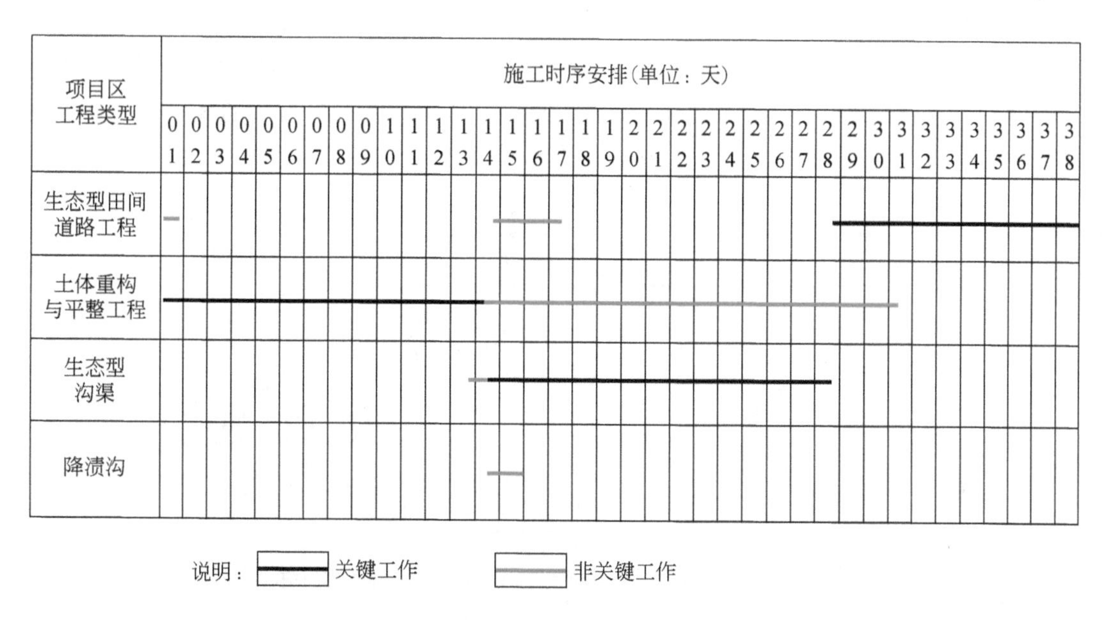

图 10-39　项目区受损农田整理工程施工进度安排横道图

至此，有关组合工程施工时序优化组配的工作基本完成。该项工作既适用于辅助施工单位在组织设计阶段对采煤塌陷受损农田土地整理项目的施工时序和进度安排进行优化处理，又适用于在招投标时间段对各施工单位的设计工期的合理性和科学性进行检验。以达到避免盲目施工、降低施工成本费用、有效提高施工效率、缩短工期的目的。需要注意的是，组合工程的时序安排具备动态性的特点，在实际施工操作中存在很多不确定因素，要结合当地的气候、农时和资金情况对进度安排进行灵活性的动态调整，当调整幅度过大时可能会对关键路线及设定工期冲突，就需要重新划定关键路线和组配非关键工作，以保障施工时序和进度安排的合理性、科学性。

10.6 “工矿区受损农田精细化整理施工技术指南”研制

10.6.1 研究方法

从工矿区自然条件、农业基础设施条件和社会经济条件出发，以增加耕地面积、提高耕地质量、改善农业生产条件和生态环境为前提，以土地整理科学、技术和实践经验的综合成果为基础进行编制。“工矿区受损农田精细化整理施工技术指南”的编制，应全面落实耕地保护基本国策，满足土地开发整理项目管理需要；并通过合理确定土地整理工程施工类型区、各个单项工程施工工艺和施工优化组合，以实现对土地整理工程精细化施工的要求，切实保障土地整理以科学建设促耕地保护，改善工矿区土地使用状况。

工矿区受损农田精细化整理施工编制工作是在前期资料收集、理论研究、理论结合实际等的指导下，完成受损农田资料的调查，总结分析各分部工程；然后进行受损农田整理的分部工程施工技术的编制，同时通过施工组织管理、安全文明施工和环境保护对施工在管理上进行控制。“工矿区受损农田精细化整理施工技术指南”的编制技术路线如图 10-40 所示。

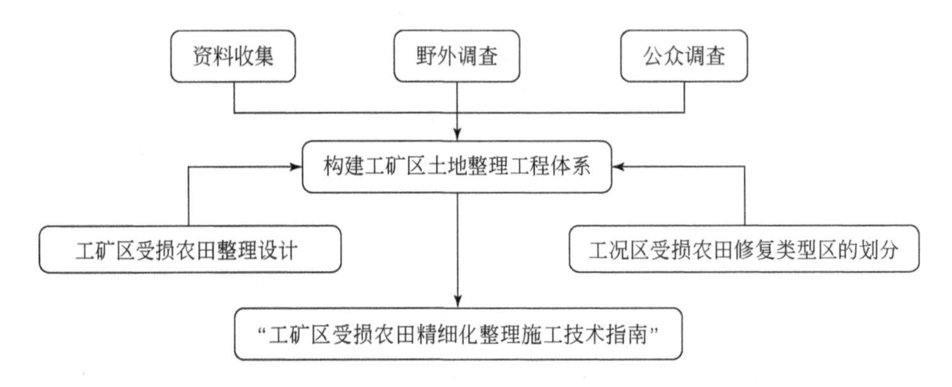

图 10-40 “工矿区受损农田精细化整理施工技术指南”编制技术路线

10.6.2 研究过程

项目区施工顺序一般为先修道路，后修排水沟及渠道，排水沟挖出的土方可用于土地平整。

土地平整工程施工方法：土方平整用 0.5m^3 挖掘机挖土，118kW 推土机推运和 3.5t 自卸汽车运输相结合，推土机运距为 10～40m，自卸汽车运输运距为 0～3km，表土层剥离回填厚度为 20cm。①施工流程。土地平整工程施工的主要流程为土方回填→分层压实→机械平整土地→回覆表土。②主要机械设备。工程机械设备包括推土机、挖掘机、铲运机、装载机及配套自卸汽车。③施工技术及具体操作。表土的剥离→田块基层处理→耕层土壤回填→整理田面→改良土壤→土地平整计算。

农田水利工程施工方法：①土方开挖及回填工程。土方开挖前，先进行场地清理，对可用表土应进行收集、堆放、回覆，以免表土流失。开挖测量放线必须准确，误差应在允许的范围内。在开挖过程中，采取适当措施，防止已建成的地下构筑物被破坏。土方回填施工，土方回填应分层夯实，每层厚度控制在 40cm 左右，密实度不应小于 90%。②浆砌石工程。砌石体施工基本要求可以用八个字来概括：平整、稳定、密实、错缝。③砼工程。主要包括模板制作与安装、砼原材料配合比试验、砼拌制、砼振捣、砼养护。④钢筋制作安装。钢筋验收内容包括标牌查对、外观检查、按有关标准抽取试样进行机械性能试验，合格方可使用。钢筋的调直、切断、弯曲成型、焊接、绑扎应符合有关规定。⑤涵管工程。主要包括基槽开挖、垫层。

农田道路工程施工方法：①施工放样。主要对道路的轴线、边线及高程进行控制。②基础开挖及回填。开挖时尽量不扰动建基面以下部位，回填时应不使用橡皮土，须进行分层碾压，分层厚度一般不应超过 30cm。③路肩施工。一是路肩埋深应符合设计要求，埋深一般不应小于 30cm。二是路肩砌石质量应符合砌石施工规范要求。④基层及垫层施工。垫层的材料应根据设计要求进行选料，铺设厚度应满足设计要求，需要碾压的应按要求进行碾压。⑤路面施工。主要包括施工准备、沥青混合料的拌和、混合料的运输、混合料的摊铺、混合料的压实、接缝处理、检查试验。

农田防护工程施工方法：①施工流程。农田防护工程施工的主要流程为施工放样定点→挖树坑→施肥→植树→浇水→封坑。②主要机械设备。运输机械设备包括装载机及配套自卸汽车、洒水机等。③施工技术及具体操作。根据要求放样定点，人工挖树坑，施肥浇透水后植树，再浇水封坑，采取保水措施处理，确保树的成活率。

10.6.3 研究结果

在分析示范区施工类型区划分技术，以及运用网络计划图进行施工时序的组合优化技术的基础上，研究示范区土地复垦精细化整理施工技术，内容涵盖土地整理施工类型划分技术，土地整理工程施工时序组合与安排以及土地平整、生产道、田间路、沟、渠、桥、涵、渡槽、拦水堰、泵站等各个单项工程的精细化整理施工技术，并根据工程特点，结合工程实际，多方借鉴先进、成熟的施工技术，使技术上的可行性同经济上的合理性统一起来，形成“工矿区受损农田精细化整理施工技术指南”，用于指导全国的工矿区土地整理的建设。

通过对示范区的精细化整理施工技术的研究，并将施工技术运用到示范区的建设中，参照“工矿区受损农田精细化整理施工技术指南”进行施工，取得了预期的结果，不仅有效指导了精细化土地复垦施工的实施，避免了施工不合理使生态环境和农用地破坏严重、重复性操作和资源浪费，而且提高了土地整理的施工效率。因此，可将示范区的施工技术推广使用，运用到全国的工矿区土地整理的项目施工中。

10.7 本章小结

在我国受损农田土地整理施工过程中，由于缺乏项目区的施工类型划分技术、精细化整理施工工艺，以及单项工程间的施工时序组合技术，施工时往往造成重复性操作和资源浪费，或者是对项目区内原有优质耕地的挖损和压占，农田水利设施破坏，农用地质量降低，生态和景观环境被破坏等问题。因此，受损农田土地整理亟须精细化整理施工的技术和管理规程，用于指导精细化整理施工的实施，从根本上提高施工的生产效率，达到以最少的投入获得最大效益的目的。本章研究的工矿区受损农田精细化整理施工技术，不仅是当前土地复垦运行过程中所急需，而且填补了工程建设实践中技术上的不足。同时，本章研究内容对考核指标的支撑作用主要体现在以下几个方面。

1）通过对示范区地形地貌及使用现状等方面的调查，结合国家相应规范和标准，参考江苏、天津、重庆等地编制的土地利用标准及施工区类型划分的方法，根据多目标土地整理的类型，运用相对独立和精简使用的原则，对工矿区的土地进行了施工类型区的划分，建立了施工类型体系，同时细化出在土地整理施工中的各分部工程，进而形成了工矿区农田精细化整理施工类型区划分技术。

2）通过施工时序组合优化设计技术改进施工组织设计，首先利用施工网络模型的形式来表达工程的进度计划，在网络模型中表明各项工作的相互联系和相互制约关系。再用网络图表示施工进度计划，通过时间参数计算工作最早时间、最早开始时间、最早结束时间，找出关键工作、非关键工作，明确紧前紧后工作的重点，向非关键工作要时间、要资源，将时间和资源转移到关键工作中，找出可优化的地方。最后通过不断改善网络计划，求得各种优化方案，实现各单体工程施工时序的精巧组配，进而形成施工组合配置优化技术。

3）本章研究的潘安煤矿塌陷区土地整理工程中的各个单项工程的精细化整理施工工艺，结合土地开发整理不同工程的特点，运用相关行业标准和规范进行研究，并在总结实践经验的基础上，形成全国范围适用的科学、合理、实用的“工矿区受损农田精细化整理施工技术指南”。以潘安煤矿塌陷区为例进行研究，把理论和实例运用相结合，保证日后的土地复垦工作高效、安全、顺利地进行，该研究都具有一定的学术和实用意义。

第11章 工矿区受损农田精细化整理信息化管理关键技术研究

11.1 工矿区受损农田精细化整理数据库研究

11.1.1 研究方法

借鉴经济科学研究中的规范研究方法与实证研究方法，将两种方法结合进行数据库规范研究，以保证研究形成的数据库规范能够为工矿区受损农田精细整治的信息化工作提供依据。规范研究主要是解决“应该是什么”的问题，主要特点是在进行分析以前，先确定相应的准则，然后再依据这些准则来分析判断研究对象目前所处的状态是否符合这些准则。实证研究就是按照事物的本来面目来描述事物，说明研究现象“是什么”，主要特点是通过对客观存在物的验证来概括和说明已有的结论是否正确。规范研究方法与实证研究方法具有同等重要的作用，两种方法又是相互联系、相互补充的，规范研究中需要实证分析方法论证研究对象与给定规则之间的符合程度，实证研究常常需要运用某些既定准则来验证分析结果。

在工矿区受损农田化精细化整理数据库研究中，规范研究方法主要体现在与现行土地整理开发复垦及土地相关数据库标准保持一致或兼容的准则，以及符合数据库基本原理的准则。实例研究方法主要是对示范区数据库建设的需求调研与分析，了解示范区农田修复工作过程中所涉及的数据类型，分析其在信息化过程中的作用，提取建库的内容和形式，形成数据库规范的内容。

11.1.2 研究过程

(1) 现有土地整理开发复垦及土地相关数据库标准梳理

为了能够建立满足土地整理规划、设计和实施过程中的数据库规范，服务于土地整理数据的标准化和土地整理规划设计软件的设计开发，通过全面分析现有相关的数据库标准，分析土地整理规划设计的特点，对相关行业技术标准进行信息提取，最终实现对相关数据的分类分层，对各层数据的空间及属性设计规范的数据库结构。首先对《土地开发整理规划数据库标准》《国土资源数据库标准及建设规范编制指南》《基本农田数据库标准》《县（市）级土地利用规划数据库标准》进行研究，分析其中关于数据库内容及要素分类的描述，以及各类数据的属性结构描述表，确定需要引用的数据层和数据结构，并对公共的数据文件命名、空间数据交换等内容进行对比分析。

(2) 了解示范区基本情况

通过实地勘察和调研，了解到当地采煤塌陷涉及的范围广，但多数塌陷区已沉降稳定，适宜进行土地复垦，同时还存在未沉降稳定的区域，未来也会有新的采煤塌陷地产生，这些土地将是长期规划的复垦土地。一方面项目区的塌陷地分布相对集中，且塌陷前主要是农用地，通过大规模复垦可以形成有利于集约利用的大片耕地或其他农用地；另一方面由于塌陷破坏严重，带来了突出的用地矛盾和威胁生产生活安全的不稳定因素，进行土地复垦的需求迫切、条件成熟。

通过与示范区国土资源局、土地整理中心以及土地整理项目规划设计单位的交流，了解整个项目区的功能定位、土地利用问题、水资源供需关系、土地整理潜力等方面的内容。项目建设的目标是综合整治采煤塌陷地，提高土地利用率和耕地产出率，改善农业生产条件和生态环境。要求做到全面规划、满足多种经营的需要、合理布置生态整治工程、促进土地资源的可持续利用。项目布局规划分为高优农业区和生态整治区两大功能区，对塌陷深度小于1.5m的区域，原则上划归高优农业区；对塌陷深度大于1.5m不适合充填的集中连片水面划归生态整治区，构建水域生态系统。由于示范区为采煤塌陷区，土地整理规划具有独有的特点，其中土地平整规划不仅包括地块平整，也包括废弃坑塘填平、生态湖整治、孤岛抬高填筑、湖整形开挖、排洪道整形开挖等因地制宜的整治方式，生态工程建设结合了休闲农业、观光农业和鸟类栖息岛的建设。

(3) 示范区基础数据资料整理与分析

调研搜集到了示范区的区域概况、自然条件和社会经济条件、土地利用现状、现有道路等设施和地面沉降的调查数据。示范区数据多以MapInfo和CAD格式存储，同时不同数据之间坐标也存在X方向上的偏移。对于MapInfo格式的数据，通过SuperMap Desktop. Net软件进行数据格式转换；对于有坐标平移的数据，通过配准将其统一到北京54坐标系中；CAD数据包含了分层点数据，如高层点和塌陷地块的水深等。当点的高程信息没有被赋值给点属性时，需要手动赋值后分层提取，并通过插值计算形成栅格数据（DEM）。数据经过处理后，按照示范区受损农田修复整理信息化需求，逐步建立示范区基础调查数据库，从中提炼通用的数据库建设规范。

(4) 数据库规范编制

针对工矿区受损农田精细化整理信息化管理的需要，通过扩展、扩充进行数据库规范的制定，在兼容现有数据库标准的基础上满足工矿区受损农田土地整理的需求。通过分析研究《土地开发整理项目规划设计规范》《耕地后备资源调查与评价技术规程》等规范中有关土地整理适宜性评价、土地整理修复的技术标准，提取相关指标性内容整理形成数据库规范，便于信息化的实施。

为了符合土地开发整理规划的工作特点，采用面分类法和线分类法对各类要素进行分组编码。数据库规范中描述了数据要素的编码及名称，其中现状数据的分层及编码定义是对《土地开发整理规划数据库标准》中相关内容扩充，土地修复评价要素、规划设计要素、整理施工技术要素、整理后管理技术要素是针对工矿区受损农田修复整理规划设计的特点进行数据库设计。

11.1.3 研究结果

经过研究，形成了“受损农田修复整理规划、设计和实施数据库建设规范”，其中规定了受损农田修复整理规划、设计和实施过程中所需的数据库内容及交换格式，其中数据内容既包括在土地整理规划中所需的基础现状数据，也包括农田受损评价和土地整理相关技术标准，为受损农田修复整理过程中服务于规划、设计和实施各阶段工作的数据库建设提供指导，为修复整理过程中的信息管理和辅助设计软件系统开发提供参考。

通过对示范区数据的搜集整理，以“受损农田修复整理规划、设计和实施数据库建设规范”为建库标准，形成了示范区基础数据库，数据库空间数据要素分层见表 11-1。

表 11-1　示范区空间数据要素分层

要素代码	要素名称	说明
10 00 00 00 0 0	现状数据要素	
10 10 00 00 0 0	基础地理信息要素	引用《基础地理信息要素分类与代码》（GB/T 13923—2006）
10 10 06 00 0 0	境界与行政区	
10 10 06 01 0 0	行政区	空间信息
10 10 06 02 0 0	行政界线	空间信息
10 10 06 09 0 0	行政区注记	空间信息
10 10 07 00 0 0	地貌	
10 10 07 01 0 0	等高线	空间信息
10 10 07 02 0 0	高程注记点	空间信息
10 20 00 00 0 0	土地信息要素	
10 20 01 00 0 0	土地利用要素	采用规划基期土地利用数据
10 20 01 01 0 0	地类图斑要素	
10 20 01 01 1 0	地类图斑	空间信息
10 20 01 01 2 0	地类图斑注记	空间信息
10 20 01 02 0 0	线状地物要素	
10 20 01 02 1 0	线状地物	空间信息
10 20 01 02 2 0	线状地物注记	空间信息
10 20 01 03 0 0	零星地物要素	
10 20 01 03 1 0	零星地物	空间信息
10 20 01 03 2 0	零星地物注记	空间信息
10 20 01 04 0 0	地类界线	

续表

要素代码	要素名称	说明
10 20 01 04 1 0	一般地类界	空间信息
10 20 01 04 2 0	特殊地类界	空间信息
10 20 01 99 0 0	其他土地利用要素注记	空间信息
10 20 02 00 0 0	土地开发整理规划要素	
10 20 02 01 0 0	土地开发整理潜力要素	
10 20 02 02 0 0	土地开发整理规划区域要素	
10 20 02 02 1 0	国家级土地开发整理重点区域	空间信息
10 20 02 02 2 0	省级土地开发整理重点区域	空间信息
10 20 02 02 3 0	地级土地开发整理重点区域	空间信息
10 20 02 02 4 0	县级土地开发整理区域	空间信息
10 20 02 03 0 0	土地开发整理规划工程要素	
10 20 02 03 1 0	国家级土地开发整理重大工程	空间信息
10 20 02 03 2 0	省级土地开发整理重点工程	空间信息
10 20 02 03 3 0	地级土地开发整理重点工程	空间信息
10 20 02 04 0 0	土地开发整理规划项目要素	
10 20 02 04 1 0	省级土地开发整理重点项目	空间信息
10 20 02 04 2 0	地级土地开发整理重点项目	空间信息
10 20 02 04 3 0	县级土地开发整理规划项目	空间信息
10 20 03 00 0 0	土地开发整理规划指标要素	
10 20 03 01 0 0	补充耕地区域平衡表	表格信息
10 20 03 02 0 0	土地开发整理规划结构调整表	表格信息
10 20 03 03 0 0	土地开发整理规划指标分解表	表格信息
10 20 04 00 0 0	土地受损要素	
10 20 04 01 0 0	受损土地图斑	空间信息
10 20 04 02 0 0	线状受损地物	空间信息
10 20 04 03 0 0	零星受损地物	空间信息
10 30 00 00 0 0	自然、人口和社会经济资料	
10 30 01 00 0 0	自然生态环境	文本信息
10 30 02 00 0 0	人口数据	文本信息
10 30 03 00 0 0	社会经济	文本信息
10 30 04 00 0 0	农业普查	文本信息
20 00 00 00 0 0	土地修复整理评价要素	
20 50 00 00 0 0	评价指标模型	
20 50 01 00 0 0	受损评价指标要素	表格信息

续表

要素代码	要素名称	说明
20 50 02 00 0 0	潜力评价指标要素	
20 20 00 00 0 0	评价结果要素	
20 20 01 00 0 0	受损评价图斑要素	空间信息
20 20 02 00 0 0	受损评价线状要素	空间信息
20 20 03 00 0 0	受损评价点状要素	空间信息
20 20 04 00 0 0	潜力评价图斑要素	空间信息
20 20 05 00 0 0	潜力评价线状要素	空间信息
20 20 06 00 0 0	潜力评价点状要素	空间信息
30 00 00 00 0 0	规划设计要素	
30 40 00 00 0 0	工程技术要素	
30 40 01 00 0 0	土地开发整理工程技术要素	表格信息
30 40 02 00 0 0	土地复垦工程技术要素	表格信息
30 20 00 00 0 0	土地整理施时序安排要素	
30 20 01 00 0 0	地块设计要素	空间信息
30 20 02 00 0 0	灌排设计要素	空间信息
30 20 03 00 0 0	道路设计要素	空间信息
30 20 04 00 0 0	农田防护林设计要素	空间信息
30 60 00 00 0 0	规划设计成果要素	
30 60 01 00 0 0	规划设计图件	文件信息
30 60 02 00 0 0	规划设计文本	文本信息
30 60 03 00 0 0	规划设计说明	文本信息
30 60 04 00 0 0	专题报告	文本信息
30 60 99 00 0 0	其他文档	文本信息
40 00 00 00 0 0	整理施工技术要素	
40 20 00 00 0 0	土地整理施时序安排要素	
40 20 01 00 0 0	田块施工时序要素	空间信息
40 20 02 00 0 0	灌排施工时序要素	空间信息
40 20 03 00 0 0	道路施工时序要素	空间信息
40 20 04 00 0 0	农田防护林施工时序要素	空间信息
40 40 00 00 0 0	土地整理施工技术要素	
40 40 01 00 0 0	田块施工技术要素	表格信息
40 40 02 00 0 0	灌排施工技术要素	表格信息
40 40 03 00 0 0	道路施工技术要素	表格信息
40 40 04 00 0 0	农田防护林施工技术要素	表格信息

续表

要素代码	要素名称	说明
50 00 00 00 0 0	整理后管理技术要素	
50 20 00 00 0 0	土地整理成果要素表	
50 20 01 00 0 0	田块要素	空间信息
50 20 02 00 0 0	灌排要素	空间信息
50 20 03 00 0 0	道路要素	空间信息
50 20 04 00 0 0	农田防护林要素	空间信息
50 40 00 00 0 0	土地整理成果管理要素	
50 40 01 00 0 0	田块管理记录表	表格信息
50 40 02 00 0 0	灌排管理记录表	表格信息
50 40 03 00 0 0	道路管理记录表	表格信息
50 40 04 00 0 0	农田防护林管理记录表	表格信息

注：本表基础地理信息要素第 5 ~ 第 10 位代码参考《基础地理信息要素分类与代码》（GB/T 13923—2006）。

行政区、行政界线与行政区注记要素参考《基础地理信息要素分类与代码》（GB/T 13923—2006）的结构进行扩充，各级行政区的信息使用行政区与行政界线属性表描述。

11.2 工矿区受损农田精细化整理信息管理系统开发

11.2.1 研究方法

本研究研发的软件是随着研究深入不断推进的，一方面开发人员需要与业务专家进行密切沟通，另一方面软件所需解决的实际需求和技术问题可能会不断地变化。为了能够适应这些特点，高效的组织软件开发，项目采用敏捷开发模式。敏捷开发是针对传统的瀑布开发模式的弊端而产生的一种新的开发模式，目标是提高开发效率和响应能力。敏捷开发更适用于较小的队伍，更强调程序员团队与业务专家之间的紧密协作、面对面的沟通、频繁交付新的软件版本、紧凑而自我组织型的团队、能够很好地适应需求变化的代码编写和团队组织方法。在敏捷开发中，软件项目的构建被切分成多个子项目，各个子项目的成果都经过测试，具备集成和可运行的特征。换言之，就是把一个大项目分为多个相互联系，但也可独立运行的小项目，并分别完成，在此过程中软件一直处于可使用状态。同时研究团队采用了开源项目管理软件来对开发任务进行分解、跟踪和内部测试，保证了开发协调有序进行。

11.2.2 研究过程

(1) 示范区需求调研与分析

在整个规划设计过程中，对于工程量的准确计算统计，是加强实施信息化的重要部分，以数字化的地形及其他土地相关的地理数据为基础，实现计算机辅助的规划设计，通过关键参数的设定，自动计算和统计各类工程列表是对信息化最迫切的需求。当前技术条件下，二维设计模式表现力不强，三维设计模式成本过高，如何兼顾两者，是实施信息化过程中需要考虑的一个问题。

（2）软件架构设计

软件架构设计综合考虑成本、开发效率、运行效率和推广应用等各方面问题，以达到可靠性、安全性、可扩展性、可定制化、可维护性，以及良好的客户体验和市场竞争力。系统逻辑架构由地理信息组件、插件支持模块、主程序和功能逻辑插件几个逻辑部分组成，系统数据以数据库或文件形式组织，功能模块通过实现插件接口、调用基础地理信息组件来完成逻辑功能，通过与主程序的通信来对数据进行访问。系统设计为 C/S 模式，各组件、程序要求分布在同一物理设备上，数据文件及数据库可以分布在局域网络的其他设备上，但需要保证有足够的数据访问权限和网络带宽。系统非功能性的要求，如扩展性、可靠性、灵活性等，通过功能模块化和功能动态加载、UI 动态生成的方式实现。

（3）软件系统开发及运行环境

软件开发环境选用 . Net Framework4. 0，C#语言，因为其开发速度快，可用 UI 组件丰富，有大量相关开发实例可供参考，同时运行效率也有保障。地理信息组件选用 SuperMap Object. Net 6R，该组件对 . Net 进行了全新封装，结构清晰、性能稳定，同时很好地支持了数据的二三维一体化操作，满足了项目的需求。数据库管理软件选用 SQL Server Express 2008 R2，该软件是微软推出的免费版本，既能很好的支持空间数据库，也可以对历史的 SQL Server 数据库进行完整迁移，降低了整个系统的部署成本，同时能够满足 C/S 版本软件对数据访问的性能要求。

（4）软件系统的软件结构设计

软件系统采用功能模块化的方式进行开发，这就要求每个功能模块作为一个组件存在。当前主要的组件技术有 COM 组件和 . Net 组件。COM 组件是微软曾经力推了很多年的一种代码复用的技术框架，在这些年里也得到了极大的发展和应用，但它的弊端也日益明显，如 COM 组件之间的版本控制、注册表、GUID 等。. Net 组件可以分为两大类：共享的. Net 组件和私有的 . Net 组件。私有的 . Net 组件是经常使用的 . Net 组件方式，在这种方式下，发布 . Net 组件需要做的只是简单地进行拷贝操作就可以了，不必关心繁杂的系统注册表和 DLL 的版本被覆盖的问题。虽然 COM 组件在 Windows 平台上解决代码复用问题的技术优势明显，但本研究采用 . Net 组件技术更加适合。为了使应用程序的结构和编码风格标准化，便于阅读和理解编码，以提高开发效率和产品的标准化，在进行组件开发时需要遵循一套能让程序员自由地创建程序逻辑和功能流程的最小的要求，其中包括命名规范、注释规范、代码排版规范、类成员使用规范、类使用指南、异常处理、集合使用规范和数据库设计开发规范。在这些规范要求下开发的 . Net 组件才能保证调用的流畅稳定。

为了能够很好地结合各研究任务的研究成果，系统通过插件机制来满足扩展和兼容的应用需要。首先需要完成插件引擎的设计与开发，对插件接口、UI 描述规范以及插件与主程序之间的通信方式进行定义，为功能插件开发提供可调用的动态库。

(5) 软件系统的功能设计开发

以软件功能需求分析和概要设计为基础，结合研究特点，对软件的架构、UI 设计和功能划分进行了规划与设计，程序整体分为数据管理、数据分析、视图、地图相关和场景相关几部分，地图相关和场景相关的功能是系统的核心，空间数据的展现管理以及农田修复的规划设计都通过二维地图和三维场景两种方式进行展现与操作。系统 UI 采用 Ribbon 风格进行设计，以获得较好的用户体验。

完成主程序主要框架功能的开发，实现插件功能 UI 生成、插件功能调用、主程序与插件之间的数据访问等功能，并通过与各研究任务之间的探讨来设计和开发具体业务功能。通过调用插件引擎，开发数据管理、土地整治设计、专题地图展示和三维场景展示等功能插件。

11.2.3 研究结果

软件系统完成了插件引擎开发，主程序具有插件加载、管理和运行的功能，编写了插件开发手册，为本研究开发提供了技术标准，同时为未来软件的扩展升级的提供了依据。

软件开发完成的主要功能包括数据管理、土地整治设计、专题地图展示和三维场景展示等。数据管理的主要功能是对工程文件进行管理，同时实现系统数据的输入输出功能；土地整治设计针对地块、道路、沟渠和防护林四种主要设计对象，实现了绘制、属性编辑、图形节点编辑操作，完成了对设计单体的一些重要计算功能，如地块的土方量计算和土体重构计算，道路的纵剖面分析和土方量计算；专题地图展示实现了地图的浏览、查询以及专题图功能；三维场景展示负责场景数据的浏览和场景属性设置，可将规划设计的内容放在三维环境下进行浏览，以提高规划成果的展示度和直观性。软件基本满足了受损农田修复整理规划设计中的数据管理和规划设计的基本功能，空间分析计算功能可以简化原有的工作流程，数据输出成果可部分满足规划设计的图件要求。

11.3 本章小结

通过数据库建设规范研究形成了“受损农田修复整理规划、设计和实施数据库建设规范”，内容包括受损农田修复整理过程中调查评价、规划设计以及施工所涉及的各类空间和非空间数据，数据内容既包括在土地整理规划中所需的基础现状数据，也包括农田受损评价和土地整理相关技术标准，规定了数据的字段定义和数据分层。在实际应用中，可根据规范对规划、设计和实施过程中的数据进行整理建库，可形成与自然资源部现行各类土地整治数据库规范兼容的数据库系统，通过数据交换可实现各类土地整治应用数据库的数据共享。同时数据库规范也是进行信息管理软件系统和辅助设计软件系统开发的重要参考，在软件设计时既可以依照数据库规范来进行数据库设计，也可以作为利用现有数据库系统的参考。

研究中开发完成的插件引擎系统能够完成插件的加载、卸载、管理、UI 自动生成等功能，同时提供了插件开发的手册。该成果申报了软件著作权登记 1 项。在实际开发应用中，用户以此为二次开发平台开发设计满足实地特殊工作需求的软件功能，不再需要完成整个软件框架的设计和开发，也不必承担全部基础软件的成本，从而大大降低功能扩展和本地化开发的技术成本和时间成本。

通过软件系统的实地应用，可解决实际应用中数据管理的难题，同时通过系统的地图和布局功能，可提供各类型的专题图输出，提高数据的利用效率。系统二维设计功能针对地块、道路、沟渠和防护林四种主要设计对象，实现了绘制、属性编辑、图形节点编辑操作，以三维地形为基础的土方量计算大大提高了计算精度。农田修复整理中地块的土体重构计算功能，能够极大地方便实际项目应用。系统三维浏览功能可对现状数据、规划设计成果进行三维展示，为用户提供直观的数据浏览视角，能够很大程度提高公众对土地整治项目的参与度。该成果申报了软件著作权登记 1 项。

第12章 工矿区受损农田修复和精细化整理研究的结论与探讨

12.1 结　　论

为改善工矿区农田生态环境，保障粮食安全和建设资源节约型、环境友好型社会提供技术支撑，开展“工矿区受损农田修复和精细化整理技术集成与示范”研究工作，包括工矿区受损农田规划设计技术、水利设施整治与修复技术、农田质量等级提升关键技术、农田精细化整理信息化管理关键技术、农田精细化整理施工技术等内容。具体而言，本研究在前期基础研究和模拟试验的基础上，结合示范区实地调研和试验分析，重点进行了以下几个方面的研究，获取如下成果和结论。

1）针对工矿区土地利用的主要矛盾及问题寻找相应的规划设计方法，分别进行表土保护与利用、土体重构、损毁水系修复和生态型工程四项非传统性工矿区农田整理规划设计方法的研究。与传统的田、水、路、林四大工程规划设计方法进行有机集成融合，形成适用于工矿区受损农田整理的规划设计方法。一定程度上反映了工矿区受损农田整理规划设计方法的特点，适用于工矿区土地整理规划设计工作。同时在此基础上，结合工矿区受损农田资料调查技术、工矿区受损农田整理可行性分析技术等研究，构建了工矿区受损农田整理规划设计技术体系。以工矿区受损农田整理规划设计方法与技术体系研究为支撑，完成了项目约束性指标“采煤塌陷区受损农田整理规划设计技术要求（征求意见稿）”的制定，作为标准用以指导和规范采煤塌陷区受损农田整理规划设计。

2）针对工矿区农田水利设施损毁严重、地面积水严重、排水不畅等问题，基于水循环调控角度进行地表水、地下水和土壤水三位一体修复工作。研究受损农田水利设施修复与再利用技术包括圩堤建造技术、抗塌陷技术等，提出灌排渠系等线性工程和构筑物的优化布局与设计技术，为工矿区农田水利设施整治与修复提供技术支撑。同时，基于对高潜水位采煤塌陷区农田排水沟混凝土材料研究，包括透水性试验分析、抗压强度试验分析以及在室内进行模拟农田排水沟模拟试验。发明出一种高潜水位采煤塌陷区农田排水沟混凝土材料。发明的混凝土材料以粉煤灰替代部分水泥、煤矸石替代部分碎石，提高了粉煤灰、煤矸石的资源化利用率，可以控制地下水位的上升，改善生态环境，降低成本，取得较好的经济效益和生态效益。

3）结合工矿区土地利用变化的驱动机制，以及土地外在损毁机理，构建压力-状态-响应分析框架，基于农用地分等技术，从影响农田质量的因素入手，明确工矿区受损农田存在的质量提升问题，并探讨各种损毁问题影响下耕地质量的因素表征状态，结合土柱试验数据提出提升工矿区受损农田质量的技术方法，将对应技术归并整合完成对提升耕地质量等级和生产能力的工程修复集成技术的研究。该技术体系集成表土保护与利用技术、土体重构技术、水系修复技术、农地保育和利用技术、土地整治工程技术 5 项一级技术和 14 项二级技术。另外，查询相关文献资料，整理分析出影响五大矿区一般耕地质量的因素，进而分析工矿区受损农田修复存在的问题，并从种植制度、灌溉技术和施肥技术三方面对解决这些问题提出方案，在此基础上构建农地保育和利用技术模式体系，为工矿区受损农田整理后期管护工作提供参考和指导。

4）运用网络计划方法从工期、成本的角度，对土地整理施工方案进行优化设计，合理确定各分部分项工程的施工顺序及时间安排，完成施工时序组合优化配置技术。组合施工类型区的划分技术，研究示范区土地复垦精细化整理施工技术，内容涵盖土地整理施工类型划分技术，土地整理工程施工时序组合与安排以及土地平整、生产道、田间路、沟、渠、桥、涵、渡槽、拦水堰、泵站等各个单项工程的精细化整理施工技术，并根据工程特点，结合工程实际，多方借鉴先进、成熟的施工技术，使技术上的可行性同经济上的合理性统一起来，形成“工矿区受损农田精细化整理施工技术指南”，用于指导全国的工矿区土地整理的建设，填补了工程建设实践中技术上的不足，避免或减少施工不合理使生态环境和农用地破坏严重、重复性操作和资源浪费，从根本上提高施工的生产效率，达到以最少投入获得最大效益的目的。

5）研究兼容规划、设计、施工、监管等的土地整理数据库，开发工矿区受损农田精细化整理信息化管理系统，能够完成插件的加载、卸载、管理、UI 自动生成等功能，同时提供了插件开发的手册。该成果申报了软件著作权登记 1 项。在实际的应用中，用户可以以此为二次开发平台，来开发设计满足自己实地特殊工作需求的软件功能，不再需要完成整个软件框架的设计和开发，从而大大降低功能扩展和本地化开发的技术成本与时间成本。通过软件系统的实地应用，可解决实际应用中数据管理的难题，同时通过系统的地图和布局功能，可提供各类型的专题图输出，提高数据的利用效率。系统二维设计功能针对地块、道路、沟渠和防护林四种主要设计对象，实现了绘制、属性编辑、图形节点编辑操作，以三维地形为基础的土方量计算大大提高了计算精度，同时针对农田修复整理中地块的土体重构计算功能，能够极大地方便实际项目应用。系统三维浏览功能可对现状数据、规划设计成果进行三维展示，为用户提供直观的数据浏览视角，能够很大程度提高公众对土地整治项目的参与度。

6）在示范区建设上，利用研究的各项关键技术，对示范区进行综合整治。通过工矿区受损农田质量等级提升技术以及高潜水位采煤塌陷区土地整理农田水利设施整治技术的应用，妥善处理当前因采煤塌陷造成的农田受损和环境恶化等突出矛盾，协调各种利益关系，取得良好的社会、经济、生态效益。通过采煤塌陷区耕地质量等级评定研究解决目前我国农用地分等的指标体系未能充分体现煤矿区塌陷耕地以及整治后耕地质量的特点，难以衡量采煤塌陷区耕地在“未扰动–塌陷–整治”这一动态过程中质量变化，不能实现采煤塌陷区不同状态下耕地质量与全国耕地质量的横向对比（即与农用地分等体系对接）的重大难题。根据测算，研究区内受损农田质量上升 1 ~ 2 等。另外，研究区通过工矿区受损农田水利设施整治与修复，使工矿区农田地表水利用效率提高了8.81%，超过5%，达到了项目预期目标。可见工矿区受损农田水利设施整治与修复技术能够有效解决工矿区农田水利设施损毁严重、区域水循环紊乱、农田水利用低下等问题，大大提高了研究区地表水的利用率。

12.2 探　讨

研究也存在或挖掘出一些衍生问题有待今后进一步深入细致的研究。

(1) 控制技术成本，实现经费合理、可行

土地整理工程的质量、成本、进度三大指标是项目管理的主控项目，三者的关系是相互制约、相互影响，其相互制约的是工期与成本，在组合工程时序优化配置内容部分利用网络计划技术优化施工组织设计时，主要优化的也是工期，这是因为网络计划方法在涉及成本筹算方面具有天然缺陷，所以在实证中也并未讨论资金成本相关内容。在今后的研究中，可以探讨成本、资源、工期三者的复杂关系，并构建函数方程，采用数学方法寻找资源、成本和工期三者的最佳耦合点，在确定成本的前提下按照本书的研究，运用网络优化的方法，压缩关键路线上一些工作的持续时间，形成源充足、费率低的关键工作，达到安全可靠、降低成本、经济合理的目的。

(2) 关注假定不变的因素，注重土壤肥力改良

本书将土地整治工程措施对耕地自然质量因素的影响分为两大类，即可以改变的和难以改变的，可以改变的包括障碍层距地表深度、土壤盐渍化程度、灌溉保证率、排水条件、土壤侵蚀程度，难以改变的包括土壤pH值、表层土壤质地、土壤有机质含量、耕层土壤厚度。其实这只是一种理想的假设，如土壤有机质含量，土地整治难免对原有土壤造成扰动，即使按要求剥离表土分类存放，土地整治后的短期内可能不会迅速恢复到之前良好的状态。为研究的需要，本书假定这些因素不变，一是因为这些因素变动会随着时间的推移逐渐变化；二是为了突出采煤塌陷造成破坏的因素，如灌排条件、土壤盐渍化、土壤侵蚀等，但还是要关注这些假定不变的因素，注重土壤的培肥和改良。

(3) 强化集成技术示范，促进技术融合

工矿区受损农田规划设计技术、水利设施整治与修复技术、农田质量等级提升关键技术、农田精细化整理信息化管理关键技术、农田精细化整理施工技术分别由各研究单位开展研究工作，但技术内容上存在穿插、递进、支撑等多种复杂关系，只有在示范区集成应用过程中才能保障各技术的有机融合。而研究期限设置使示范时间有限，应继续完善有关共性技术，提升融合水平；深化技术示范，同时在示范中验证调整有关共性技术性能，提高技术的可靠性。

(4) 立足质量提升技术，开展动态监测工作

针对工矿区受损农田土层错乱、物理性质恶化、肥力退化等问题，研究提升耕地质量等级和生产能力的工程修复集成技术。作为研究的最终目标，并非仅仅是通过修复和整理技术的集成应用来提升工矿区受损农田质量，而是要长期保障耕地质量和粮食安全，故研究中未涉及的整治后长期质量监测就显得尤为重要。在现有工作基础上开展后续研究工作，深化修复农田质量动态监测以及水环境观测，土地利用–产业发展和生态环境之间的协同研究，为动态掌握示范区土地动态，促进示范区土地用地效益提升提供技术保障和支撑。

（5）充实受损耕地修复技术，强化施工技术指南指导作用

在工矿区受损农田精细化整理施工技术研究方面，研制出“工矿区受损农田精细化整理施工技术指南”。但是由于示范区域的代表性不够全面广泛，侧重表征高潜水位采煤塌陷损毁土地，难以全面体现出挖损、压占、污染等其他损毁类型土地。今后工作要拓展研究区域，深入不同工矿区，细致考察土地受挖损、压占、污染的破坏情况。根据不同地域，不同特点的工矿区，完善施工技术指南，增强其适用范围，更好指导项目的建设。

（6）优化深化信息管理系统研发，开发成本核算功能

在工矿区受损农田精细化整理施工和信息管理系统研究方面，对于农田修复整理中的各类工程的设计、计算和展示的方法和软件实现开展了大量工作，但对于工矿区整体的设计优化涉及较少，在后续的相关研发中应当进一步深入研究，以实现农田修复整理项目总体效益提高和成本降低。另外，当前基于二三维一体化的三维场景构建方式，对 DEM 和三维模型精度依赖较大，但更高的精度意味着建模及计算成本的提高，如何通过程序对三维场景细节进行更加精细的控制，也是需要进一步研究的内容。

参考文献

安萍莉，张凤荣，陈阜，2002. 农用地分等定级中标准耕作制度的确定［J］. 地理与地理信息科学，18（2）：45-48.

白中科，吴梅秀，1996. 矿区废弃地复垦中的土壤学与植物营养学问题［J］. 能源环境保护，（5）：39-42.

白中科，郧文聚，2008. 矿区土地复垦与复垦土地的再利用：以平朔矿区为例［J］. 资源与产业，10（5）：32-37.

白中科，赵景逵，2001. 工矿区土地复垦、生态重建与可持续发展［J］. 科技导报，19（9）：49-52.

白中科，段永红，杨红云，等，2006. 采煤沉陷对土壤侵蚀与土地利用的影响预测［J］. 农业工程学报，22（6）：67-70.

宝力特，方彪，王健，2006. 采煤塌陷区土地复垦技术与模式研究［J］. 内蒙古水利，（4）：45-46.

毕银丽，全文智，2002. 接种菌根对充填复垦土壤营养吸收的影响［J］. 中国矿业大学学报，31（3）：252-257.

毕银丽，胡振琪，司继涛，等，2002. 接种菌根对充填复垦土壤营养吸收的影响［J］. 中国矿业大学学报，31（3）：252-257.

卞正富，1999. 煤矿区土地复垦条件分区研究［J］. 中国矿业大学学报，28（3）：237-242.

卞正富，2004. 矿区开采沉陷农用土地质量空间变化研究［J］. 中国矿业大学学报，33（2）：213-218.

卞正富，张国良，1991. 高潜水位矿区土地复垦的工程措施及其选择［J］. 中国矿业大学学报，（3）：74-81.

卞正富，张国良，1995. 疏排法复垦设计的内容和方法［J］. 能源环境保护，（5）：12-15.

卞正富，张国良，翟广忠，1996a. 采煤沉陷地疏排法复垦技术原理与实践［J］. 中国矿业大学学报，（4）：84-88.

卞正富，张国良，翟广忠，1996b. 采煤塌陷地基塘复垦模式与应用［J］. 矿山测量，（1）：34-37.

曹树刚，邹德均，白燕杰，等，2011. 近距离“三软”薄煤层群回采巷道围岩控制［J］. 采矿与安全工程学报，28（4）：524-529.

常江，Theo Koetter，2005. 从采矿迹地到景观公园［J］. 煤炭学报，30（3）：399-402.

陈桂珍，郭亚静，2004. 铁法矿区地面沉陷及其对矿区环境影响现状调查分析［J］. 能源环境保护，（2）：61-63.

陈龙乾，刘振田，1999. 矿区复垦土壤质量评价方法［J］. 中国矿业大学学报，28（5）：449-452.

陈龙乾，郭达志，2003. 矿区泥浆泵复垦土壤的剖面构造与标高设计［J］. 中国矿业大学学报，32（4）：354-357.

陈龙乾，邓喀中，赵志海，等，1999. 开采沉陷对耕地土壤物理特性影响的空间变化规律［J］. 煤炭学报，（6）：586-590.

陈效逑，2006. 自然地理学原理（高等学校教材）［M］. 北京：高等教育出版社.

陈新生，王巧妮，张智光，2009. 采煤塌陷地复垦模式介绍［J］. 中国土地，（3）：60.

陈要平，2009. 粉煤灰充填复垦土壤理化性状及耕作适宜性研究［D］. 淮南：安徽理工大学硕士学位论文.

程冬兵，蔡崇法，孙艳艳，2006. 退化生态系统植被恢复理论与技术探讨［J］. 世界林业研究，19（5）：7-14.

崔晓艳，2010. 矿山生态恢复与环境治理研究：以广西融安泗顶铅锌矿区为例［D］. 桂林：桂林理工大学硕士学位论文.

笪建原，凌赓娣，1992. 矿区最优积水面积及复垦规模研究［J］. 中国矿业大学学报，(2)：73-81.
笪建原，张绍良，王辉，等，2005. 高潜水位矿区耕地质量演变规律研究：以徐州矿区为例［J］. 中国矿业大学学报，34（3）：383-389.
邓晓梅，2012. 古冶区典型采煤塌陷地复垦设计研究［D］. 泰安：山东农业大学硕士学位论文.
邓振镛，1987. 作物生产力的测定与计算方法［J］. 干旱气象，(1)：50-56.
范中桥，2004. 地域分异规律初探［J］. 哈尔滨师范大学自然科学学报，20（5)：106-109.
冯国宝，2009. 煤矿废弃地的治理与生态恢复［M］. 北京：中国农业出版社.
高丽霞，李森，莫爱琼，等，2012. 丛枝菌根真菌接种对兔眼蓝莓在华南地区生长的影响［J］. 生态环境学报，(8)：1413-1417.
高向军，张文新，2003. 国内外土地储备研究的现状评价与展望［J］. 中国房地产金融，(6)：13-17.
顾和和，刘德辉，1998. 高潜水位地区开采沉陷对耕地的破坏机理研究［J］. 煤炭学报，(5)：522-525.
顾和和，胡振琪，刘德辉，等，1998. 开采沉陷对耕地生产力影响的定量评价［J］. 中国矿业大学学报，(4)：414-417.
郭友红，李树志，鲁叶江，2008. 塌陷区矸石充填复垦耕地覆土厚度的研究［J］. 矿山测量，(2)：59-61.
郭友红，李树志，高均海，2009. 采煤塌陷区景观演变特征研究［J］. 矿山测量，(2)：72-75.
何国清，1991. 矿山开采沉陷学［M］. 徐州：中国矿业大学出版社.
何跃军，叶小齐，2004. 恢复生态学理论对退化生态系统恢复的重要性［J］. 贵州林业科技，32（2)：8-12.
胡振琪，1997. 煤矿山复垦土壤剖面重构的基本原理与方法［J］. 煤炭学报，(6)：617-622.
胡振琪，胡锋，1997. 华东平原地区采煤沉陷对耕地的破坏特征［J］. 能源环境保护，(3)：6-10.
胡振琪，Chong S K，1999. 深耕对复垦土壤物理特性改良的研究［J］. 土壤通报，(6)：248-250.
胡振琪，付梅臣，何中伟，2005. 煤矿沉陷地复田景观质量评价体系与方法［J］. 煤炭学报，30（6)：695-700.
胡振琪，王萍，张明亮，等，2008. 土工布阻隔煤矸石中重金属迁移实验研究［J］. 环境工程学报，2（4)：536-541.
胡振琪，魏忠义，秦萍，2004. 塌陷地粉煤灰充填复垦土壤的污染性分析［J］. 中国环境科学，24（3)：311-315.
胡振琪，张明亮，马保国，等，2009. 粉煤灰防治煤矸石酸性与重金属复合污染［J］. 煤炭学报，(1)：79-83.
姜珊珊，王佳琪，孙远信，2011. 采煤塌陷对水体的影响及治理措施［J］. 科学之友，(11)：64-65.
景贵和，1986. 土地生态评价与土地生态设计［J］. 地理学报，53（1)：1-7.
康立新，季永华，张日连，等，1992. 农田林网主林带透风系数和疏透度关系探讨［J］. 江苏林业科技，(1)：12-16.
康璇，2012. 不同地貌类型土地整治项目规划设计对比研究［D］. 北京：北京林业大学硕士学位论文.
李晶，肖武，张萍萍，2012. 资源枯竭矿区采煤塌陷地生态环境损害评价［J］. 国土与自然资源研究，(3)：55-57.
李三三，2012. 矿区地质灾害的类型及应对措施［J］. 科技传播，(9)：153-154.
李树志，1993. 煤矿塌陷区土地复垦技术与发展趋势［J］. 能源环境保护，(4)：6-9.
李树志，1995. 生物复垦技术［J］. 能源环境保护，(2)：18-20.
李树志，1996. 矸石农业复垦的土壤特性及剖面结构分析［J］. 能源环境保护，(4)：25-27.

李树志，鲁叶江，高均海，2007. 开采沉陷耕地损坏机理与评价定级［J］. 矿山测量，(2)：32-34.
李秀彬，朱会义，谈明洪，等，2008. 土地利用集约度的测度方法［J］. 地理科学进展，27（6）：12-17.
李月林，查良松，2008. 采煤塌陷地复垦模式的理论探讨［J］. 能源环境保护，22（6）：1-4.
梁登，2010. 基于运筹学存储理论的土地复垦表土优化利用研究［D］. 北京：中国地质大学（北京）硕士学位论文.
梁留科，常江，吴次芳，等，2002. 德国煤矿区景观生态重建/土地复垦及对中国的启示［J］. 经济地理，22（6）：711-715.
梁涛，蔡春霞，刘民，等，2007. 城市土地的生态适宜性评价方法：以江西萍乡市为例［J］. 地理研究，26（4）：782-788.
刘会平，严家平，樊雯，2010. 不同覆土厚度的煤矸石充填复垦区土壤生产力评价［J］. 能源环境保护，24（1）：52-56.
刘军，刘春生，纪洋，等，2009. 土壤动物修复技术作用的机理及展望［J］. 山东农业大学学报（自然科学版），40（2）：313-316.
刘万增，邓喀中，2000. 巨厚冲积层高潜水位平原矿区开采沉陷对土地质量的影响分析及对策［J］. 能源环境保护，14（6）：52-55.
刘五星，骆永明，余冬梅，等，2010. 石油污染土壤的生态风险评价和生物修复Ⅳ. 油泥的预制床修复及其微生物群落变化［J］. 土壤学报，(4)：621-627.
刘亚坪，1997. 平原采煤塌陷地复垦模式初探：以永城市为例［J］. 中国土地，(7)：38-39.
鲁叶江，李树志，高均海，等，2010. 东部高潜水位采煤沉陷区破坏耕地生产力评价研究［J］. 安徽农业科学，38（1）：292-294.
鲁叶江，李树志，张春娜，2012. 东部平原矿区不同培肥处理对复垦土壤特性的影响［J］. 中国农学通报，28（5）：221-225.
罗萍嘉，陆文学，任丽颖，2011. 基于景观生态学的矿区塌陷地再利用规划设计方法：以徐州九里区采煤塌陷地为例［J］. 中国园林，27（6）：96-100.
吕恒林，黄建恩，常江，等，2011. 徐州九里矿区地表水环境状况与治理策略［J］. 矿业安全与环保，38（2）：72-75.
马洪康，2007. 淮北市采煤塌陷区复垦研究主要模式［J］. 能源环境保护，21（1）：48-50.
毛汉英，方创琳，1998. 兖滕两淮地区采煤塌陷地的类型与综合开发生态模式［J］. 生态学报，18（5）：449-454.
煤炭工业部本刊编审委员会，2011. 中国煤炭工业年鉴［M］. 北京：煤炭工业出版社.
彭少麟，2003. 热带亚热带恢复生态学研究与实践［M］. 北京：科学出版社.
钱学森，许国志，王寿云，2011. 组织管理的技术：系统工程［J］. 上海理工大学学报，33（6）：520-525.
渠俊峰，李钢，张绍良，2008. 基于平原高潜水位采煤塌陷土地复垦的水系修复规划：以徐州九里矿区为例［J］. 国土资源科技管理，25（2）：10-13.
渠俊峰，李钢，张绍良，2010. 基于煤矿区复垦的水土资源优化利用研究［M］. 徐州：中国矿业大学出版社.
任海，刘庆，李凌浩，等. 2001. 恢复生态学导论［M］. 北京：科学出版社.
任海，彭少麟，陆宏芳，2004. 退化生态系统恢复与恢复生态学［J］. 生态学报，24（8）：1756-1764.
荣冰凌，吴迪，2011. 平原高潜水位采煤沉陷区水系规划［J］. 建设科技，(14)：76-78.

师学义，王云平，郭青霞，1999. 莒山煤矿塌陷土地整治及效益分析 [J]. 煤矿环境保护，13 (4)：40-41.
石平，王恩德，魏忠义，等，2010. 青城子铅锌矿区土壤重金属污染评价 [J]. 金属矿山，39 (4)：172-175.
世界环境与发展委员会，1987. 我们共同的未来 [M]. 王之佳，柯金良，译. 长春：吉林人民出版社.
苏光全，何书金，1998. 矿区废弃土地资源适宜性评价 [J]. 地理科学进展，17 (4)：39-46.
孙绍先，李树志，1991. 我国煤矿土地复垦和塌陷区综合治疗的发展与技术途径 [J]. 矿山测量，(1)：34-38.
孙绍先，李祝华，周树理，1987. 塌陷区造地复田综合治理的有效途径 [J]. 煤炭科学技术，(6)：20-22.
孙绍先，王华国，1990. 煤矿地表塌陷规律及预测方法的研究 [J]. 能源环境保护，(2)：34-37.
王海，吴克宁，赵执，等，2014. 基于土壤肥力、环境质量的充填复垦方式优选排序研究 [J]. 广东农业科学，41 (12)：189-194，205.
王辉，韩宝平，卞正富，2007. 充填复垦区土壤水分空间变异性研究 [J]. 河南农业科学，36 (7)：67-70.
王静，唐仲华，邓青军，等，2012. 地下水开采导致总应力变化对地面沉降的影响 [J]. 工程勘察，40 (5)：34-37.
王巧妮，陈新生，张智光，2009. 基于综合效益评价的采煤塌陷地复垦模式的设计 [J]. 中国煤炭，35 (1)：89-92.
王仰麟，韩荡，1998. 矿区废弃地复垦的景观生态规划与设计 [J]. 生态学报，18 (5)：455-462.
王振龙，章启兵，吴亚军，2007. 利用采煤沉陷区优化配置水资源技术研究 [J]. 江淮水利科技，(4)：6-8.
魏欣，2005. 矿区土地整理规划与设计方法：以太原市万柏林区西山矿区为例 [D]. 北京：中国农业大学硕士学位论文.
吴克宁，赵执，赵华甫，2013. 耕地等级质量提升的途径 [J]. 中国土地，(8)：48-49.
吴克宁，郑信伟，吕巧灵，等，2006. 水源地土壤质量评价实证研究：以滩小关水源地为例 [J]. 河南农业科学，35 (12)：56-60.
徐斌，2006. 模式解析：江浙经济发展环境比较研究 [J]. 农业现代化研究，27 (4)：246-249.
徐良骥，严家平，高永梅，等，2007. 煤矿塌陷区覆土造地综合研究：以新庄孜矿为例 [J]. 煤田地质与勘探，35 (1)：56-58.
阎允庭，陆建华，陈德存，等，2000. 唐山采煤塌陷区土地复垦与生态重建模式研究 [J]. 资源与产业，(7)：14-18.
杨朝现，2010. 人地关系协调视角下的土地整理 [D]. 重庆：西南大学博士学位论文.
杨海燕，崔龙鹏，2008. 潘集矿区采煤沉陷地生态修复模式研究 [J]. 能源技术与管理，2008 (2)：69-72.
叶艳妹，2011. 城镇闲置土地形成机理、动态监控与监管策略 [M]. 杭州：浙江大学出版社.
于刃刚，2002. 西方经济学生产要素理论述评 [J]. 河北经贸大学学报，23 (5)：1-8.
袁越，2010. 煤矿塌陷区耕地生产力损害组件式 GIS 可视化评价系统研究与实现 [D]. 青岛：青岛理工大学硕士学位论文.
郧文聚，范金梅，2012. 中国资源枯竭型城市土地复垦研究 [J]. 中国发展，12 (5)：19-23.
张彩霞，2007. 煤矸石山植被自然演替及其土地适宜性评价研究：以阜新矿区孙家湾煤矸石山为例 [D].

北京：北京林业大学硕士学位论文.
张凤荣，2005. 农用地分等计算环节与应注意的几个关键参数［J］. 国土资源，(2)：18-20.
张国良，卞正富，1996. 矿区土地复垦技术现状与展望［J］. 能源环境保护，(4)：21-24.
张国良，卞正富，1997. 煤矸石排放场的植被恢复技术［J］. 矿山测量，(1)：20-23.
张华民，张华杰，杨肖岩，等. 2002. 采煤塌陷积水区环境治理方案优化［J］. 矿山测量，(2)：48-49.
张慧，2007. 新疆农村城镇化影响因素的实证分析［D］. 乌鲁木齐：新疆农业大学硕士学位论文.
张锦瑞，陈娟浓，岳志新，等，2007. 采煤塌陷引起的地质环境问题及其治理［J］. 中国水土保持，(4)：37-39.
张绍良，翟广忠，1999. 我国东部矿区复垦及农业产业化可行性研究［J］. 山西农业大学学报（自然科学版），(3)：222-225.
章家恩，徐琪，1999. 恢复生态学研究的一些基本问题探讨［J］. 应用生态学报，10（1）：109-113.
赵红梅，张发旺，宋亚新，等，2010. 大柳塔采煤塌陷区土壤含水量的空间变异特征分析［J］. 地球信息科学学报，12（6）：753-760.
赵济，2015. 新编中国自然地理：中国自然地理［M］. 北京：高等教育出版社.
赵景逵，李德中，1990. 美国露天煤矿和煤矸石的复垦［J］. 煤炭转化，(2)：30-32.
赵景逵，吕能慧，1900. 煤矸石的复垦种植［J］. 煤炭转化，(2)：1-5.
赵淑云，2008. 淮北市采煤塌陷区旅游开发潜力与发展趋势分析［J］. 经济与社会发展，6（8）：70-72.
郑南山，胡振琪，顾和和，1998. 煤矿开采沉陷对耕地永续利用的影响分析［J］. 能源环境保护，(1)：18-21.
周锦华，1987. 塌陷环境影响预评价初探［J］. 矿山测量，(1)：47-50，66.
周锦华，胡振琪，王乐杰，2007. 景观生态学在矿山地质环境治理中的应用［J］. 煤炭工程，(10)：24-27.
周玉民，2007. 基于可持续发展理论的矿区生态环境系统保护与综合治理的研究［D］. 阜新：辽宁工程技术大学硕士学位论文.
祝勇，2009. 皖北濉溪县域景观生态网络规划与设计［D］. 苏州：苏州大学硕士学位论文.
卓玛措，2005. 人地关系协调理论与区域开发［J］. 青海师范大学学报（哲学社会科学版），(6)：24-27.
邹友峰，邓喀中，马伟民，2003. 矿山开采沉陷工程［M］. 徐州：中国矿业大学出版社.
BOYER S，WRATTEN S D，2010. The potential of earthworms to restore ecosystem services after opencast mining-A review［J］. Basic and Applied Ecology，11（3）：196-203.
FORMAN R，GODRON M，1981. Patches and structural components for a landscape ecology［J］. BioScience，31（10）：733-740.
FORMAN R，GODRON M，1986. Landscape Ecology. New York：John Wiley and Sons.
DUMBECK G，1998. BodenkundlichjeAspekte der landwirtschaftlichenRekultivierung. WolfarmPflug. Braunkohletagebau and Rekultivierung［M］. Berlin：Springer.
LEITAO B，ANDRÉ A，2002. Applying landscape ecological concepts and metrics in sustainable landscape planning［J］. Landscape and Urban Planning，59（2）：65-93.
LANGE S，1998. Der Betriebsplan- Instrumentariumfuer die Wiedernutzbarmachung. Wolfram P flug. Braunkohletagebau and Rekultivierung［M］. Berlin：Springer.
MOFFAT A S，1995. Plants proving their worth in toxic metal cleanup［J］. Science，269（5222）：302-303.